光通信波段激光频率环的实现及测速应用

郭善龙 著

電子工業出版社
Publishing House of Electronics Industry
北京 · BEIJING

内 容 简 介

本书主要介绍了光通信波段 1560nm 激光的非线性光学频率转换过程及应用，具体包括 1560nm 激光的非线性光学倍频过程（1560nm→780nm）、1560nm 激光与倍频所得激光的非线性光学和频过程（1560nm+780nm→520nm）、所得和频激光经非线性光学参量振荡再次获得 1560nm 激光的过程（520nm→1560nm+780nm）及光通信波段激光在固体目标测速和面型方面的测量应用。本书介绍的非线性光学过程起始于 1560nm 半导体经典激光光源，经过一系列非线性光学频率演变，最终得到光学参量振荡状态下稳定的非简并 1560nm 激光输出，整个过程形成一个完整的频率变换环路。该频率连续演变过程的完成为从“经典光场”到“非经典量子光场”的实现提供了一种良好的可选实验方案，可以有力地服务于未来高保真量子光源的应用。本书详细介绍了上述非线性光学过程的理论计算和实验细节，适合量子光学、非线性光学及相近研究方向的师生阅读。

图书在版编目（CIP）数据

光通信波段激光频率环的实现及测速应用/郭善龙著. —北京：电子工业出版社，2023.1
ISBN 978-7-121-44376-3

Ⅰ. ①光…　Ⅱ. ①郭…　Ⅲ. ①光通信－激光－频率　Ⅳ. ①TN929.1

中国版本图书馆 CIP 数据核字（2022）第 182963 号

责任编辑：徐蕾薇　文字编辑：赵　娜
印　　刷：中煤（北京）印务有限公司
装　　订：中煤（北京）印务有限公司
出版发行：电子工业出版社
　　　　　北京市海淀区万寿路 173 信箱　邮编：100036
开　　本：787×1 092　1/16　印张：12.25　字数：277 千字　彩插：1
版　　次：2023 年 1 月第 1 版
印　　次：2024 年 6 月第 2 次印刷
定　　价：88.00 元

凡所购买电子工业出版社图书有缺损问题，请向购买书店调换。若书店售缺，请与本社发行部联系，联系及邮购电话：（010）88254888，88258888。

质量投诉请发邮件至 zlts@phei.com.cn，盗版侵权举报请发邮件至 dbqq@phei.com.cn。

本书咨询联系方式：xuqw@phei.com.cn。

前言

PREFACE

二阶非线性光学效应在人类认识和应用激光的过程中发挥着重要的作用，作为扩展激光波长范围的实用技术，基于二阶非线性光学效应的倍频、和频及光学参量振荡过程在紫外光波段、可见光波段和中红外光波段等的激光光源制备中均有着出色的表现。当前，光纤通信市场发展迅猛，光纤通信波段各类激光器件性能优良且输出功率较高。根据国际电信联盟（ITU）对密集波分复用（DWDM）系统的划分，1560nm 激光位于光纤通信 C 波段（1530～1565nm）。该波段激光的信号色散失真极小且传输损耗极低，非常适合在光纤中传输，是超大容量、大规模光纤组网的理想候选波段。本书以 1560nm 光纤放大器作为基波光源，依次开展了二次谐波产生、三次谐波产生及参量下转换三个方面的相关实验和理论研究工作。

由于 780nm 波段对应铷原子 D_2 跃迁线，所以在铷原子的冷却和操控及铷原子触发式单光子源产生方面有着重要应用；中高功率的 1560nm 光纤放大器经非线性倍频可直接获得 780nm 激光，其光束质量好且转化效率高，是服务上述应用的理想方案之一；进一步经非线性和频所得的 520nm 三次谐波激光同样具有上述优点，而且在激光显影、生物医学及量子光学等方面有着重要的应用前景；经光学参量振荡过程生成的 1560nm 和 780nm 下转换场在光纤传输及铷原子存储中有着特殊的地位。例如，以铷原子作为量子信息存储单元，同时以 1560nm 激光作为长距离量子信息传输通道载体，这种具有量子纠缠特性的双色波长组合（1560nm 和 780nm）在未来长程量子通信中将展示巨大潜力。

本书以光纤通信波段 1560nm 激光作为基波光源，基于非线性周期极化晶体的光学二阶非线性效应，经过合理的理论分析和实验设计，分别以单次穿过晶体和谐振腔倍频方式获得 780nm 倍频激光，以单共振和频方式获得 520nm 和频激光，以及双共振光学参量振荡生成 1560nm 和 780nm 双色下转换光场。此外，本书还介绍了光通信波段激光在测速方面的应用。

本书研究内容主要包括以下几方面：

（1）利用光通信 C 波段种子光放大系统（1560nm 外腔反馈式半导体激光器作为种子源，掺铒光纤放大器做激光功率放大），以新型准相位匹配掺氧化镁周期极化铌酸锂晶体（MgO:PPLN）作为非线性媒介，分别经过单次穿过倍频和外腔谐振倍频方式，实现了对应铷原子 D_2 跃迁线的高光束质量的 780nm 倍频激光输出，已在实验中用于光通信波段的激光频率校准。

（2）分析了块状掺氧化镁周期极化铌酸锂晶体的光学非均匀性。从块状掺氧化镁周期极化铌酸锂晶体的温度调谐曲线入手，对于实验中出现的偏离理想相位匹配函数 sinc^2 曲线的现象，采用晶体沿光传播方向折射率分区均匀的思想，获得了和实验结果吻合的理论拟合结果。

（3）推导了单共振和频光生成理论，采用非线性光学频率链，将 1560nm 基波光源分别历经倍频、和频过程，在 1560nm 激光往返两次穿过周期极化磷酸氧钛钾晶体、780nm 倍频光与腔单共振的和频方式下，最终获得高光束质量的单频 520nm 绿光。

（4）结合新型高效非线性周期极化磷酸氧钛钾（PPKTP）晶体，采用分离式双共振光学参量振荡器（DROPO）获得高转换效率且可大范围波长调谐的下转换双色光场（信号光 1.5μm，闲置光 0.78μm）。通过调谐周期极化磷酸氧钛钾晶体温度，信号光的波长粗调范围约为 44nm，闲置光波长粗调范围约为 11nm；采用室温下自然丰度比例混合的铷原子气室做频率标定，通过连续调谐 1560nm 基波种子激光频率，可以实现闲置光（780.2nm）至少 1.6GHz 的频率调谐范围。光学参量振荡器实验系统有潜力应用于铷原子作为量子存储（对应 780nm）、光纤作为量子信道（对应 1560nm）的远程量子信息传输装置。

上述工作有以下几处创新：

（1）采用单次穿过晶体倍频和外腔谐振倍频方式获得高光束质量、高输出功率的 780nm 激光，在 1 小时监视时间内，功率均方根起伏优于 1.3%。

（2）提出了周期极化掺氧化镁铌酸锂晶体沿光传播方向的光学非均匀性假设，并采用理论拟合实验数据的方法进行验证。

（3）周期极化磷酸氧钛钾晶体结合单共振和频的方式，实现了 1560nm 三次谐波 520nm 单频激光。

（4）利用和频实验所得的 520nm 单频激光作为泵浦激光，经高非线性转换效率的 PPKTP 双共振光学参量振荡器实现了 1560nm 和 780nm 双色下转换光场。

本书是在国家自然科学基金（No:11647035）、国家留学基金委/地方合作项目（No:201708140143）、山西省青年科技基金（No:201901D211301）、山西省高校科技创新计划项目（No:2019L0631）、太原科技大学博士启动基金（No:20162002）、太原科技大学研究生教育创新计划（No:KC2022009）和太原科技大学教学改革创新项目（No:JG202278）等项目资助下研究撰写的，在此对国家自然科学基金委员会、国家留学基金管理委员会、山西省科技厅、山西省教育厅、太原科技大学和山西大学光电研究所等单位表示衷心的感谢。

在本书撰写过程中，参考了相关领域的大量书籍、论文及网站资料等，也融入了著者近些年来的科研经验和成果，鉴于著者的学识水平，书中不足之处在所难免，欢迎广大读者批评指出。最后，衷心感谢家人们一直以来的支持和鼓励，也衷心感谢在学习和工作中给予大力帮助和支持的前辈和同事们。

著者

2022.12.1

目录

CONTENTS

第1章

绪论

1.1 引言

非线性光学是一门重要且前沿的学科，它集成了现代激光技术、生物光子学、光学传感和光谱学等一系列学科特点，未来的全光通信系统还可利用非线性光学过程来实现当前电子系统的全功能模拟，因而非线性光学在光通信应用领域中有着极高的研究价值。由于光通信系统中信息数据分配和共享的准确性直接依赖于波长所划分通信信道的精确度，因而光波长转换对于光通信系统中信息分配操作十分重要；同时，全光通信网络系统的普及和应用，不仅需要继承现存长距离可移动式光通信系统的优势，而且需要可实现激光波长和强度精密调谐的激光光源，以完成进一步的信息分配、信息交换及多路复用。毫无疑问，获取拥有更宽激光波长覆盖范围、更高功率的高光学品质激光光源有着积极的现实意义。

由于非线性光学元件可以提供较高的光波长转换效率及较宽的波长范围，因而在制备这些激光光源方面有着特别的优势。通用激光光源（固体激光器、半导体激光器和光纤激光器）经非线性元件进行频率转换，进一步扩充了这些激光系统的应用范围。例如，由非线性倍频（SHG）、和频（SFG）过程生成的高功率、高光学质量的可见激光不仅可以应用于激光光谱学、原子物理学，还可以应用于激光显影和激光传感等领域；利用非线性元件的调谐特性可以方便地对生成的激光光源做大范围波长调谐，同样是非线性光学参量振荡器（OPO）的显著优势之一。此外，频率非简并的光学参量振荡器还是获得双色甚至多色纠缠光场的优越非线性光学器件。非简并双色或多色纠缠光场可以用来实现量子通信网络中各个节点之间的连接，如位于通信波段 1560nm 和铷原子 D_2 跃迁线 780nm 的双色纠缠光，前者可以用作长程量子通信信道，后者则适合映射到长寿命的原子寄存过程。这些都是量子中继器的关键器件，对于未来量子信息网络的构建和发展有积极的意义。

在上述研究背景下，本书基于非线性晶体的二阶非线性效应，依次研究了光通信 C 波段 1560nm 激光的非线性倍频、和频及光学参量振荡过程。围绕以上研究内容，本章主要介绍了相关内容的研究动态、目前已取得的研究成果、相关的基础物理概念及必要的理论基础。

1.2 非线性光学的研究现状

1961 年，Franken 等人首次发现光学非线性现象，之后非线性光学便作为现代光学的一门独立的分支蓬勃发展。此后不久，Giordmaine、Maker 等人揭示了光波混频过程中光波色散关系对于获得最大二次谐波的必要性，这一具有里程碑式意义的发现就是著名的光学参量相位匹配关系。1962 年，Armstrong 等人发表了 *Interactions between Light Waves in a Nonlinear Dielectric* 一文，奠定了光波与物质非线性光学作用的理论基石。

此后 50 年，伴随新型非线性材料的发展，以及高功率激光的逐步实现，非线性光学的发展远远超出当初先驱们的预料，已经成为一门研究和应用极为广泛的学科。非线性光学器件可以在许多现代实验室中看到，在材料科学、光谱学及生物医药等诸多领域均有着不可替代的地位。

近代物理实验中，非线性光学变频技术已经成为获得新的激光波长的有力工具。早在 1992 年，美国加州理工学院 Ou 等人采用一块α切割的 10mm 磷酸氧钛钾晶体用于波长为 1.08μm 的 Nd:$YAlO_3$激光器倍频，得到 560mW 的 0.54μm 二次谐波输出功率，直接光光转换效率高达 80%。西班牙 Kumar 研究小组将三块长度均为 30mm 的掺氧化镁周期极化钽酸锂晶体（MgO:PPLT）做级联单次穿过倍频，在 11W 1064nm 单频掺镱光纤激光器基波功率输入下，获得超过 6W 的 532nm 的绿光激光，非线性转换效率高达 55.5%。澳大利亚 Sane 研究小组利用 1560nm 光纤激光器作为泵浦源，经二阶非线性倍频，在 30W 的基波作用下，获得高达 11W 的窄线宽 780nm 激光。2012 年，美国斯坦福大学 Chiow 等人采用两个独立的光纤放大器进行激光相干合成，经两块级联的周期极化铌酸锂（PPLN）晶体倍频，获得峰值功率高达 43W 的 780nm 倍频激光，高功率的 780nm 激光光源可用于铷原子相关实验中。非线性和频技术进一步扩大了人们可获得波长范围，采用两束波长分别为 1064nm 和 1319nm 的红外激光，经光学非线性晶体和频作用可以得到适于钠原子冷却与俘获的 589nm 黄光激光。2004 年，来自日本庆应义塾尖端科学技术实验室的 Sakuma 等人采用布鲁斯特角切割的 $CsLiB_6O_{10}$ 晶体混频 1.9W 的 266nm 和内腔循环功率达 190W 的 1064nm 激光，首次获得 106mW 的 213nm 深紫外激光，相对于 266nm 基波激光，非线性转换效率达 6.8%，为深紫外激光在激光光刻、医药科学等领域的应用提供了便利。基于二阶非线性光频率下转换的光学参量振荡器（OPO），为可调谐激光光源提供了更宽的激光波长调谐范围。1998 年，来自日本的 Tsunekane 研究小组，采用非线性掺氧化镁周期极化铌酸锂（MgO:PPLN）晶体并工作于阈值以上的双共振光学参量振荡器，实现了输出光从 788nm 到 1640nm 的大范围波长连续调谐。

此外，在量子信息方面，量子纠缠光同样在各类量子通信任务中扮演关键角色，如量子传送、量子密集编码、量子密码学和量子中继器等领域。频率非简并的紧凑稳定的双色纠缠光源可以作为不同节点间的量子通道，并完成信息的存储和传送。近年来，基于各类腔内的二阶非线性过程，人们已经在实验上成功制备了双色甚至三色连续变量纠缠态。2005 年，来自巴西圣保罗大学的 A. S. Villar 研究小组首次测量到了运转于光学参量振荡（OPO）阈值以上、基于磷酸氧钛钾晶体二阶非线性效应所产生的频率非简并下转换纠缠光场。2012 年，山西大学光电研究所彭堃墀院士研究小组采用级联的非简并光学参量振荡器（OPO），在实验上制备了 852nm、1550nm 和 1440nm 三色非简并纠缠光束，该三色纠缠态适用于量子信息网络中原子存储单元和长距离的光纤信息传送。此外，在量子计量中，采用非经典压缩态光场还可以提高测量装置的精度。2015 年，德国的 Baune 等人采用 1550nm 通信波段压缩真空光场和 810nm 激光在周期极化磷酸氧钛钾晶体中做和频转换，得到低于散粒噪声 5.5dB 的 532nm 强压缩真空光，并首次演示了基于频率上转换过程（和频）所得到的量子光场对于提高马赫-曾德尔（Mach-Zehnder，M-Z）干涉仪灵敏度的作用。

1.3　非线性光学的理论基础

1.3.1　二阶非线性极化现象

自然界中的每种电介质材料都有一个宏观的电极化强度 $\boldsymbol{P}$，可以用数学形式表述为所施加电场的功率展开式：

$$\boldsymbol{P}=\varepsilon_0\boldsymbol{\chi}^{(1)}\boldsymbol{E}+\varepsilon_0\boldsymbol{\chi}^{(2)}\boldsymbol{E}^2+\varepsilon_0\boldsymbol{\chi}^{(3)}\boldsymbol{E}^3+\cdots \tag{1.1}$$

式中，ε_0 是电介质真空介电常数；$\boldsymbol{\chi}$是电介质极化率，$\boldsymbol{\chi}^{(1)}$和$\boldsymbol{\chi}^{(n)}$分别是线性和第 n 阶非线性极化率。电介质极化率是非线性光学中的重要参量。由它的大小和方向可预测非线性光学效应许多性质。它的数值既与介质有关，又与互作用光波频率有关，还与各光波偏振方向和极化强度分量有关，是一个三维方向的张量。在传统线性光学下，由于$\boldsymbol{\chi}^{(1)}>>\boldsymbol{\chi}^{(n)}$，并且所施加于电介质材料的电场强度相对较弱，所以高阶效应往往被忽略。因而所产生的极化线性地依赖于电介质所施加电场的强度：

$$\boldsymbol{P}=\varepsilon_0\boldsymbol{\chi}^{(1)}\boldsymbol{E} \tag{1.2}$$

可以看到，电极化密度展开式第一项并没有产生新的频率部分，仅适用于描述线性光学现象，如折射、衍射和色散等现象。

以激光光束和特定电介质的相互作用为研究对象，如果电场强度足够强，则这种情形下的高阶项不可以忽略。对于大多数电介质而言，$\chi^{(2)} >> \chi^{(3)}$，因而在这些电介质材料和激光相互作用时二阶非线性现象相对容易观察到。式（1.1）中的二阶项：

$$\boldsymbol{P}^{(2)} = \varepsilon_0 \boldsymbol{\chi}^{(2)} \boldsymbol{E}^2 \tag{1.3}$$

叫做二阶非线性极化。通常来讲，三波混频通过二阶非线性极化发生。

非线性极化是电磁场产生新的频率成分的根源。假如考虑两个频率分别为ω_1和ω_2的光场同时作用于晶体上的合场强：

$$\boldsymbol{E} = \boldsymbol{E}_1 \cos \omega_1 t + \boldsymbol{E}_2 \cos \omega_2 t \tag{1.4}$$

二阶非线性极化就可表示为

$$\begin{aligned}\boldsymbol{P}^{(2)} &= \varepsilon_0 \boldsymbol{\chi}^{(2)}(|\boldsymbol{E}_1^2| \cos^2 \omega_1 t + |\boldsymbol{E}_2^2| \cos^2 \omega_2 t + |\boldsymbol{E}_1||\boldsymbol{E}_2| \cos \omega_1 t \cos \omega_2 t) \\ &= \varepsilon_0 \boldsymbol{\chi}^{(2)}\left[\frac{1}{2}(|\boldsymbol{E}_1^2| + |\boldsymbol{E}_2^2|) + \frac{1}{2}|\boldsymbol{E}_1^2| \cos 2\omega_1 t + \frac{1}{2}|\boldsymbol{E}_2^2| \cos 2\omega_2 t\right] + \\ &\quad \varepsilon_0 \boldsymbol{\chi}^{(2)}[|\boldsymbol{E}_1||\boldsymbol{E}_2| \cos(\omega_1 + \omega_2)t + |\boldsymbol{E}_1||\boldsymbol{E}_2| \cos(\omega_1 - \omega_2)t]\end{aligned} \tag{1.5}$$

从上式中可以看到，输出项中包含一个与时间无关联的独立直流项（光整流项）及四个涉及新频率的生成项：

$2\omega_1$、$2\omega_2$——二次谐波（SHG），$\omega_1=\omega_2$。

$\omega_1+\omega_2$——和频（SFG），$\omega_1 \neq \omega_2$。

$\omega_1-\omega_2$——光学参量振荡/差频（OPO/DFG）。

以上三个过程可以依次用图 1.1（a）、图 1.1（b）和图 1.1（c）表示。

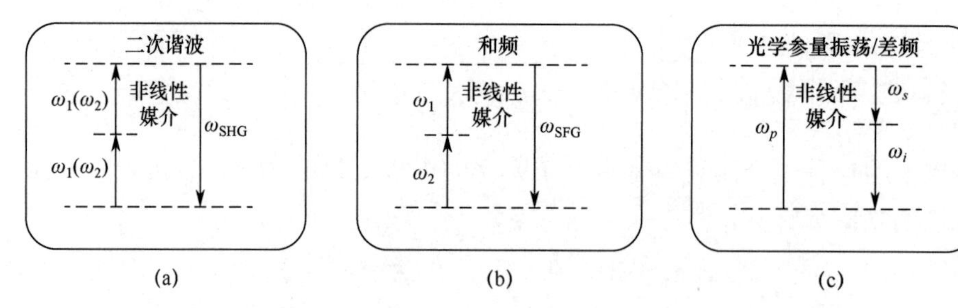

图 1.1　二次谐波、和频和光学参量振荡/差频的频率转换示意图

理论上，如果有两个不同频率入射光波，则四个非零频率部分都存在于非线性偏振频率成分中。然而，通常在这四个非线性项中只有一项出现，这是因为只有满足特定相位匹配条件的非线性偏振激光互作用才可以高效地生成非线性参量光。一般情况下，两个不同频率成分的非线性偏振激光不易同时满足相位匹配条件。

二次谐波是形式最简单的三波混频互作用，它可以被认为是特定的和频过程，即$\omega_1=\omega_2$的情况。也就是说，入射激光中只有一个频率成分ω，依据式（1.5）可以得出，输出仅仅留下二次谐波成分项 2ω，这也是二次谐波过程被叫做倍频的原因。在二次谐波过程中，两个频率为ω的光子被湮灭，同时生成一个频率为 2ω的光子，整个过程满足能量守恒定律。

当前二次谐波实验中已经拥有的技术，可以实现几乎所有的入射基波转化为二次谐波输出，二次谐波是发展新型非线性材料和装置最先用到的非线性频率转换过程。二次谐波实验的实现也为和频、差频或 OPO 等其余非线性频率转换实验的实现和设计提供了经验和帮助。

1.3.2　二阶非线性极化系数的简化

实际中的电介质极化（包括线性极化和非线性极化）是一个涉及 i、j、k 三个方向的三维问题。i 方向极化强度振幅 P_i 和三维表象中任一确定方向上电场强度振幅 E_j、E_k 存在如下关系：

$$P_i = 2\sum_{j,k=1}^{3} |\boldsymbol{d}_{ijk}| E_j(\omega_1)E_k(\omega_2) \tag{1.6}$$

式中，$\boldsymbol{d}_{ijk}$ 称为二阶非线性极化系数，同样是一个三阶张量，其数值大小和三维表象中确定方向的二阶非线性极化率 $\boldsymbol{\chi}_{ijk}^{(2)}$ 存在如下关系：

$$\frac{1}{2}\boldsymbol{\chi}_{ijk}^{(2)} = \boldsymbol{d}_{ijk} \tag{1.7}$$

式（1.6）中 $E_j(\omega_1)$和 $E_k(\omega_2)$表示频率分别为ω_1 和ω_2 的光场强度，二者在地位上是平等的，如果对二者做交换，在物理上没有任何区别，因而这两个量满足交换对称性。相应地，三阶张量 $\boldsymbol{d}_{ijk}$ 的最后两个角标也是对称的，即 $\boldsymbol{d}_{ijk}=\boldsymbol{d}_{ikj}$。这样，三个角标表示的三阶张量 $\boldsymbol{d}_{ijk}$（或 $\boldsymbol{d}_{ikj}$）就可以简化为两个角标表示的张量 $\boldsymbol{d}_{il}$。角标 jk 和 l 的对应关系如下：

$$\begin{cases} jk = 11;22;33;23,32;13,31;12,21 \\ l = 1;2;3;4;5;6 \end{cases} \tag{1.8}$$

按照上述角标交换法，三阶张量元中独立分量将简化为 18 个。实际中，可以用一个简化的 3×6 矩阵描述二阶极化方程。例如，对于三波混频过程，可以重写非线性偏振矩阵表达式为

$$\begin{pmatrix} P_x^2 \\ P_y^2 \\ P_z^2 \end{pmatrix} = 2\varepsilon_0 \begin{pmatrix} d_{11} & d_{12} & d_{13} & d_{14} & d_{15} & d_{16} \\ d_{21} & d_{22} & d_{23} & d_{24} & d_{25} & d_{26} \\ d_{31} & d_{32} & d_{33} & d_{34} & d_{35} & d_{36} \end{pmatrix} \begin{pmatrix} E_x^2 \\ E_y^2 \\ E_z^2 \\ 2E_yE_z \\ 2E_xE_z \\ 2E_xE_y \end{pmatrix} \tag{1.9}$$

由于非线性作用中光频率幅度比电子跃迁频率至少低一个数量级，同时远高于离子移动频率。这样，晶格对于光子的吸收可以忽略，而晶体的极化主要由电子极化引起，如果非线性晶体材料对整个光波长透明，那么非线性极化自由能可以表示为

$$F_i = -\varepsilon_0 \sum_{ijk} \boldsymbol{\chi}_{ijk}^{(2)} E_i E_j E_k \tag{1.10}$$

同理，式（1.10）中 E_i、E_j 和 E_k 三个量也满足交换对称性，也就是说，三者位置可以任意交换而不影响其公式的物理意义。因而三阶张量 $\boldsymbol{d}_{ijk}\left(\boldsymbol{d}_{ijk}=\frac{1}{2}\boldsymbol{\chi}_{ijk}^{(2)}\right)$ 同样满足角标交换对称性，这就是著名的 Kleinman 交换对称性。该对称性分析基于电子极化，但是不考虑晶体对光子的吸收。对于无吸收的介质材料而言，所有 $\boldsymbol{d}_{ijk}$ 三阶张量元都是实数且独立于入射光波的频率。利用 Kleinman 交换对称性，三阶张量 $\boldsymbol{d}_{il}$ 中的独立元将进一步减少，二阶非线性极化公式的应用也将进一步简化。这样，可以得到如下对等关系：

$d_{21}=d_{16}$; $d_{23}=d_{34}$; $d_{24}=d_{32}$; $d_{26}=d_{12}$;

$d_{31}=d_{15}$; $d_{35}=d_{13}$; $d_{36}=d_{14}$; $d_{14}=d_{14}$。

依据 Kleinman 交换对称性，所得约化独立张量 $\boldsymbol{d}_{il}$ 的矩阵形式为

$$\boldsymbol{d}_{il} = \begin{pmatrix} d_{11} & d_{12} & d_{13} & d_{14} & d_{15} & d_{16} \\ d_{16} & d_{22} & d_{23} & d_{24} & d_{14} & d_{12} \\ d_{15} & d_{24} & d_{33} & d_{23} & d_{13} & d_{14} \end{pmatrix} \tag{1.11}$$

对于给定点群对称性相同的晶体，其约化矩阵中的张量元有相同的表达形式，并且都满足相同的对称约束条件。例如，铌酸锂晶体属于 3m 点群三方晶系，其张量元 $\boldsymbol{d}_{il}$ 仅有三个独立的系数：

$$\boldsymbol{d}_{il} = \begin{pmatrix} 0 & 0 & 0 & 0 & d_{31} & -d_{22} \\ -d_{22} & d_{22} & 0 & d_{31} & 0 & 0 \\ d_{31} & d_{31} & d_{33} & 0 & 0 & 0 \end{pmatrix} \tag{1.12}$$

从而铌酸锂晶体的二阶非线性极化矩阵就可以写作：

$$\boldsymbol{P} = \boldsymbol{\chi}^{(2)}\boldsymbol{E}^2 = 2\varepsilon_0 \begin{pmatrix} 0 & 0 & 0 & 0 & d_{31} & -d_{22} \\ -d_{22} & d_{22} & 0 & d_{31} & 0 & 0 \\ d_{31} & d_{31} & d_{33} & 0 & 0 & 0 \end{pmatrix} \begin{pmatrix} E_x^2 \\ E_y^2 \\ E_z^2 \\ 2E_yE_z \\ 2E_xE_z \\ 2E_xE_y \end{pmatrix} \tag{1.13}$$

依据上式，在非线性互作用中，如果三波偏振均沿着晶体 z 轴方向，则可以利用到铌酸锂晶体的最大非线性系数 d_{33}，而这种情况只有在准相位匹配材料中才可以用到，具体会在书中后续部分介绍。为了将高效的能量转移到新生成的谐波中，非线性媒介的偶极子振荡要满足相位匹配条件以实现生成光场相长干涉。

均匀的铌酸锂晶体可广泛用于生成周期极化铌酸锂基片，晶体中 $\boldsymbol{d}_{il}$ 非零张量元系数的值为

d_{22}= 2.1pm/V

d_{31}=4.35pm/V

d_{33}=27.0pm/V

常用非线性晶体的 $\boldsymbol{d}_{il}$ 张量元如表 1.1 所示。

表 1.1　常用非线性晶体的 $\boldsymbol{d}_{il}$ 张量元

$LiTaO_3$（pm/V）	LBO（pm/V）	KDP（pm/V）	KTP（pm/V）	BBO（pm/V）
d_{22}=2.0	d_{31}=0.85	d_{36}=0.44	d_{15}=1.91	d_{22}=2.2
d_{31}=1.0	d_{32}=0.67		d_{24}=3.64	d_{15}=0.03
d_{33}=21	d_{33}=0.04		d_{33}=2.54	d_{31}=0.04
			d_{22}=4.35	d_{33}=0.04
			d_{33}=16.9	

二阶非线性极化系数的定义使一个三阶张量方程简化成一个标量方程，二阶非线性极化问题转化为一维问题，使得非线性晶体的计算变得简洁容易；同时，由于其以数学形式规划了非线性偏振的方向，给人们选择不同偏振匹配方式进而获得更大功率谐波输出提供了显著的指导意义。

1.3.3　非线性介质中的耦合波方程

这一部分主要讲述麦克斯韦方程组如何描述光场中新的频率部分的生成，以及各个不同频率成分如何经非线性过程实现彼此的耦合。麦克斯韦方程组以国际单位表述为

$$\nabla \cdot \boldsymbol{D} = \rho \tag{1.14}$$

$$\nabla \cdot \boldsymbol{B} = 0 \tag{1.15}$$

$$\nabla \times \boldsymbol{E} = -\frac{\partial \boldsymbol{B}}{\partial t} \tag{1.16}$$

$$\nabla \times \boldsymbol{H} = \boldsymbol{J} + \frac{\partial \boldsymbol{D}}{\partial t} \tag{1.17}$$

其中，$\boldsymbol{E}$ 是电场强度；$\boldsymbol{H}$ 是磁场强度；$\boldsymbol{D}$ 是电位移矢量；$\boldsymbol{B}$ 是磁感应强度；$\boldsymbol{J}$ 是自由电流密度；ρ是自由电荷密度。因为研究对象为电介质材料，所以

$$\boldsymbol{J} = 0 \tag{1.18}$$

$$\rho = 0 \tag{1.19}$$

一般认为非线性晶体材料为非铁磁性材料，则

$$\boldsymbol{B} = \mu \boldsymbol{H} = \mu_0 \boldsymbol{H} \tag{1.20}$$

其中，μ是材料的磁导率；μ_0 是真空磁导率。然后，可以考虑非线性偏振为

$$\boldsymbol{D} = \varepsilon \boldsymbol{E} = \varepsilon_0 \varepsilon_r \cdot \boldsymbol{E} + \boldsymbol{P} \tag{1.21}$$

上式中 ε_0 是真空介电常数，ε_r 是材料相对介电常数。

对式（1.16）两边同时取旋度：

$$\nabla\times(\nabla\times\boldsymbol{E})=-\frac{\partial}{\partial t}(\nabla\times\boldsymbol{B}) \tag{1.22}$$

联立式（1.17）、式（1.18）、式（1.20）和式（1.22），可以得到如下方程：

$$\nabla\times(\nabla\times\boldsymbol{E})=-\mu_0\frac{\partial^2}{\partial t^2}\boldsymbol{D} \tag{1.23}$$

利用式（1.22）及无源情况下的矢量变换定律（$\nabla\times(\nabla\times\boldsymbol{E})=\nabla(\nabla\cdot\boldsymbol{E})-\nabla^2\boldsymbol{E}$），可以得到慢变近似下的非均匀光学波动方程：

$$\left(-\nabla^2+\frac{1}{c^2}\frac{\partial^2}{\partial t^2}\right)\boldsymbol{E}(\boldsymbol{r},t)=-\mu_0\frac{\partial^2}{\partial t^2}\boldsymbol{P}(\boldsymbol{r},t) \tag{1.24}$$

其中，$\boldsymbol{r}$ 表示光场传播位移；c 表示真空光速；偏振矢量 $\boldsymbol{P}$ 通常表示线性和非线性叠加的部分：

$$\boldsymbol{P}(\boldsymbol{r},t)=\boldsymbol{P}^{(1)}(\boldsymbol{r},t)+\boldsymbol{P}^{\mathrm{NL}}(\boldsymbol{r},t) \tag{1.25}$$

电场 $\boldsymbol{E}$ 和功率 $\boldsymbol{P}$ 均可以表示为有限个平面波的集合：

$$\boldsymbol{E}(\boldsymbol{r},t)=\sum_n\boldsymbol{E}_n\mathrm{e}^{-\mathrm{i}(\omega_n t-k_n\cdot\boldsymbol{r})} \tag{1.26}$$

$$\boldsymbol{P}^{(1)}(\boldsymbol{r},t)=\sum_n\boldsymbol{\chi}^{(1)}(\omega_n)\cdot\boldsymbol{E}_n(\omega_n,k_n) \tag{1.27}$$

$$\boldsymbol{P}^{\mathrm{NL}}(\boldsymbol{r},t)=\sum_n\boldsymbol{p}^{\mathrm{NL}}(\boldsymbol{r})\mathrm{e}^{-\mathrm{i}(\omega_n t-k_n\cdot\boldsymbol{r})} \tag{1.28}$$

其中，$\boldsymbol{E}_n$ 是电场强度的空间慢变，ω_n、k_n 分别表示平面波频率成分和波数，将式（1.25）～式（1.28）代入式（1.24），可以得到如下波动方程：

$$\left(-\nabla^2+\frac{\omega_n^2}{c^2}\right)\boldsymbol{E}_n=-\mu_0\omega_n^2\boldsymbol{P}^{\mathrm{NL}} \tag{1.29}$$

在二阶非线性过程中，只关注二阶非线性极化，其可以表示为如下形式：

$$\boldsymbol{P}^{(2)}=\varepsilon_0\boldsymbol{\chi}^{(2)}\boldsymbol{E}^2 \tag{1.30}$$

在实际应用中，张量元关系式 $\boldsymbol{d}_{ijk}=\boldsymbol{\chi}^{(2)}/2$ 通常代替 $\boldsymbol{\chi}^{(2)}$ 在公式中使用，这样对于二次谐波过程，基波 $\boldsymbol{P}_{\omega}^{(2)}$ 和二次谐波 $\boldsymbol{P}_{2\omega}^{(2)}$ 二阶极化张量分别可以写作：

$$\boldsymbol{P}_{\omega}^{(2)}=2\boldsymbol{d}_{ijk}\varepsilon_0\boldsymbol{E}_{2\omega}\boldsymbol{E}_{\omega}^{*} \tag{1.31}$$

$$\boldsymbol{P}_{2\omega}^{(2)}=\boldsymbol{d}_{ijk}\varepsilon_0\boldsymbol{E}_{\omega}^{2} \tag{1.32}$$

上式中，$\boldsymbol{E}_{\omega}$和 $\boldsymbol{E}_{2\omega}$分别表示基波电场强度和二次谐波电场强度。

从而得到下列二次谐波的耦合波方程组：

$$\frac{\partial \boldsymbol{E}_{\omega}(z)}{\partial z} = -\mathrm{i}\kappa^{*} \boldsymbol{E}_{2\omega}(z) \boldsymbol{E}_{\omega}^{*}(z) \mathrm{e}^{-\mathrm{i}\Delta \boldsymbol{k} z} \tag{1.33}$$

$$\frac{\partial \boldsymbol{E}_{2\omega}(z)}{\partial z} = -\mathrm{i}\kappa \boldsymbol{E}_{\omega}(z) \boldsymbol{E}_{\omega}^{*}(z) \mathrm{e}^{-\mathrm{i}\Delta \boldsymbol{k} z} \tag{1.34}$$

式中，$\Delta \boldsymbol{k}$ 为由于材料色散导致的相互作用光波的相速度失配量，可以表示为：

$$\Delta \boldsymbol{k} = \boldsymbol{k}_{2\omega} - 2\boldsymbol{k}_{\omega} = \frac{4\pi}{\lambda_{\omega}}(n_{2\omega} - n_{\omega}) \tag{1.35}$$

式中，$\boldsymbol{k}_{\omega}$、$\boldsymbol{k}_{2\omega}$分别是基波和二次谐波在非线性媒介中传播的波矢量，而参数 κ 是二次谐波过程中的能量耦合系数，具体可用下式表示：

$$\kappa = \varepsilon_0 d_{\mathrm{eff}} \sqrt{\frac{(2\omega)^2}{2n_{\omega}^2 n_{2\omega} A_{\mathrm{eff}}} \left(\frac{\mu_0}{\varepsilon_0}\right)^{\frac{3}{2}}} \tag{1.36}$$

式中，n_{ω}、$n_{2\omega}$ 分别为基波和二次谐波的折射率；A_{eff} 为光波与晶体非线性作用的有效面积；d_{eff} 为有效非线性系数。

在边界条件 $\boldsymbol{E}_{\omega}(0) = \boldsymbol{E}_0$、$\boldsymbol{E}_{2\omega}(0) = 0$ 的限定下（$\boldsymbol{E}_0$ 是入射泵浦场的振幅），耦合波方程式（1.33）和式（1.34）有如下两种解析情况。

1. 泵浦弱损耗情形

在小信号近似下，认为谐波转换效率较低，因此泵浦光在非线性互作用过程中损耗较小，即沿光波传播方向 z 上，$\boldsymbol{E}_{\omega}(z) = \boldsymbol{E}_0$，在此边界条件限定下，联立耦合波方程式（1.33）和式（1.34），可以得到如下二次谐波电场及二次谐波生成功率解析解：

$$\boldsymbol{E}_{2\omega}(z) = -\mathrm{i}\kappa \boldsymbol{E}_0^2 \exp\left(\frac{\mathrm{i}\Delta \boldsymbol{k} z}{2}\right)\left(\frac{\sin \Delta \boldsymbol{k} z/2}{\Delta \boldsymbol{k} z/2}\right) \tag{1.37}$$

$$P_{2\omega}(z) = \frac{8\pi^2}{n_{\omega}^2 n_{2\omega} \lambda_{\omega}^2 c \varepsilon_0} d_{\mathrm{eff}}^2 z^2 \frac{\sin^2(\Delta \boldsymbol{k} z/2)}{(\Delta \boldsymbol{k} z/2)^2} \frac{P_{\omega}^2(0)}{A_{\mathrm{eff}}} \tag{1.38}$$

对应非线性转换效率为

$$\eta = \frac{P_{2\omega}(z)}{P_{\omega}(0)} = \frac{8\pi^2}{n_{\omega}^2 n_{2\omega} \lambda_{\omega}^2 c \varepsilon_0} d_{\mathrm{eff}}^2 z^2 \frac{\sin^2(\Delta \boldsymbol{k} z/2)}{(\Delta \boldsymbol{k} z/2)^2} \frac{P_{\omega}(0)}{A_{\mathrm{eff}}} \tag{1.39}$$

式中，c 表示真空光速。

2. 泵浦高损耗情形

当基波转换效率足够高时，不能再认为基波功率损耗是常数。为了求出谐波功率解析解，需要给予耦合波方程式（1.33）和式（1.34）边界条件（$\boldsymbol{E}_{\omega}(0) = \boldsymbol{E}_0, \boldsymbol{E}_{2\omega}(0) = 0$）限定，耦合波间非线性功率转换关系为

$$P_{2\omega}(z) = P_{\omega}(0) \tanh^2\left(C\sqrt{\frac{P_{\omega}(0)}{A_{\mathrm{eff}}}} z\right) \tag{1.40}$$

其中，$C=\dfrac{8\pi\omega d_{\text{eff}}}{c^2\sqrt{\varepsilon}}\sqrt{\dfrac{2\pi c}{\sqrt{\varepsilon}}}$。

在相同光学参量谐波互作用下，作者计算了基波高损耗和弱损耗条件下二次谐波转换效率随晶体长度的变化关系，如图 1.2 所示。从图 1.2 中可以看到，随着非线性晶体有效可利用长度的增加，在基波高损耗条件下，二次谐波非线性转换效率几乎可以达到 100%。而实际情况下，非线性过程需要满足特定的偏振匹配，晶体真正可以利用的有效长度极其有限，只有满足合适的相位匹配条件，才可以尽量增大晶体的有效使用长度，准相位匹配晶体就是为了这一目的而设计的。

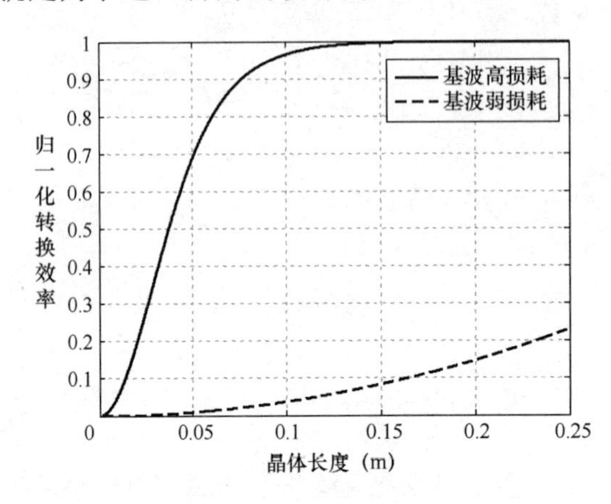

图 1.2　基波高损耗和弱损耗条件下二次谐波转换效率随晶体长度的变化关系

三波耦合方程不仅可以普遍地用于二次谐波的生成，也可以用作刻画其他任何三波混频过程，如和频、差频、光学参量放大等。在合理的近似下，都可以得到它们对应的解析解。

1.4　相位匹配

1．双折射相位匹配

在单轴晶体和双轴晶体中应用广泛的相位匹配方式是双折射相位匹配。依据入射光场的非线性偏振特征，介质材料中特定方向的折射率可以满足动量守恒。以单轴晶体（如铌酸锂晶体）为例进行说明。一种人们常用的匹配方式是角度匹配，也叫作临界相位匹配。单轴晶体中有两条指定轴方向的折射率分量，分别为寻常光和非常光。沿着晶体光轴方向（z 轴方向），寻常光折射率和非常光折射率均相等；如果光束传播方向偏移晶体光轴，则非常光折射率将随着光束传播方向与晶体光轴夹角的改变而改变，而寻常光保持恒定。图 1.3 表示光波分别沿负单轴晶体的 z 轴和 x 轴传播时折射率的变化。

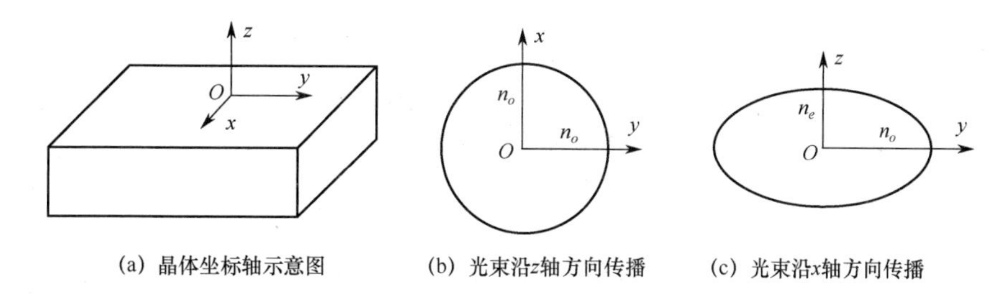

图 1.3 光波分别沿负单轴晶体的 z 轴和 x 轴传播时折射率的变化

传统定义中，单轴晶体相位匹配类型可以分为两类，如表 1.2 所示。

表 1.2 单轴晶体相位匹配类型

晶体种类	第一类相位匹配		第二类相位匹配	
	偏振性质	相位匹配条件	偏振性质	相位匹配条件
正单轴	$e+e \to o$	$n_e^{\omega}(\theta_m)=n_o^{2\omega}$	$o+e \to o$	$\frac{1}{2}[n_o^{\omega}+n_e^{\omega}(\theta_m)]=n_o^{2\omega}$
负单轴	$o+o \to e$	$n_o^{\omega}=n_e^{2\omega}(\theta_m)$	$e+o \to e$	$\frac{1}{2}[n_o^{\omega}+n_e^{\omega}(\theta_m)]=n_e^{2\omega}(\theta_m)$

角度相位匹配是相对简单且可行的匹配方法，在二次谐波和其他混频过程中已被人们广泛使用，但是该方法也存在一些不足之处：

（1）走离效应。由于满足双折射相位匹配条件时，光束传播方向与晶体光轴夹角等于相位匹配角 θ_m，此时寻常光与光线的传播方向一致，而非常光的传播方向与光线方向成一个非零的夹角。由于二者沿晶体传播的光束方向不一致，即二者间存在走离角 α，如图 1.4 所示。随着光束在晶体中的传播距离增大，两光束之间的走离效应也会越来越明显，降低了晶体真正可利用的有效长度，这样必然导致非线性转换效率低下，同时严重降低所生成谐波的光束质量。

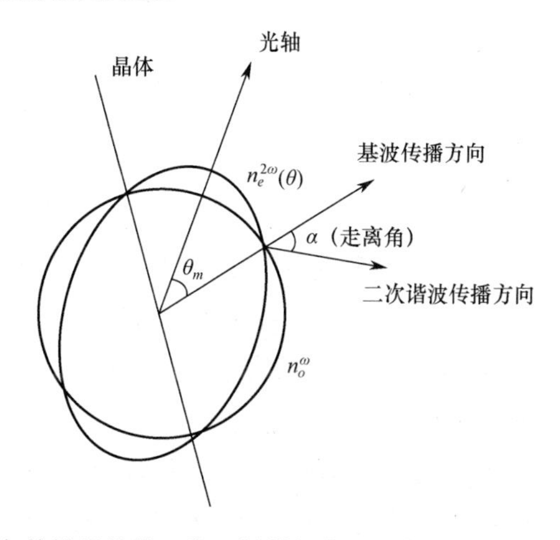

图 1.4 负单轴晶体第一类双折射相位匹配条件下走离效应示意图

（2）输入光发散引起的相位失配。实际中的输入光束都具有一定的发散角，并不是真正理想的平面波。傅里叶光学已经证明，非理想的平面光波可以认为由一系列不同波矢方向的理想波叠加而成，但是不同波矢方向的波不可能在相同的相位匹配角 θ_m 下实现相位匹配。

为了消除上述双折射相位匹配中基波和谐波之间的走离效应，可以设计晶体相位匹配角 $\theta_m=90°$，同时利用非线性介质材料折射率对温度敏感这一特性，采用温度调节作为补偿，以实现非线性晶体的相位匹配，这就是双折射相位匹配的另一种方法，即温度相位匹配，也叫作非临界相位匹配。

2. 准相位匹配

准相位匹配的概念首次由 Armstrong 等人于 1962 年提出。不同于双折射晶体中满足晶体本身结构特性实现相位匹配，准相位匹配需要人为周期性调制晶体的磁畴结构，以完成光波相互作用时的相位匹配，即通过周期性改变铁电晶体的磁畴结构实现π相位反转，以保持基波和生成谐波间的相位匹配关系，使得每个周期的总的相位失配量为零，从而确保高效的谐波生成。一阶准相位匹配可以通过每个相干长度 l_c 改变一次非线性系数的符号以获得二次谐波最高的转换效率；当每三个相干长度改变一次非线性系数的符号时，三阶非线性准相位匹配。周期极化晶体非线性系数符号反转示意图如图 1.5 所示。

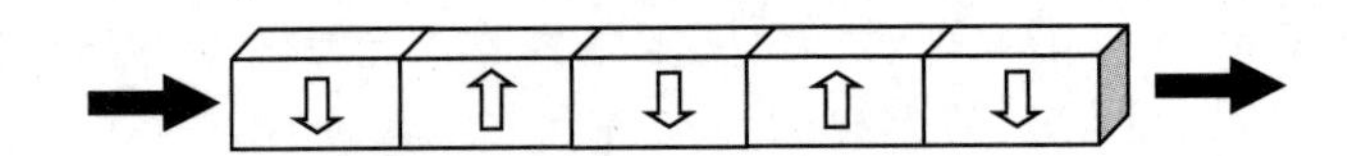

图 1.5　周期极化晶体非线性系数符号反转示意图

晶体经过周期极化后，沿光传播方向上（如 x 轴），其系数 d_{33} 在数学形式上可以表示为

$$d_{33}=\begin{cases}+d_{33}, & n\Lambda<x<\left(n+\dfrac{1}{2}\right)\Lambda \\ -d_{33}, & \left(n+\dfrac{1}{2}\right)\Lambda<x<(n+1)\Lambda\end{cases}\quad (n\geqslant 0,\ n\text{是整数})$$

尽管准相位匹配使得有效非线性系数缩小了 $2/\pi$，但是其允许所有非线性互作用的光波沿着相同的晶体 z 轴传播，以便利用晶体的最大有效非线性系数 d_{33}。这是在双折射相位匹配中无法实现的，因而最终的转换效率依然可以高于双折射相位匹配几倍。双折射相位匹配、准相位匹配和相位完全失配情况下的二次谐波生成功率如图 1.6 所示。

准相位匹配材料为实现单个或多个二阶非线性过程提供了可能。这种相位匹配技术真正可以利用晶体更长的相干长度，在非严格相位匹配下允许基波强聚焦提高谐波生成功率而不影响生成谐波的光束质量，并且通过准相位匹配技术可以把材料设计为针对特定波长转换组合和特定光学非线性过程的相位匹配结构。铁电晶体家族中用作准相位匹配的晶体主要包括铌酸锂（$LiNbO_3$）晶体、钽酸锂（$LiTaO_3$）晶体和磷酸氧钛钾（KTP）晶体，目前这些晶体都已广泛用于各种非线性变频实验中，并且均可用作集成光纤光学波长转换器件。

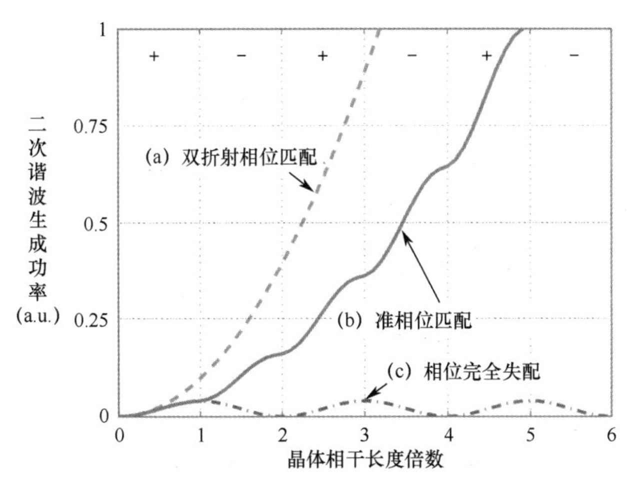

图 1.6　双折射相位匹配、准相位匹配和相位完全失配情况下的二次谐波生成功率

1.5　本书内容与结构安排

非线性光学的研究是物理学中一个重要的研究领域。本书基于非线性晶体二阶非线性效应，对非线性倍频、和频及 OPO 过程依次进行了理论分析和实验上实现了这些光源。全书分为 6 章：第 1 章回顾了非线性光学的发展，并介绍了当前非线性光学的基础理论；第 2 章分别采用单次穿过倍频方式和谐振倍频方式，获得 780nm 激光光源，并描述了该激光光源的相关特性；第 3 章利用谐振倍频获得的高功率倍频激光和基频光做单共振和频，获得 520nm 单频激光；第 4 章讲述利用所得和频光作为泵浦光源激发双共振光学参量腔，进而得到高效且频率可连续调谐的下转换光场；第 5 章运用光通信波段 1560nm 激光进行运动粗糙表面速度测量工作；第 6 章对全书进行总结和展望。

本章参考文献

[1]　FRANKEN P A, HILL A E, PETERS C W, et al. Generation of optical harmonics [J]. Physical Review Letters, 1961, 7: 118-119.

[2] GIORDMAINE J A. Mixing of light beams in crystals [J]. Physical Review Letters, 1962, 8: 19-20.

[3] MAKER P D, TERHUNE R W, NISENOFF M, et al. Effects of dispersion and focusing on the production of optical harmonics [J]. Physical Review Letters, 1962, 8: 21-22.

[4] ARMSTRONG J A, BLOEMBERGEN N, DUCUING J, et al. Interactions between light waves in a nonlinear dielectric[J]. Physics Review, 1962, 127: 1918-1939.

[5] BLOEMBERGEN N. Nonlinear optics: past, present, and future [J]. IEEE Journal of Selected Topics in Quantum Electronics, 2000, 6: 876.

[6] OU Z Y, PEREIRA S E, POLZIK E S, et al. 85% efficiency for cw frequency doubling from 1.08 to 0.54 μm[J]. Optics Letters, 1992, 17: 640-642.

[7] CHAITANYA K S, SAMANTA G K, KAVITA D, et al. High-efficiency, multicrystal, single-pass, continuous-wave second harmonic generation [J]. Optics Express, 2010, 19: 11152-11169.

[8] SANE S S, BENNETTS S, DEBS J E, et al. 11 W narrow linewidth laser source at 780 nm for laser cooling and manipulation of Rubidium [J]. Optics Express, 2012, 20: 8915-8919.

[9] CHIOW S, KOVACHY T, HOGAN J M, et al. Generation of 43 W of quasi-continuous 780 nm laser light via high-efficiency, single-pass frequency doubling in periodically poled lithium nibate crystal [J]. Optics Letters, 2012, 37: 3861-3863.

[10] MIMOUN E, DE S L, ZONDY J, et al. Sum-frequency generation of 589 nm light with near-unit efficiency [J]. Optics Express, 2008, 16: 18684-18691.

[11] SAKUMA J, ASAKAWA Y, IMAHOKO T, et al. Generation of all-solid-state, high-power continuous-wave 213 nm light based on sum-frequency mixing in $CsLiB_6O_{10}$[J]. Optics Letters, 2004, 29: 1096-1098.

[12] TSUNEKANE M, KIMURA S, KIMURA M, et al. Continuous-wave, broadband tuning from 788 to 1640 nm by a doubly resonant, $MgO:LiNbO_3$ optical parametric oscillator[J]. Applied Physics Letters, 1998, 72: 3414-3416.

[13] VILLAR A S, CRUZ L S, CASSEMIRO K N, et al. Generation of bright two-color continuous variable entanglement [J]. Physical Review Letters, 2005, 95: 243603.

[14] JIA X J, YAN Z H, DUAN Z Y, et al. Experimental realization of three-color entanglement at optical fiber communication and atomic storage wavelengths [J]. Physical Review Letters, 2012, 109: 253604.

[15] BAUNE C, GNIESMER J, SCHONBECK A, et al. Quantum metrology with frequency up-converted squeezed vacuum states[J]. Optics Express, 2015, 23(12): 16035.

[16] SUTHERLAND R L. Handbook of nonlinear optics [M]. New York: Marcel Dekker Press, 2003.

[17] ROBERT B. Nolinear optics[M]. 2nd.San Diego: Academic Press, 2003.

[18] MILLER R C, NORDLAND W A, BRIDENBAUGH P M. Dependence of second-harmonic-generation coefficients of $LiNbO_3$ melt compositions [J]. Journal of Applied Physics, 1971, 42: 4145-4147.

[19] DMITRIEV V G , GURZADYAN G G , NIKOGOSYAN D N. Handbook of nonlinear optical crystals [M]. Berlin: Springer-Verlag Press, 1999.

第2章

1560nm 倍频 780nm 单频激光的实现

2.1 引言

780nm 激光对应铷原子的 D_2 超精细跃迁线，在激光稳频和铷原子的冷却及操控方面有着广泛的应用。比如，凭借长距离光纤中低损耗传输优势的光通信 C 波段 1560nm 激光，在密集波分复用（DWDM）系统中展现了重要的应用价值而受到各国研究者们的重视。但是该波段是一个难以进行绝对频标测量的波段，这对于密集波分复用系统的应用而言是一项亟须解决的技术困扰，因为光频率的波动会带来相邻或邻近信道间信号串扰而严重影响甚至瘫痪光信息传输系统。一种有效的方案是利用 780nm 激光对应铷原子 D_2 超精细跃迁线特性，采用非线性晶体对 1560nm 激光倍频得到 780nm 激光，以该原子线作为频率标准，不仅可以完成对 1560nm 激光的频率探测及校准，还可以整体用作光纤传感器的绝对稳频光源或高分辨光谱的频率标准。

对单个中性原子的操控可以实现小部分被俘获粒子的受控量子态构建，而受控量子态构建是量子信息编码和处理的基本要求之一。相对于单个离子或光子而言，单个原子拥有更高的空间分辨率，使得其在俘获和寻址上具有更大优势。由于单个受控的铷原子可以用于量子计算中，所以为了能够驱动铷-87（^{87}Rb）原子 D_2 线跃迁，需要在 780nm 波长处生成一个窄脉冲（纳秒级）、高峰值功率的π脉冲。2006 年，Dingjan 等人采用光通信波段的光强度调制器对 1560nm 种子光斩波，并获得脉冲激光。然后，用该波段掺铒光纤放大器（EDFA）对所获脉冲光功率进行放大，经周期极化铌酸锂晶体倍频得到脉宽为 1.3ns、重复频率为 5MHz、峰值功率高达 12W 的 780nm 脉冲倍频激光，并进一步演示了单个铷-87（^{87}Rb）原子基态和激发态之间的高效拉比振荡（Rabi 振荡）。该套 780nm 激光系统方案同时避免了传统钛宝石激光或半导体激光加强度调制器所带来的系统复杂性和运作的高成本。

在原子物理方面，^{87}Rb 原子还是碱金属中常用作玻色-爱因斯坦凝聚（BEC）的原子，在原子干涉中也被广泛应用，这不仅得益于其极佳的散射特性，可以进行高效的蒸发冷却，而且低成本的外腔反馈式 780nm 半导体激光光源获取也较容易。目前，国内外已经有众多的研究机构和企业对该波段光源进行了研究，780nm 半导体激光在商用化的道路上已经有较多的产品和技术积累。据报道，New Focus 公司已经研发可直接发出几百毫瓦量级功率的 780nm 半导体激光，目前同步研发的商用 780nm 锥形激光放大器，可获得高达 2W 的输出功率。但是，上述方案所得光束质量都不尽如人意。采用光纤作为激光输出可从一定程度上提高光束质量因子，但需要以牺牲功率作为代价，比如，2W 输出功率的锥形激光放大器经光纤过滤后，可用功率损耗至仅约 500mW。为了提供高通量铷原子玻色-爱因斯坦凝聚（BEC）及获得更高灵敏度的铷原子干涉仪，通常需要较高的输出功率，同时拥有理想光束质量的 780nm 激光光源。

一种行之有效的解决方案是利用激光非线性频率转换，包括倍频或其他光学参量转换等方式。晶体倍频方式可以获得具有高输出功率、高光束品质因子的 780nm 倍频激光光源。非线性光学参量互作用过程中所遵循的普遍物理规律使转换过程中各参量光间保持严格的相位匹配条件，这样人们可以通过调谐基频光频率直接控制倍频参量光的频率调谐（或锁定），并且在一些激光波段，如光通信波段，人们已经可以获得高功率、高品质因子的基频激光，可将这些高品质光源转换为符合实验期待的 780nm 激光光源。

2.2 单次穿过周期极化铌酸锂晶体和周期极化磷酸氧钛钾晶体倍频

单次穿过晶体倍频方式以其简单、结构紧凑及极高的系统机械稳定性而被大家普遍使用。相对于谐振倍频而言，其无须用于锁定谐振腔长的复杂电子伺服回路，省去腔镜和锁定环路等各个光学和电子器件的成本。2007 年，法国 Varoquaux 等人采用单次穿过 PPLN 晶体的方式得到了用于铷原子冷却的 780nm 激光，并在飞机上进行类抛物线飞行仿失重环境模拟。在该极端条件下，冷原子激光系统依然可以稳定运作。同年，法国 Lienhart 等人在实验中加入 1560nm 基频光强度调制器对基波进行边带调制（3GHz），并将调制后的基波载波和边带同时送入周期极化铌酸锂晶体中进行单次穿过倍频实验，获得可用于 ^{85}Rb 原子的冷却和再泵浦光。该方案不仅节省了一台用于提供再泵浦光的半导体激光器，而且可以灵活控制再泵浦光的强度及频率。除此之外，由于基波采用单次穿过晶体的方式，故在晶体内部功率密度较小，可以在一定程度上降低对晶体损伤的概率。2012 年，西班牙 Sané 等人采用光纤激光器单次穿过周期极化铌酸锂晶体，获得输出功率高达 11W 的 780nm 倍频激光，倍频转换效率达 36%。为了提高单次穿过晶体的非线性转换效率，人们还采用了级联晶体倍频的方案。2003 年，美国研究者 Thompson 采用两块长度为 50mm 的周期极化铌酸锂晶体级联倍频，获得 900mW 的 780nm 激光，单位泵浦功率单位晶体长度级联倍频转换效率达 5.6mW/W^2/cm。2012

年，西班牙 Samanta 小组首次尝试采用 3 块晶体级联倍频方案，获得高达 55.6%的倍频转换效率。2013 年，美国斯坦福大学 Chiow 等人同样采用级联周期极化铌酸锂晶体倍频方案，获得峰值功率高达 43W 的 780nm 准连续激光。此外，2005 年，美国研究者 Vyatkin 还利用两级级联的前置光纤放大器（15dB）和一级末端放大的光纤激光器（10dB）对基波功率放大后进行单次穿过晶体倍频，获得 9W 的 780nm 倍频光，倍频转换效率达 30%。上述各种方案中所获得的高功率的 780nm 激光为开展相关铷原子实验奠定了良好的基础。

涉及激光的非线性频率转换，需要合适的非线性晶体做光频率转换媒介，即非线性光学晶体。可以说，非线性晶体是实现非线性光学频率转换的关键性器材。人们也在不断研究和研发一些适合特定波长的高转换效率的晶体。到目前为止，许多非线性光学晶体已经被开发出来用于非线性频率转换。例如，铌酸锂（$LiNbO_3$）晶体、钽酸锂（$LiTaO_3$）晶体、磷酸钛钾（$KTiOPO_4$，KTP）晶体、三硼酸锂（LiB_3O_5，LBO）晶体、磷酸二氢钾（KH_2PO_4，KDP）晶体和偏硼酸钡（BaB_2O_4，BBO）晶体均已被成功应用。

在这些非线性光学晶体中，被称为“非线性光学硅”的铌酸锂已经成功应用于各种非线性光学过程中，是许多非线性光学应用的理想选择，也是非线性倍频过程中的常用晶体。铌酸锂晶体外观为一种无色固体材料，是一种负单轴双折射的铁电晶体，拥有六边形斜方晶胞结构，是 3m 点群对称晶体。$LiNbO_3$ 晶体晶胞外围由氧原子密集堆积，晶胞内八面体结构的间隙中有 1/3 单元充满 Li^+、1/3 单元充满 Nb^{5+}、其余 1/3 单元为真空，如图 2.1 所示。

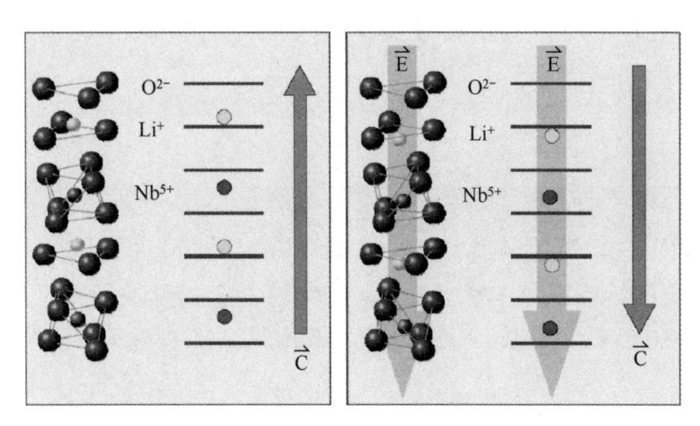

图 2.1　铌酸锂晶体中晶胞结构示意图

$LiNbO_3$ 晶体作为一种优良的铁电晶体，具备适宜人工极化的以下三个方面的先天性优势：

（1）在居里温度以下（高达 1200℃），$LiNbO_3$ 晶体均呈现出沿晶体 z 轴的自发偏振极化。铁电晶体内部畴结构极化方向始终可以保持和外加电场相同的方向而没有晶体相变，这种特性为制作单个畴结构晶体提供了先天性优势。

（2）$LiNbO_3$ 晶体相邻畴区域之间没有结构间失配，使得 $LiNbO_3$ 晶体可在较低破裂风险下制作大尺寸的晶体成品。

（3）为增加晶体的有效非线性互作用长度以提高非线性晶体的光频率转换效率，需要对晶体均匀极化，即各个晶体磁畴结构保持相同的极化方向。$LiNbO_3$ 晶体的每个磁畴结构中，所有的阳离子（Nb^{5+}离子）在外加电场作用下均可沿一个方向移动，所以在外加电场方向下可实现自发极化，这种特性使 $LiNbO_3$ 成为制作磁畴反转光栅的合适材料。由于 Li^{+}和 Nb^{5+}离子相对于氧八面体缺位，所以 $LiNbO_3$ 晶体的偏振方向易于通过外界施加高压脉冲电场反转。因此，对 $LiNbO_3$ 晶体施加合适方向的外加电场，可以实现效果良好的晶体磁畴结构极化。人为施加外加电场导致的偏振反转，称为铁电晶体的周期极化，对应得到的晶体称为周期极化晶体或准相位匹配晶体。实验中使用的周期极化铌酸锂（PPLN）晶体，便是用铌酸锂（$LiNbO_3$）晶体采用特定周期极化技术制作而成的。

由于准相位匹配技术可以人为引入有效光栅矢量至铁电材料中，因而可以补偿各参量光非线性互作用过程中不断积累的相位失配。利用这一技术，铁电材料便可被灵活地设计为满足各个非线性波长转换相位匹配条件的晶体。对于 $LiNbO_3$ 晶体，最常用的方法是引入二阶非线性系数符号的周期反演。当一个高于特征矫顽场的外加电场作用于 $LiNbO_3$ 晶体时，晶体自发极化方向会发生逆转，导致奇数阶张量性质（如电光、压电和非线性光学系数）的符号发生逆转。图 2.2 所示为铁电晶体周期磁畴反转结构示意图，图中箭头代表晶体磁畴的极化方向。这项技术有几个优点：首先，该技术有效地降低了大尺寸非线性晶体的制造工艺难度；其次，可以利用晶体的最大非线性系数，显著提高非线性转换效率。例如，周期极化铌酸锂晶体便是一种具有周期磁畴反转结构的晶体，在非线性倍频过程中可以利用其最大非线性系数 d_{33}。该值是 d_{12}（普通倍频方式利用的非线性系数）的两倍之高。

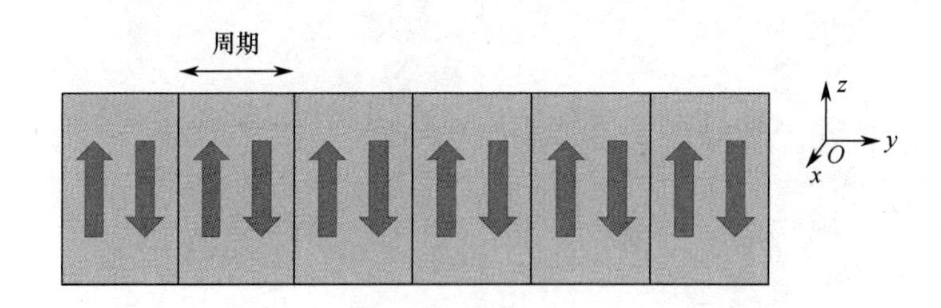

图 2.2　铁电晶体周期磁畴反转结构示意图

注：图中粗箭头表示晶体磁畴的偏振极化方向。

早在 1978 年，NTT 公司的 Miyazawa 首次发现了铁电区域的反转现象。沿平行于+z 方向平面的 Ti 扩散交换铌酸锂晶体，可在晶体表面实现大面积的周期极化，从而有效提高晶体或波导中光波非线性相互作用的效率。虽然人们很早就已经意识到晶体沿 z 轴极化方向周期性反转是获得高效准相位匹配铌酸锂晶体的关键步骤，但是直到 1992 年，块状的周期极化铌酸锂（PPLN）晶体才由来自索尼公司的 M.Yamada 等人采用电极化的方法首次实现。该方法中，一块经特定设计加工的薄片金属电极贴在铌酸锂晶体+z 表面，$-z$ 面放置在晶体的下表面。该金属电极本身在晶体表面周期性放置，目的是获取晶体的周期光栅结构，这些光栅可在不需要真空或绝缘液体的情况下，用晶圆直接制造。通常采用金属电极制作短周期磁畴反转光栅，施加高于铌酸锂晶体矫顽场的高压电脉冲（通常电压约为 21kV）用作反转位于电极下方的晶体磁畴区域。如图 2.3 所示为周期极化晶体制作装置示意图，周期极化是目前用于制作高质量大面积周期极化铌酸锂晶体所广泛应用的技术，该技术的广泛应用掀起了准相位匹配倍频的研究热潮，是近几十年来制备周期极化铌酸锂的方法中最具吸引力的方法之一。

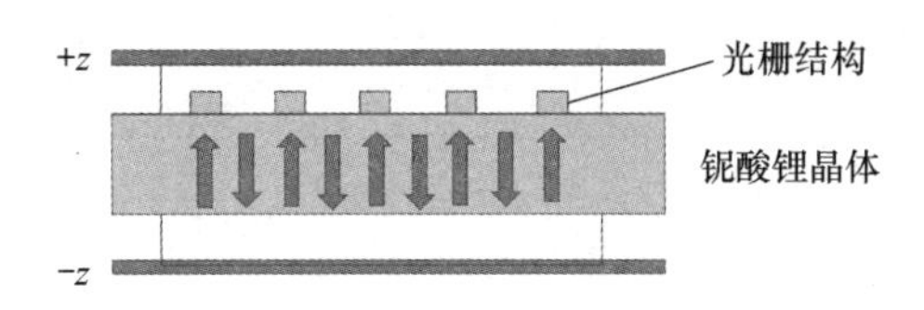

图 2.3　周期极化晶体制作装置示意图

研究人员对其他制造 PPLN 晶体的方法也进行了广泛研究。例如，在表面极化法中，除上面已经介绍过的通过 LiO_2 的外扩散技术来实现外，还可以通过电子束轰击的方法来实现。可以通过激光加热的基台增长法或电晕放电法，也可以通过光子照明铌酸锂晶体来降低块状周期极化铌酸锂晶体的矫顽场，借以辅助电子极化过程。

总体而言，众多优势已经使周期极化铌酸锂晶体成为一种高非线性效率、低制造成本的非线性光波长转换器件：①铌酸锂晶体拥有高的二阶非线性系数（d_{33} =27pm/V），该系数远大于其他常用的非线性晶体系数，如 KDP 晶体（d_{36}=0.44pm/V）和 LBO 晶体（d_{33}=0.04pm/V）。铌酸锂晶体是当前已知商用非线性光学晶体中具有最高非线性系数的晶体。②铌酸锂晶体的生长可以通过 Czochralski 法（也称提拉法）实现，该方法可以有效降低每块晶片的制作成本，铌酸锂晶体中掺杂合适比例的氧化镁（MgO），还可以显著提高其抗光损伤或抗光折变损伤的能力。③铌酸锂晶体有着宽广的光学透明窗口，其波长透射范围可以覆盖 300～2200nm，并且具有大约 4eV 的带隙，为紫外光、可见光和中红外光的产生提供低损耗。④铌酸锂晶体中的准相位匹配技术已经达到成熟的商业化阶段，它的生产厂商遍布全球，包括中国、美国、以色列和日本等国家，在移动电话、光调制器等电信市场具有广泛的应用前景。

此外，周期极化磷酸氧钛钾（PPKTP）晶体也是非线性倍频过程中常用的一类晶体。它同样拥有较高的非线性系数（d_{33}=16.9pm/V），并且拥有较宽的温度匹配带宽和较低的热导率及更低的矫顽场（其矫顽场电压是 $LiNbO_3$ 晶体的 1/10）和较高的光折变损伤阈值（入射激光为 1μm 时，周期极化磷酸氧钛钾晶体的光折变损伤阈值为<450MW/cm^2，周期极化铌酸锂晶体的光折变损伤阈值为<300MW/cm^2），加上其可以在室温环境下工作等优点，同样是人们经常用到的非线性晶体。2009 年，西班牙某研究小组采用周期极化磷酸氧钛钾晶体和 MgO:PPLT 晶体分别做了单次穿过倍频实验。为比较各晶体倍频实验结果，周期极化磷酸氧钛钾晶体也被用于 780nm 单次穿过倍频光的实验中。

本书实验中采用的周期极化铌酸锂倍频晶体为 Deltronic 公司生产的多极化周期晶体。晶体尺寸为 1mm×10mm×20mm，垂直于光传播方向的截面（y-z 平面）并列有 6 个周期，分别为 19.0μm、18.8μm、18.6μm、18.4μm、18.2μm 和 18.0μm。其中，19.0μm 周期的横向宽度为 1.5mm，其余 5 个周期的横向宽度均为 1mm，各个周期之间的间隔为 1mm，周期极化铌酸锂晶体通光端面示意图如图 2.4 所示。不同的周期对应 1560nm 激光倍频的准相位匹配温度不同，并且晶体各个周期的匹配温度随着晶体周期的减小而增大。

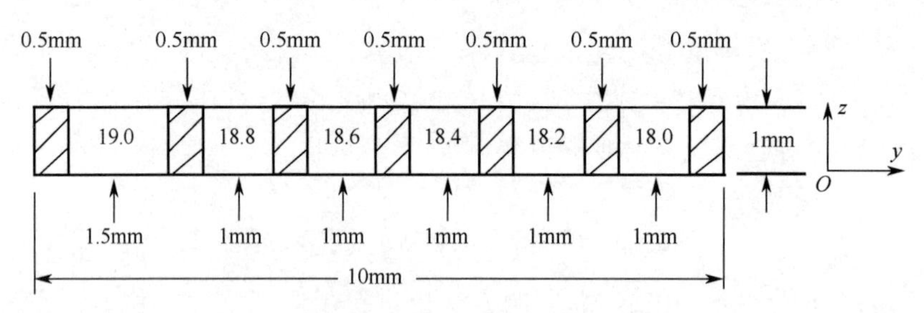

图 2.4　周期极化铌酸锂晶体通光端面示意图

注：每个空白部分都对应一个极化周期。

铌酸锂是一种单轴晶体，其折射率在各个方向（x-y-z）上的关系可以表示为由两个主折射率描述一个折射率椭球，主折射率指寻常光折射率 n_o 和非常光折射率 n_e：

$$\frac{x^2}{n_o^2}+\frac{y^2}{n_o^2}+\frac{z^2}{n_e^2}=1 \tag{2.1}$$

由于铌酸锂中 $n_e < n_o$，所以铌酸锂晶体为负单轴晶体。从式（2.1）中可以看到，当光偏振面位于 x-y 平面且沿着晶体的 z 轴传播时，晶体对应各个方向上的折射率均为 n_o，而与偏振无关，也就是说不存在双折射效应；如果光传播方向偏移 z 轴，折射率就与偏振面有关，如沿着 x 轴传播而偏振面位于 y-z 平面，那么折射率分别对应 y 轴上的偏振投影部分 n_o 和 z 轴上的偏振投影部分 n_e。光学材料的折射率与波长和温度的关系通常可以用 Sellmeier 关系式来表示。对于未掺杂的周期极化铌酸锂晶体，其折射率可以用下式表示：

$$n_i^2(\lambda,T)=A_i+B_iT^2+\frac{C_i+D_iT^2}{\lambda^2-(E_i+F_iT^2)^2}+G_i\lambda^2 \tag{2.2}$$

其中，i 为 o 或 e。上式中波长的单位为 nm，温度的单位为 K。铌酸锂晶体寻常光和非常光对应的折射率公式系数如表 2.1 所示。

表 2.1　铌酸锂晶体寻常光和非常光对应的折射率公式系数

i	A	B	C	D	E	F	G
o	4.9130	0	1.173×10^5	1.65×10^{-2}	2.12×10^2	2.7×10^{-5}	-2.78×10^{-8}
e	4.5567	2.605×10^{-7}	0.97×10^5	2.70×10^{-2}	2.01×10^2	5.4×10^{-5}	-2.24×10^{-8}

由于二次谐波转换效率可以用式（1.39）表示，公式中Δk为波长和温度的函数，具体可以表示为

$$\Delta k(\lambda_\omega,T)=k_{2\omega}(\lambda_{2\omega},T)-2k_\omega(\lambda_\omega,T)-m\frac{2\pi}{\Lambda(\lambda_\omega,T)}(m=1,3,5,\cdots) \tag{2.3}$$

其中，m为准相位匹配的阶数；$k_\omega(\lambda_\omega, T)$、$k_{2\omega}(\lambda_{2\omega}, T)$分别为基频光和倍频光在真空中的波数。

将式（2.3）代入式（1.39）中，可以得到二次谐波转换效率随晶体温度的变化曲线，找到周期极化铌酸锂晶体对应特定极化周期的理论预期相位匹配温度。图 2.5 是对实验中使用到的周期极化铌酸锂晶体 19.0μm 和 18.8μm 极化周期归一化二次谐波转换效率随晶体温度变化曲线的理论计算，从图中可以看到两个周期的最佳匹配温度分别约为 102℃和 164℃。

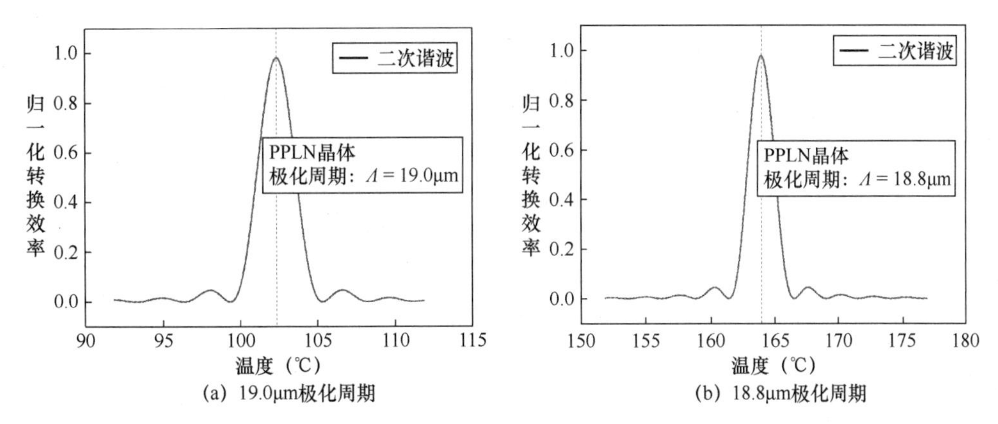

图 2.5 周期极化铌酸锂晶体在 19.0μm 极化周期和 18.8μm 极化周期归一化二次谐波转换效率

实验装置示意图如图 2.6 所示。采用中心波长为 1560nm 激光的 Littman 型光栅外腔反馈式半导体激光器（ECDL，New Focus Ltd.），作为基波光源的种子激光器。利用通信波段商用掺铒光纤放大器（EDFA，Keopsys Ltd.）对种子光进行功率放大。该光纤放大器输入/输出光纤为 1560nm 保偏光纤，经半波片（$\lambda/2$）和偏振分束棱镜（PBS）组成的分光系统后，将 1560nm 激光分为两束，分别送入周期极化铌酸锂晶体和周期极化磷酸氧钛钾晶体进行倍频。放置于周期极化铌酸锂晶体和周期极化磷酸氧钛钾晶体前面的半波片用来调节入射至晶体 1560nm 激光的偏振方向，以满足实验中准相位匹配倍频的偏振要求。实验中分别用到周期极化铌酸锂和周期极化磷酸氧钛钾两块晶体作为获得 780nm 倍频光源的非线性晶体。其中，周期极化磷酸氧钛钾晶体由以色列 Raicol 公司定制，其尺寸为 1mm×2mm×30mm，极化周期为Λ=24.925μm。两块非线性晶体分别放入各自的控温炉中。考虑到晶体在较高输入基波功率下的热吸收效应，采用具有较好热导特性的黄铜作为晶体的控温炉包裹层。晶体的加热和制冷采用帕尔贴元件，其紧贴于控温炉下表面。在控温炉上表面和两侧面采用聚砜材料作为其第二层包裹层，以达到

晶体控温炉与外界更好的绝热效果。实验中使用的控温仪为 Newport 公司的 Model 325B，所用传感器为 AD592。相对于 10kΩ负温度系数热敏电阻而言，该类传感器可以直接显示所探测晶体的温度，同时在较高温度区域（如>70℃）依然保持较高的探测灵敏度。传感器直接升入控温炉内部，位于晶体正下方，保证能够尽量近地接触到晶体，这样就可以实时且精准地探测晶体的温度。在上述装置设计下，实验室晶体的温度起伏可以控制在 0.005℃的精度范围内。实验中，焦距为 50mm 且镀有 1560nm 减反膜的凸透镜（L1）用来聚焦 PPLN 晶体内的基波腰斑至理论最佳尺寸（35μm）；焦距为 76mm 且镀有 1560nm 和 780nm 减反膜的凸透镜（L3）则用于聚焦 PPKTP 晶体内的基波腰斑至理论最佳尺寸（35μm）。双色镜（DM，HT@780nm 和 HR@1560nm）用于将倍频光从基频光中分离。双色镜透射出的 780nm 激光可用功率直接探测。中性衰减片（NDF）可将周期极化铌酸锂晶体生成的 780nm 激光分出一小部分用作偏振光谱的泵浦光输入。采用半波片（ λ/2）和 PBS 作为光束分束系统，其中四分之一波片（ λ/4）调节 PBS 反射光为圆偏振光，经 780nm 的 50:50 的分束镜（BS）反射后，与入射泵浦光反向共线进入带有磁屏蔽层包裹的铷原子气室，所用铷原子气室是由铷原子天然丰度混合的（^{87}Rb 为 72.15%，^{85}Rb 为 27.85%）。经 50:50 分束镜透射的 780nm 激光，被分为功率相等的两路同时送入 780nm 差分探测器探测，获得用于锁定激光器的误差信号，所得误差信号经过比例积分器（P-I）负反馈回激光器的压电陶瓷调制端口，可用于将激光器频率锁定至 ^{87}Rb 原子的 D_2 跃迁线上。

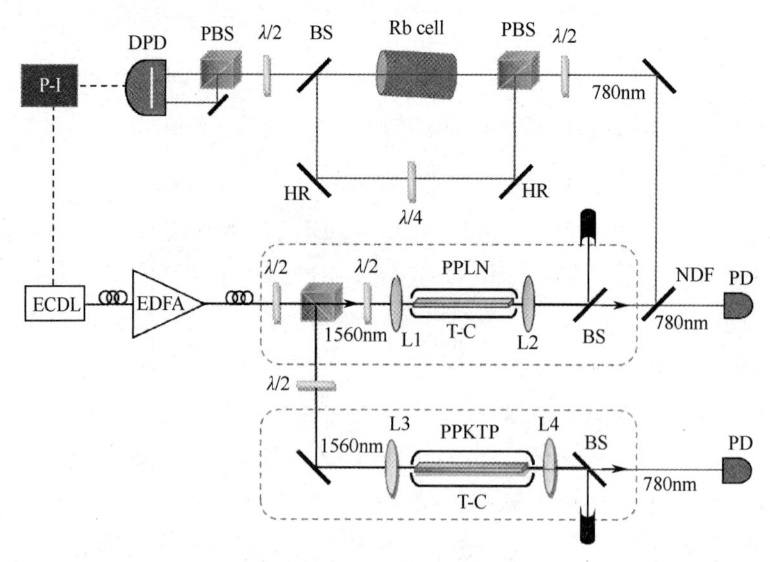

图 2.6　实验装置示意图

注：实线部分是光路，虚线部分是电路。ECDL—光栅外腔反馈式半导体激光器；PBS—偏振分束棱镜；BS—分束镜；EDFA—掺铒光纤放大器；HR—高反镜；PPLN—周期极化铌酸锂晶体；PPKTP—周期极化磷酸氧钛钾晶体；T-C—控温仪；DM—双色镜（1560nm 高反/780nm 高透）；PD—光电探测器；DPD—平衡差分探测器；P-I—比例积分器；NDF—中性衰减片；Rb cell—铷原子气室。

将 1560nm 基频光正入射至周期极化铌酸锂晶体 19.0μm 周期入射端中心，在固定基频光输入功率为 1.78W 的入射功率水平下，扫描了对应周期倍频光输出功率随晶体温度变化的曲线，测得该极化周期对应最佳匹配温度为 102.3℃，如图 2.7（a）所示。采用相同方法测得周期极化铌酸锂晶体 18.8μm 周期所对应的相位匹配温度约为 162℃，如图 2.7（b）所示。两个周期所得温度带宽均为 4℃。

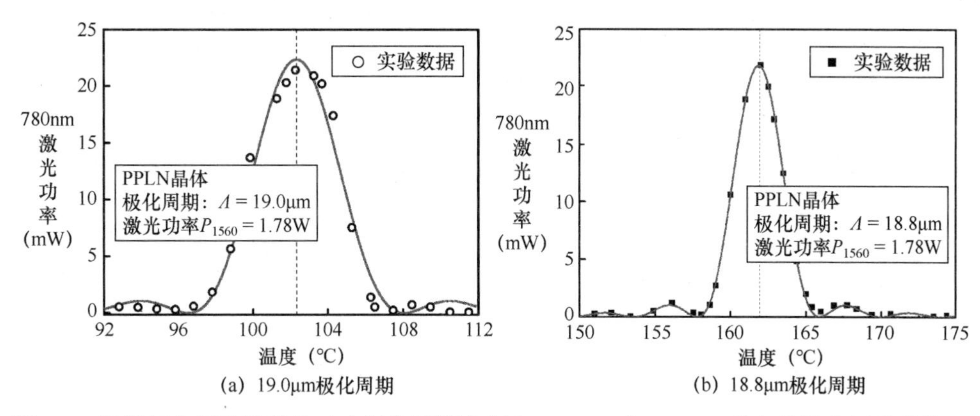

图 2.7　周期极化铌酸锂晶体对应极化周期分别为 19.0μm 和 18.8μm 的相位温度调谐曲线。实线为理论拟合曲线

此外，实验中也扫描了周期极化磷酸氧钛钾晶体的温度匹配曲线，如图 2.8 所示。固定基频光输入功率为 1.8W，从 60℃到 90℃的范围调谐周期极化磷酸氧钛钾晶体的温度，得到周期极化磷酸氧钛钾晶体的最佳匹配温度为 76.5℃。

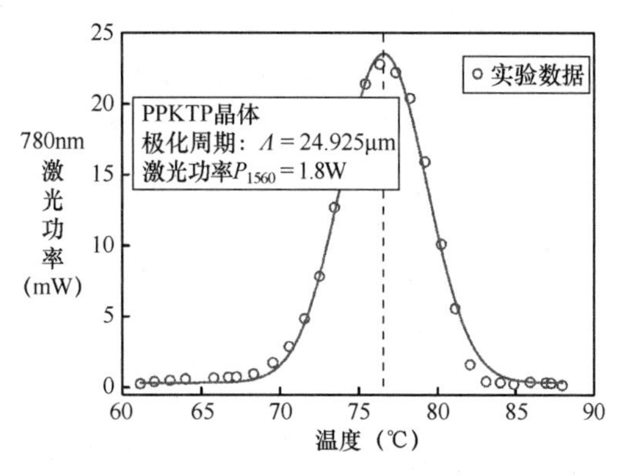

图 2.8　周期极化磷酸氧钛钾晶体的相位温度调谐曲线。实线为理论拟合曲线

对于给定功率的入射基波功率，适当的聚焦可以提高基波在非线性晶体中的倍频转换效率，但是过强的聚焦又会限制基波光对晶体最大相干长度的利用。早在 1968 年，Boyd 等人就详细研究了聚焦参量和晶体转换效率的关系。在他们的研究工作中，首次对激光在单轴非线性晶体中二次谐波生成过程和参量振荡过程的优化给出了严格的理论描述，并计算了二次谐波输出功率随聚焦参量ξ的变化关系。计算过程中，他们引入了一个无量纲的函数 h：

$$h(\sigma,\beta,\xi)=\frac{1}{4\xi}\iint_{-\xi}^{\xi}\mathrm{d}\tau\mathrm{d}\tau'\cdot\frac{\exp\left[\mathrm{i}\sigma(\tau-\tau')-\beta^2\xi^{-1}(\tau-\tau')\right]}{(1+\mathrm{i}\tau)(1-\mathrm{i}\tau')} \tag{2.4}$$

这个 h 函数称作 B-K 聚焦因子。其中，σ 为相移量，$\sigma = b\Delta k/2$（b 是基波高斯聚焦参量，Δk 是光学参量过程中的相位失配量）；β 表示基波在晶体中的双折射参量；聚焦参量 $\xi=l/b$（l 表示非线性晶体的长度）。在满足最佳相位适配时，得到最佳 B-K 聚焦因子 $h_{\mathrm{opt}}\approx 1.06$，此时对应的聚焦参量 ξ=2.84，如图 2.9 所示。

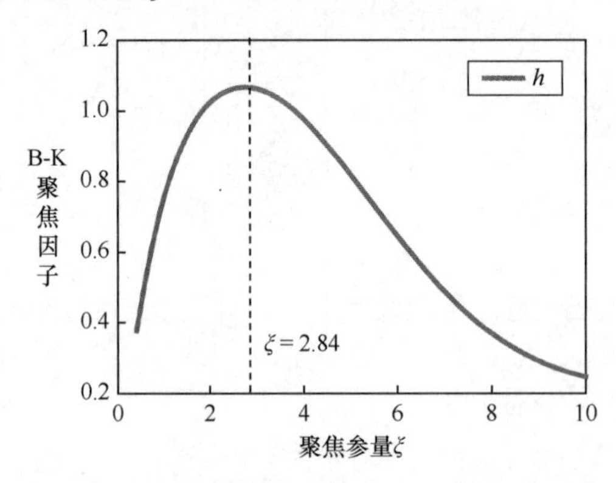

图 2.9　B-K 聚焦因子与聚焦参量 ξ 的关系

在他们的计算中同时考虑了衍射和双折射对于谐波生成功率的影响，同时也发现，如果忽略晶体双折射效应，则最大谐波生成功率对应的最佳聚焦参量为 ξ_{opt}=2.84。

在本实验中选择不同焦距的透镜尝试聚焦效果。对于实验中 20mm 长周期极化铌酸锂（Λ=19.0μm）晶体，满足最佳聚焦因子时对应 1560nm 激光最佳腰斑约为 30μm，所用透镜焦距为 50mm。计算过程中用到 1560nm 和 780nm 非常光的折射率分别为 2.14 和 2.18。对于实验中 30mm 长的周期极化磷酸氧钛钾晶体，满足最佳聚焦因子时对应 1560nm 激光的最佳腰斑约为 40μm，实验所用透镜为 76mm。将周期极化铌酸锂晶体温度稳定至 19.0μm 周期对应的相位匹配温度处（102℃），逐渐增大 1560nm 基频光输入功率，可得到 780nm 倍频光的输出功率曲线。在基波输入功率为 4.85W 时可以得到倍频光最大输出功率为 336mW，对应单次穿过最大倍频转换效率约为 7%，实验结果如图 2.10（a）所示；同样，将周期极化磷酸氧钛钾温度稳定至其最佳相位匹配温度（76.8℃）处，逐渐增大 1560nm 基频光输入功率至 4.75W，得到 780nm 高频光输出功率最大为 210mW，对应最大谐波转换效率为 4.4%，实验结果如图 2.10（b）所示。

连续频率调谐对于激光光谱学有着实际使用价值。比如，在原子、分子发射光谱中，要得到对应能级间的跃迁光谱，通常需要探测激光具备频率可以连续调谐的特性。倍频实验的 780nm 激光对应铷原子 D_2 跃迁线，通过调谐基波 1560nm 激光的频率范围，就可以通过铷原子气室吸收谱线观察到相应二次谐波的连续频率调谐特性。实验中，采用了天然丰度混合的铷原子气室（^{85}Rb 为 72.15%，^{87}Rb 为 27.85%）作为激光连续频率调谐范围的参考。首先将 1560nm 种子激光器波长调节至 1560.482nm 附近，之后将周期性地扫描三角波施加于种子激光器外腔的压电陶瓷，以对种子激光频率做周期性微扰动。此时的倍频光波长则相应地在 780.24nm 附近做周期性调谐。当倍频光频率扫过铷原子 D_2 跃迁线时，就可以从 Rb 原子气室得到对应于 $5S_{1/2}\rightarrow5P_{3/2}$ 能级间的多普勒展宽的吸收光谱，如图 2.11 所示。图中 A、D 两处凹陷吸收峰分别为 ^{87}Rb 原子 $5S_{1/2}$ (F_g=2)→$5P_{3/2}$ (F_e =1, 2, 3)和 $5S_{1/2}$ (F_g =1)→$5P_{3/2}$ (F_e = 0, 1, 2)能级跃迁谱线，B、C 两处分别对应 ^{85}Rb 原子 $5S_{1/2}$ (F_g =3)→$5P_{3/2}$ (F_e= 2, 3, 4)和 $5S_{1/2}$ (F_g =2)→$5P_{3/2}$ (F_e =1, 2, 3)能级间的跃迁。对应所得光谱采用 ^{87}Rb 原子 $5S_{1/2}$ 两基态 $5S_{1/2}$ (F_g=1)→$5S_{1/2}$ (F_g=2)间跃迁频率（6.834GHz）间隔来标定整个光谱横轴，可以看到在对 1560nm 基波光频率连续调谐方式下，可以实现 780nm 二次谐波至少 10GHz 连续频率调谐范围，宽的连续频率调谐范围对于 Rb 原子的俘获和操控实验同样有着实际应用价值。以 ^{87}Rb 原子 $5S_{1/2}$ (F_g=2)→$5P_{3/2}$ (F_e =1, 2, 3)能级间隔作为频率参考，其可以用作种子激光器频率的锁定。

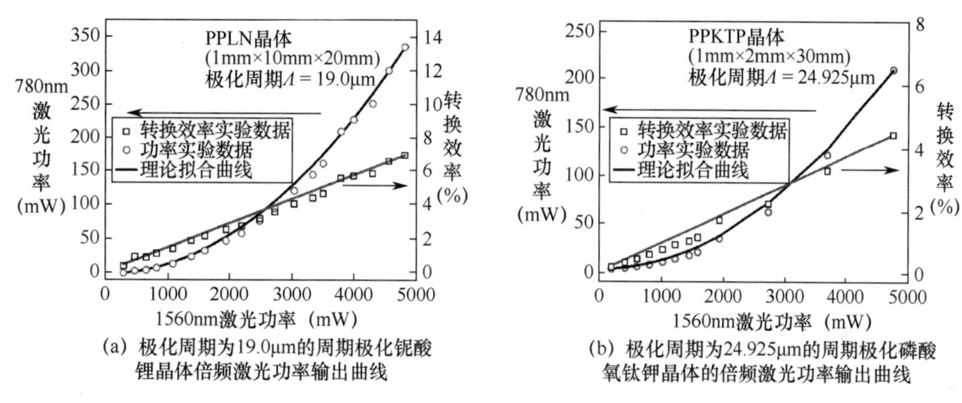

(a) 极化周期为19.0μm的周期极化铌酸锂晶体倍频激光功率输出曲线

(b) 极化周期为24.925μm的周期极化磷酸氧钛钾晶体的倍频激光功率输出曲线

图 2.10　极化周期为 19.0μm 的周期极化铌酸锂晶体及极化周期为 24.925μm 的周期极化磷酸氧钛钾晶体所得 780nm 激光输出功率曲线

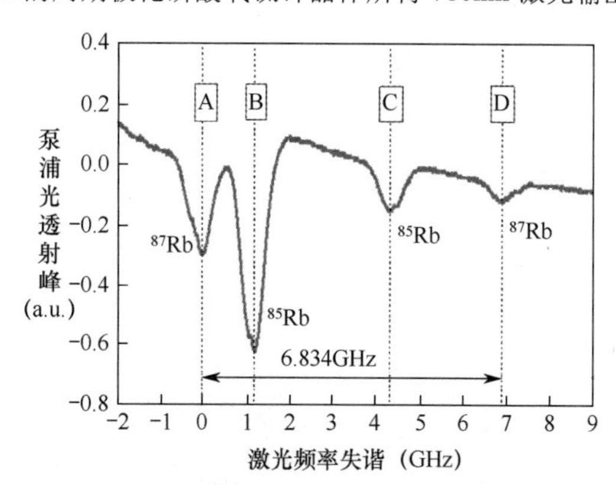

图 2.11　780nm 倍频激光对应的 Rb 原子多普勒展宽吸收光谱

在没有外界磁场作用时，铷原子在基态各个塞曼（Zeeman）态呈均匀分布，而当受到外界圆偏振光作用时，由于原子间 C-G 系数不同，原子呈现不同分布，即各向异性。当铷原子感受来自不同方向共线传播的圆偏振光和线偏振光时，就得到相应跃迁频

率 $5S_{1/2}(F_g=2)\rightarrow5P_{3/2}(F_e=3)$各能级的类色散信号，如图 2.12 所示。图中，T1、T2、T3 分别表示 $5S_{1/2}(F_g=2)\rightarrow5P_{3/2}(F_e=1)$，$5S_{1/2}(F_g=2)\rightarrow5P_{3/2}(F_e=2)$和 $5S_{1/2}(F_g=2)\rightarrow5P_{3/2}(F_e=3)$三个透射峰对应的误差信号；$C_{12}$、$C_{13}$、$C_{23}$ 表示 $5S_{1/2}(F_g=2)\rightarrow5P_{3/2}(F_e=1, 2)$，$5S_{1/2}(F_g=2)\rightarrow5P_{3/2}(F_e=1, 3)$和 $5S_{1/2}(F_g=2)\rightarrow5P_{3/2}(F_e=2, 3)$三个交叉峰对应的误差信号。其中，T3 对应能级跃迁频率为 ^{87}Rb 原子循环跃迁频率，所以该色散信号不仅在各个跃迁频率中拥有较高信噪比，而且其误差信号中心对应极窄频带（色散信号的峰峰值仅为 16MHz），因而对激光频率具有极高的纠偏能力。由于偏振光谱不需要对激光频率做高频微扰，所以避免了激光器锁频时带来的附加噪声，十分适用于激光器频率的锁定。

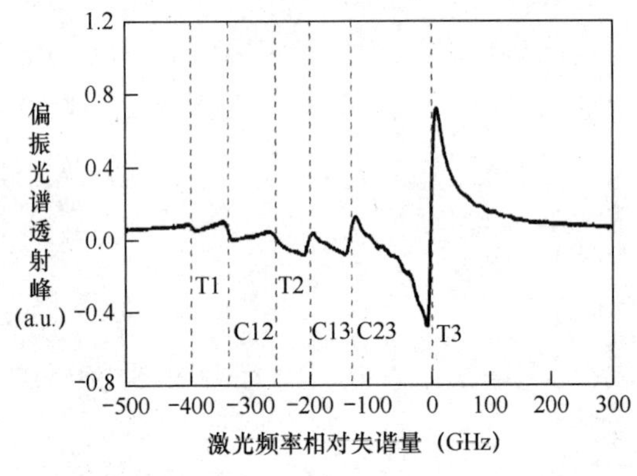

图 2.12 ^{87}Rb 原子 D_2 跃迁线的偏振光谱示意图

将激光器锁定于 T3 参考频率，通过降低扫描种子激光器的三角波频率，并配合三角波的偏置补偿电压，尽量将 T3 围绕其中心缓慢展开。T3 水平展开后，则关闭三角波，同时打开负反馈电子环路的比例积分器，实现种子激光频率的锁定。实验中采用偏振光谱锁定激光器频率至 ^{87}Rb 原子 $5S_{1/2}$ $(F_g = 2)\rightarrow5P_{3/2}$ $(F_e= 3)$超精细跃迁线。图 2.13 所示为激光器关闭锁频环路和打开锁频环路的典型频率起伏对比图。从图中可看出锁定激光器频率后，在 450s 监视时间内，自由运转状态下频率起伏为 4MHz，而采用偏振光谱锁定激光器频率后，在相同监视时间范围内，起伏为 1.5MHz，改善了激光器的频率起伏。

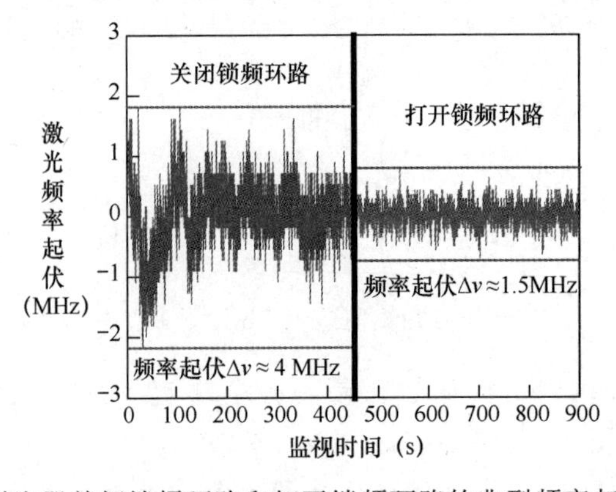

图 2.13 激光器关闭锁频环路和打开锁频环路的典型频率起伏对比图

2.3　单次穿过掺氧化镁周期极化铌酸锂晶体倍频

2.3.1　掺氧化镁周期极化铌酸锂的光学非均匀性

对于周期极化磷酸氧钛钾晶体而言，周期极化铌酸锂晶体拥有更大的非线性系数 d_{33}，已有的实验结果表明，在相同泵浦功率水平下，周期极化铌酸锂晶体可以获得更高功率的 780nm 倍频光，但是周期极化铌酸锂晶体的相位匹配温度相对较高，实验操作过程稍显冗繁。此外，晶体自身光折变损伤阈值较高。由于铌酸锂晶体是 Li^+离子缺失的化学组成比例（晶体 Li^+离子和 Nb^{5+}离子的组成比约为 0.484，低于晶体化学计量比 0.5），同时晶体组成中多余化学计量比的 Nb 离子形成了 Nb 离子反位基团，改变了晶体的光学特性，进而导致晶体较明显的光折变效应，在生产和实际应用中带来一定程度的不便。这种光致现象被认为是由于在 Czochralski（CZ）法拉伸过程中所导致的内在固有缺陷。一个令人振奋的发现是，在 $LiNbO_3$ 晶体中掺杂合适种类的离子，可以重新调整晶体化学组成比例趋向化学计量比，这样就可以有效地削减光折变效应对晶体的损伤。例如，在近化学计量比的晶体中，这种缺失可被消除。对应晶体的矫顽场可以降低约两个数量级。实验中已发现加入合适掺杂浓度的氧化镁（MgO:PPLN）可以有效地降低晶体的矫顽场，并且提高晶体的光折变损伤阈值。

目前，已有众多成熟的方法可用来制备近化学计量比铌酸锂晶体，气相输运平衡法（VTE）便是改变铌酸锂晶体化学组分的一种实用且有效的方法，尤其是用作薄的晶片或光纤样品极为有效；而直接生长法更适于块状的晶体样品制作。直接生长法是指在富含 MgO 的气流作用下，对熔融的铌酸锂晶体进行气流扩散离子交换，以达到实验所需掺杂浓度的晶体样品的要求。一块拥有好的光学质量和均匀性的晶体可以通过传统 CZ 法生成，即从一个 Li^+离子和 Nb^{5+}离子摩尔比为 48.5/51.5 的熔融物中提取晶体。然而，由于通过 CZ 法生长的晶体端面依赖晶体生长的方向，并且作用过程需要通过超高温环境下（>1000℃）的熔融晶体表面逐渐向晶体内部渗透，所以晶体掺杂浓度（如 MgO）的均匀性对于环境依赖性较强，同时由于 MgO 杂质对熔融铌酸锂纯度的影响，要在实验中真正得到理想均匀掺杂浓度的掺氧化镁周期极化铌酸锂晶体并不容易。晶体中大多数相关极化过程的特性（如矫顽场和相位匹配温度）会随着晶体中离子化学计量比的不同组成而发生改变。早在 1968 年，Bergman 等人就已发现不同比例的 Li^+离子和 Nb^{5+}离子可以影响并控制晶体的最佳相位匹配温度，实验中他们通过改变不同样品的 Li^+离子和 Nb^{5+}离子浓度比例，实现了 $LiNbO_3$ 匹配温度从−70℃到最高 180℃之间的变化。

图 2.14 是实验中针对两块标称 5%mol 掺氧化镁周期极化铌酸锂晶体样品相位匹配

温度的测试数据，晶体尺寸为 1mm×3.4mm×25mm，极化周期为 19.48μm。从实验结果中可以看到，相同入射基波 1560nm 功率水平下（500mW），两块晶体的相位匹配温度曲线呈现非对称 $sinc^2$ 函数线型，尤其对于晶体 B，相位匹配曲线呈现非对称波纹振荡线型。从图 2.14 中计算可得，在相同基波功率注入水平下，二者的面积覆盖度大致相同，分别为 11.84（mW・℃）和 11.39（mW・℃），而对应于晶体 B 的最佳匹配温度 73.5℃和 79.3℃处的转换效率均仅约为晶体 A 最佳匹配温度 81.4℃处的一半，这样的晶体温度匹配特性将大幅度降低晶体的二次谐波转换效率。

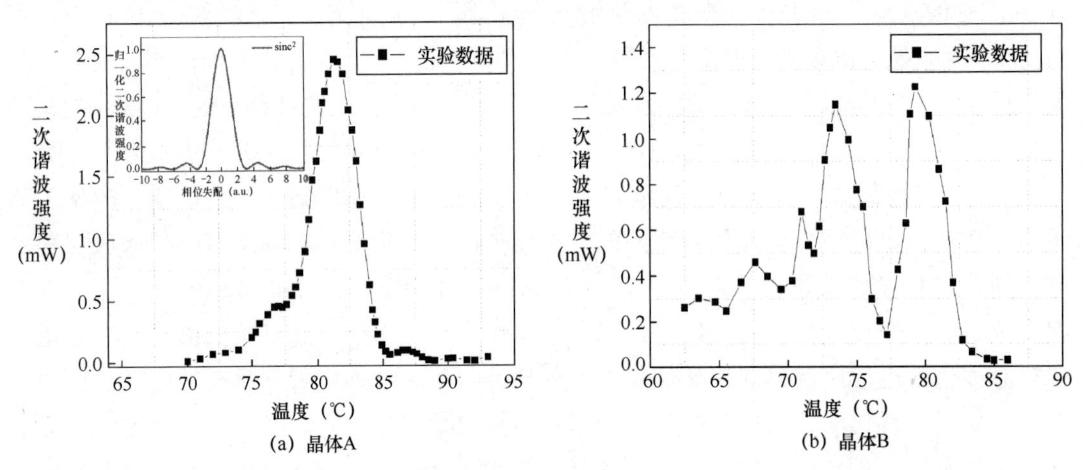

图 2.14　两块标称 5%mol 掺氧化镁周期极化铌酸锂晶体样品相位匹配温度的测试数据

注：图 2.14（a）中插图表示理想的对称 $sinc^2$ 函数线型。

按照 F. R. Nash 等人的观点，产生这种现象的一种可能原因是晶体在制造过程中没有被均匀极化（如有多个铁电极化区域），并且晶体的电极化区域沿光束传播方向自行展宽。这种非均匀极化主要体现在极化周期排序错误或极化周期部分丢失，这两种情况导致晶体温度调谐曲线整体的带宽改变，或整体呈一定比例放大缩小。2009 年，Jing 等人在掺氧化镁周期极化铌酸锂波导中观察到类似非对称现象，他们将这一现象归结为受沿光传播方向上波导光学不均匀性影响。

在这里，本书用 Nsah 等人的观点，从他们所构建的理论模型出发，将晶体沿光束传播方向划分为若干个合适大小的区域，所划分的每个区域都有自己相对独立的折射率，利用这种“点到点映射”（Point-by-point Mapping）的方法研究晶体沿光束传播方向的光学均匀性问题，可作为一种验证掺杂晶体光学均匀性的判据方式，进而用于检验掺杂晶体的光学质量。

光学非均匀性晶体的二次谐波强度分别可以用“单步”和“多步”两种不同的模型解释。

1. 单步拟合模型

对于由长度为 l' 和 l'' 两部分组成的周期极化非线性晶体，二次谐波强度 S 可表示为

$$S \propto l^2 \left[\frac{\sigma^2}{(1+\sigma)^2} \left(\frac{\sin[\sigma\varphi/(1+\sigma)]}{\sigma\varphi/(1+\sigma)} \right)^2 + \frac{1}{(1+\sigma)^2} \left(\frac{\sin[\varphi/(1+\sigma)+\beta\gamma/(1+\sigma)]}{\varphi/(1+\sigma)+\beta\gamma/(1+\sigma)} \right)^2 + \right.$$
$$\left. \frac{2\sigma}{(1+\sigma)^2} \left(\frac{\sin[\sigma\varphi/(1+\sigma)]}{\sigma\varphi/(1+\sigma)} \right) \left(\frac{\sin[\varphi/(1+\sigma)+\beta\gamma/(1+\sigma)]}{\varphi/(1+\sigma)+\beta\gamma/(1+\sigma)} \right) \cos[\varphi+\beta\gamma/(1+\sigma)] \right] \tag{2.5}$$

式中，$\varphi = \Delta kl/2$，代表相位失配量；$\sigma = l'/l''$，表示采用单步拟合中两部分晶体不同长度的比例；$\beta = \pi/1.125$，$\gamma = \delta T_{\text{pm}}/\Delta T$，$\delta$ 表示最佳匹配温度带宽，δT_{pm} 表示沿光传播方向晶体温度的改变微量，ΔT 表示晶体匹配温度带宽。

2．多步拟合模型

对于由 N 个区域（$N>2$）组成的晶体，可以按照 M（$M=N-1$）步拟合的结论来计算，这时二次谐波强度 S 可表示为

$$S(M = N-1) \propto \left(\frac{l}{N}\right)^2 \left(\sum_{n=1}^{N} A_n^2 + 2\sum_{k=1}^{N-1}\sum_{n=1}^{N-k} A_n A_{k+n} B_{kn} \right) \tag{2.6}$$

式中，

$$A_n = \frac{\sin[\phi / N + (n-1)\beta\gamma / N(N-1)]}{\phi / N + (n-1)\beta\gamma / N(N-1)} \tag{2.7}$$

$$B_{kn} = \cos\left\{ 2k \left[\frac{\phi}{N} + \frac{\left(n-1+\frac{1}{2}k\right)\beta\gamma}{N(N-1)} \right] \right\} \tag{2.8}$$

上式中相位匹配失配改变量 $\Delta k = \Delta k' - k_m$，其中，$k_m$ 为 m 阶相位匹配失配量，$\Delta k' = \frac{4\pi}{\lambda}(n_{2\omega} - n_\omega)$，$n_{2\omega}$ 和 n_ω 分别表示二次谐波和基波在晶体中的折射率。这样，非线性晶体相位匹配失配量 Δk 可近似表示为在相位匹配温度 T_{pm} 附近晶体折射率随温度变化的泰勒一阶展开式：

$$\Delta k = \frac{4\pi}{\lambda}\frac{\partial \Delta n}{\partial T}(T - T_{\text{pm}}) \tag{2.9}$$

式中，$\Delta n=n_{2\omega}-n_\omega$，$\lambda$ 为波长，T 为晶体速度。

采用上述理论并结合多步拟合公式，对两块晶体样品分别进行拟合，当 $N=6$ 和 $N=7$ 时，各自得到比较好的拟合结果。图 2.15（a）和图 2.15（b）中的实线表示两块不同的掺氧化镁周期极化铌酸锂晶体分别采用“多步模型”拟合得到的温度匹配曲线。拟合后对应两块晶体的最佳匹配温度匹配带宽 γ 分别为 1.85℃和 1.62℃，折射率随温度变化率 $\partial\Delta n/\partial T$ 分别为 1.49×10^{-6}(/℃)和 3.39×10^{-6}(/℃)。

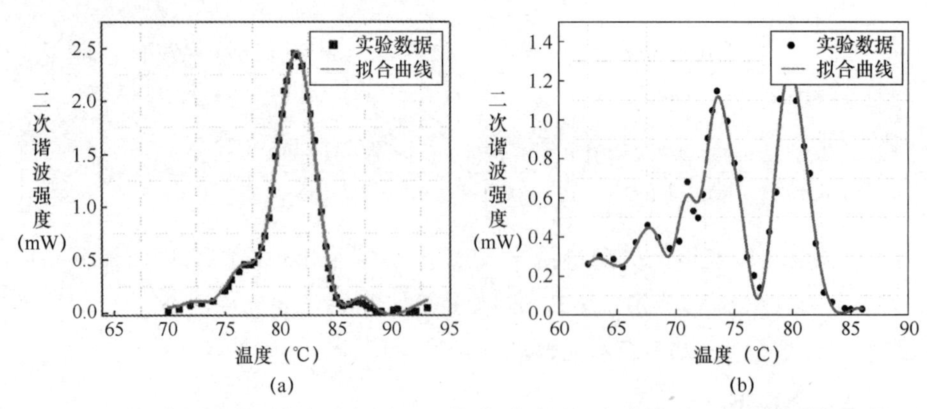

图 2.15　两块不同的掺氧化镁周期极化铌酸锂晶体分别采用“多步模型”拟合得到的温度匹配曲线

2.3.2　单次（双次）穿过掺氧化镁周期极化铌酸锂级联晶体倍频

单次穿过晶体倍频方式是一种简单、紧凑、稳定的倍频方案，其应用极为广泛，但是该方案存在的一个缺点是泵浦基波功率利用率较低，为了在这种兼有简单、稳定优点的方案上得到更高倍频转换效率，人们采用了新的改进方法。众所周知，提高非线性晶体倍频转换效率的措施之一就是增大非线性晶体的有效互作用长度，然而在实际中，受限于晶体生长及加工制造技术，准位相晶体的真正有效互作用长度依然极其有限，并且单纯采取较大长度的晶体倍频，合适晶体的腰斑不易选择。因为对于较长的晶体按照B-K 理论最佳聚焦腰斑，容易使得晶体聚焦过强，不易于利用晶体更长的有效长度，同时长晶体中过强的聚焦腰斑不易控制整个晶体温度均衡；而增大基波在晶体中腰斑的尺寸，又容易产生晶体转换效率低下等一系列问题，因而对于仅仅依靠增加单块晶体长度获得高非线性倍频转换的方案面临诸多实际应用限制。早在 2003 年，美国研究小组 Thompson 等人想到一种巧妙的方案，即使用两块长度为 50mm 的周期极化铌酸锂晶体，采用单次穿过级联倍频的方式，进行倍频转换效率的研究，开启了晶体级联倍频的先例。紧接着，2011 年西班牙研究小组 Kumar 等人将级联晶体扩展至 3 块 MgO:PPLT 晶体级联倍频，在 1064nm 光纤激光器 25.1W 基波功率输入水平下，获得 13W 的倍频激光输出功率，非线性转换效率高达 56%。

在本书的实验中，采用两块长度为 25mm 的 MgO:PPLN 晶体级联倍频。实验装置示意图如图 2.16 所示，种子光源依然为 1560nm 掺铒光纤放大器，半波片用于调整入射基波偏振方向。镀有 1560nm 和 780nm 减反膜的 50mm 焦距的聚焦透镜，用于将入射基波 1560nm 激光聚焦至晶体中心，所得聚焦腰斑约为 35μm。经晶体出射后的 1560nm 基波，依然通过焦距为 50mm 的透镜进行准直，尽量使出射基波接近平行。准直透镜后通过两块集成在一维滑轨上的 1560nm 和 780nm 的高反镜反射进入第二块掺氧化镁周期极化铌酸锂晶体。通过一维滑轨，可以调节两块晶体间的相对路径长度以改变基波和谐波之间的相对相位。由于基波和谐波在空气中的折射率差为 1.6ppm，所以二者路径每间隔 49cm，780nm 谐波相对 1560nm 基波会出现一个波长的延迟。为保证第二块晶体同样有最佳聚焦腰斑大小，所采用准直透镜和聚焦透镜依然均为 50mm（AR@1560nm 和 780nm），双色镜用于将基波和二次谐波分开。

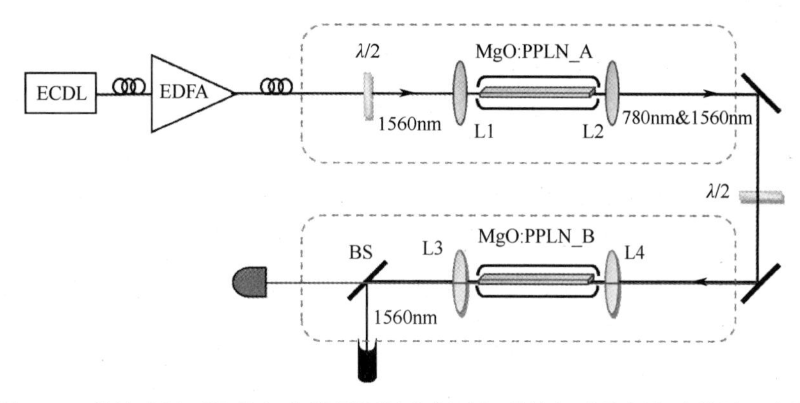

图 2.16 单次穿过两块掺氧化镁周期极化铌酸锂晶体级联倍频实验装置示意图

控制第一块晶体（MgO:PPLN_A）至最佳相位匹配温度处（81.4℃），同时控制第二块晶体（MgO:PPLN_B）温度偏移其自身匹配温度（80.6℃），测试了第一块晶体的二次谐波功率实验结果，如图 2.17 中方块数据（MgO:PPLN_A）所示；对第二块晶体采用相同的步骤，测得其二次谐波功率实验结果，如图 2.17 中圆点数据（MgO:PPLN_B）所示。控制两块晶体至各自最佳相位匹配温度，同时调节两块晶体间的路径长度，获得两块级联晶体的二次谐波功率实验结果，如图 2.17 所示。从图 2.17 中可以看到，在 4445mW 基波输入功率下，得到 630mW 二次谐波输出功率，倍频转换效率为 14%；单块晶体倍频下，基波输入功率为 4349mW 时对应的二次谐波输出功率为 301mW，倍频转换效率为 6.9%。

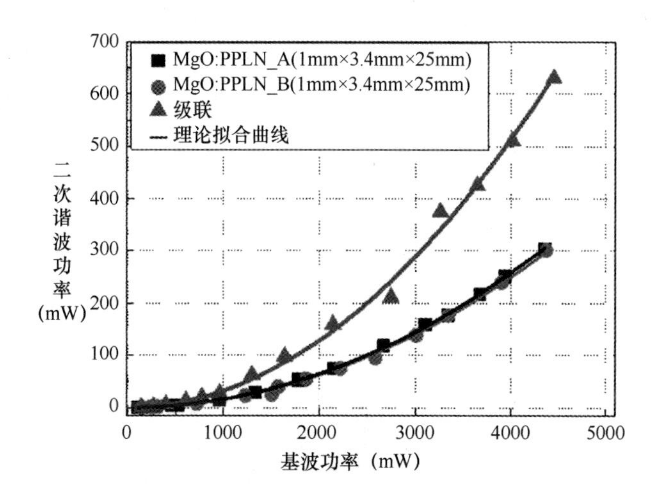

图 2.17 单块晶体倍频和级联晶体的二次谐波功率实验结果

获得高效倍频转换效率的另一条途径就是增加基波和晶体非线性互作用次数，也可以说增大基波与晶体的相干作用长度。早在 1998 年，美国 Fejer 研究小组采用 50mm 长的楔形周期极化铌酸锂晶体，对 1.45μm 掺铒光纤激光进行双次穿过倍频实验演示，在 2.27mW 基波功率注入下，获得 232nW 的倍频功率，扣除光学元件各种损耗后，单位泵浦光双次穿过非线性转换效率达到 16%/W；Spiekermann 等人采用周期极化磷酸氧钛钾晶体作为非线性晶体，对 1064nm 基波做多次穿过倍频，得到 24.2%/W 的单位泵浦光非线性转换效率。

本书实验中采用 25mm 长的掺氧化镁周期极化铌酸锂晶体，对 1560nm 激光做双次穿过倍频。双次穿过掺氧化镁周期极化铌酸锂晶体倍频实验装置示意图如图 2.18 所示。同样采用 50mm 焦距聚焦透镜和准直透镜，为减小损耗，镜片表面均镀有两个波长的减反膜。双色 0° 高反镜用于将单次穿过的基波沿原路返回晶体重新聚焦，同样将其放置于一维滑轨上，用于调节基波和谐波之间的相对相位。相对于上述单次穿过晶体倍频装置而言，双次穿过晶体倍频装置中需要放置 1560nm 基波光隔离器，以防止高功率激光反馈回激光器而损伤激光器。

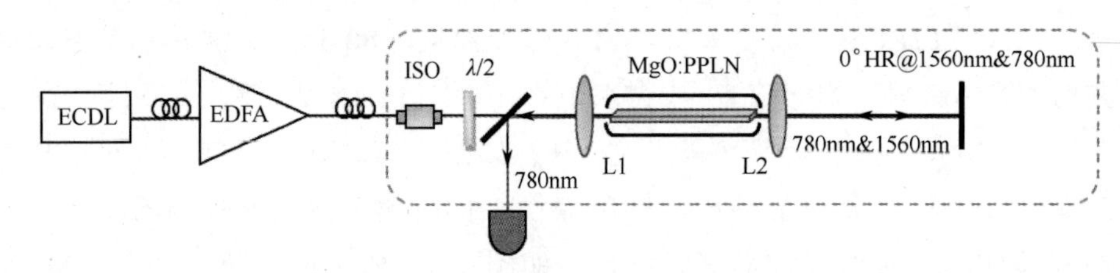

图 2.18　双次穿过掺氧化镁周期极化铌酸锂晶体倍频实验装置示意图

控制掺氧化镁周期极化铌酸锂晶体至最佳匹配温度，并调节 0° 反射镜与晶体的距离，在 4224mW 基波输入功率下，得到最大二次谐波功率为 442.3mW，对应谐波转换效率为 10.4%。在相同条件下，对于单次穿过倍频方式，当基波输入功率为 4231mW 时，测量所得二次谐波功率为 244mW，对应转换效率为 5.7%。实验结果如图 2.19 所示，圆点为基波单次穿过晶体时的二次谐波功率，方块为两次穿过晶体时得到的二次谐波功率。

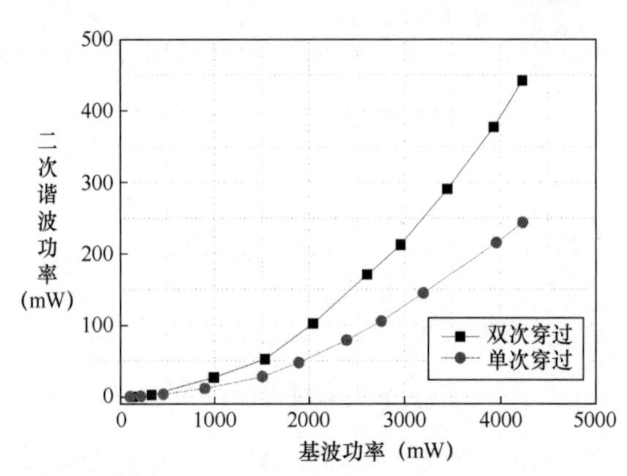

图 2.19　双次和单次穿过掺氧化镁周期极化铌酸锂晶体倍频实验结果

2.4　外腔谐振倍频

采用单次穿过晶体已有可观的谐波输出功率，然而该类方案通常需要较高功率的基波输入。在这样的高功率条件下（大于 10W），对实验光学器件的镀膜质量和晶体的温控准确度都是严峻考验，因而，在低功率条件下（小于 5W），获得高功率 780nm 激光依然是一个有吸引力且积极的研究方案。为了能够在相对低的功率下获得相对高效且频率连续可调的 780nm 激光，本书采取了外腔谐振倍频的方案。

限制高效谐振倍频效率的关键因素是共振腔中的循环功率。循环功率主要受两个方面的影响。一方面是共振腔的线性损耗，包括光学表面减反膜、高反镜的残余反射及晶体的吸收。原则上，在一个无线性损耗的腔内，可以实现百分之百的非线性光学频率转换。半整块腔和整块腔就是为了这个目的。Ast 等人已经在周期极化磷酸氧钛钾半整块腔中，得到倍频转换效率高达 95%的 775nm 二次谐波生成。Deng 采用整体晶体为驻波谐振腔倍频，在 350mW 基波输入功率下，得到 158mW 倍频蓝光输出，转换效率达到 45%。该类倍频方式的缺点之一是不方便更换输入腔镜的输入耦合透射率。

采用分散腔光学器件也是一个较好的方案，可以灵活选择入射腔镜的输入耦合率。合理地提高腔镜输入耦合率可以有效增加谐振腔内的循环光功率密度；同时，日趋成熟的镀膜工艺可以有效减小腔内部的线性损耗。

2.4.1　光学 ABCD 矩阵介绍

任意一条傍轴光线在某一给定横截面内部都可以用两个坐标参数来表征：一个是光线离轴线的距离 r，称为位置坐标；另一个是光线与轴线之间的夹角θ，称为方向坐标，图 2.20 表示给定截面下的任意傍轴光线传输示意图。$\begin{bmatrix} r_2 \\ \theta_2 \end{bmatrix}$为光学元件出射截面处的光线坐标向量；$\begin{bmatrix} r_1 \\ \theta_1 \end{bmatrix}$为光学元件入射截面处的光线坐标向量；通过光学元件后，坐标向量的变化可用下面的矩阵形式表示：

$$\begin{bmatrix} r_2 \\ \theta_2 \end{bmatrix} = \boldsymbol{M} \begin{bmatrix} r_1 \\ \theta_1 \end{bmatrix} \tag{2.10}$$

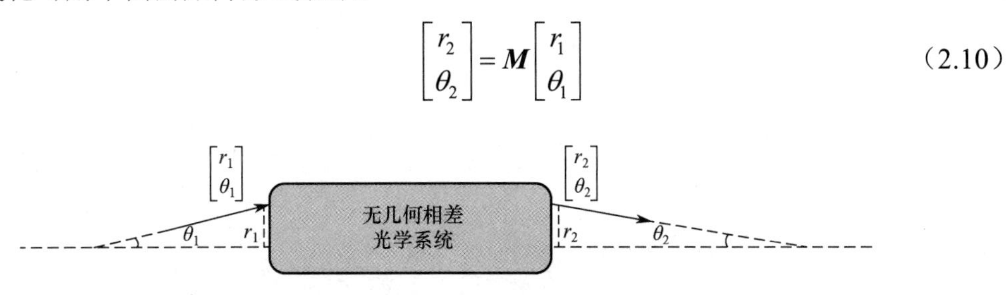

图 2.20　给定截面下的任意傍轴光线传输示意图

式中，$\boldsymbol{M}$ 为该光学元件的光学变换矩阵，$\boldsymbol{M}=\begin{bmatrix} A & B \\ C & D \end{bmatrix}$ 是 2×2 阶矩阵。

在实际的光线传输中，相对于光学系统光轴，光线有不同的传输方向。不同传输方向带来的传输效果也各不相同，为了正确地描述这种变化，一般需要对光线传输的方向做出相应的符号规定，如图 2.21 所示。

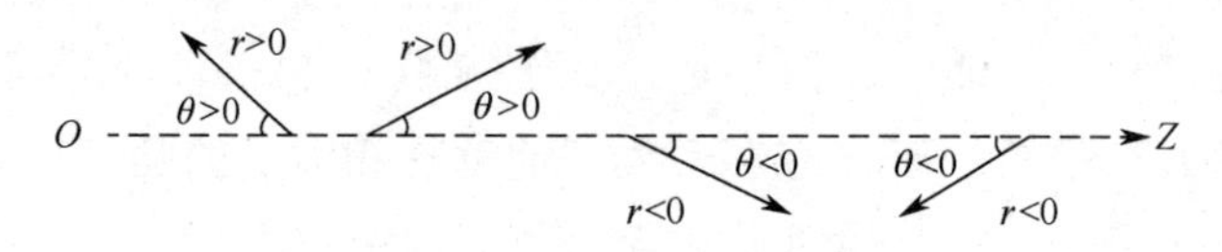

图 2.21　光线传输符号一般规定

（1）光线位置在轴线上方时，r 取正值，在轴线下方时 r 取负值。

（2）光线出射方向向上时 θ 取正值，出射方向向下时 θ 取负值。

（3）反射镜面曲率半径为 R，对于凹面反射镜，$R>0$；对于凸面反射镜，则 $R<0$。

在研究光线 ABCD 传输矩阵时，一个重要的假定前提是傍轴光线（paraxial ray）入射到光学系统。简单地讲，就是光传输方向与腔轴线夹角 θ 非常小，此时可以认为 $\sin\theta \approx \tan\theta \approx \theta$。作者绘制了小角度范围下的 θ、$\sin\theta$ 和 $\tan\theta$ 的数值比较图，如图 2.22 所示。从图 2.22 中可以看出，θ 取值小于 0.2rad 时，可较好地满足傍轴光线角度近似相等关系，此时对应角度约为 11.5°。所以，一般情况下，在实验中所用光线入射角要在这个角度范围内，当超出这个角度范围内时，不但不能继续满足光线傍轴条件，对于凹面镜还容易出现像散等影响光束质量的现象。

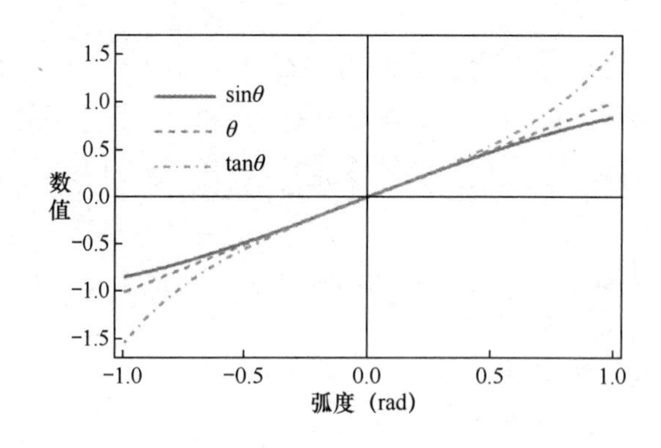

图 2.22　小角度范围下的 θ、$\sin\theta$ 和 $\tan\theta$ 的数值比较

光学变换矩阵多种多样，不同的光学元件对应的变换矩阵都不尽相同。这里，大致将其归纳为以下三类。

1. 自由空间的光学变换矩阵

如图 2.23 所示为自由空间的光线传输示意图，设光线出射点 A 坐标为（r_1, θ_1），传

输 L 距离后点 B 坐标为（r_2，θ_2），容易得到

$$\begin{cases} r_2 = r_1 + L\tan\theta \\ \theta_2 = \theta_1 \end{cases} \tag{2.11}$$

因为是傍轴光线，所以有 $\tan\theta_1 \approx \theta_1 \approx \theta_2$。

写成矩阵表达形式为

$$\begin{bmatrix} r_2 \\ \theta_2 \end{bmatrix} = \begin{bmatrix} 1 & L \\ 0 & 1 \end{bmatrix} \begin{bmatrix} r_1 \\ \theta_1 \end{bmatrix} \tag{2.12}$$

因此，光线在自由空间传输 L 距离的光学变换矩阵为

$$\boldsymbol{M} = \begin{bmatrix} 1 & L \\ 0 & 1 \end{bmatrix} \tag{2.13}$$

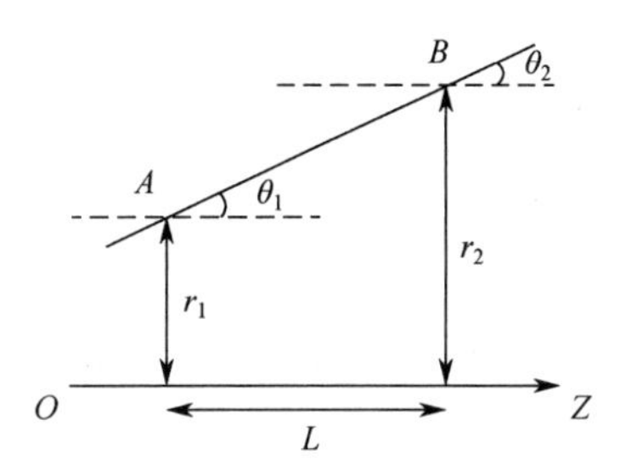

图 2.23　自由空间的光线传输示意图

2．球面反射镜的光学变换矩阵

以凹面反射镜为例，设入射光线在镜面上的坐标为（r_1, θ_1），出射光线在镜面上的坐标为（r_2, θ_2）。如图 2.24 所示为凹面镜光线传输示意图，O 点为反射镜面曲率中心，A 为光线对镜面的入射点，OA 为曲率半径 R，B 为镜面中心，OB 为镜面轴线，α为入射线或反射线与 A 点处镜面反射线法线之间的夹角，β为所对圆心角。

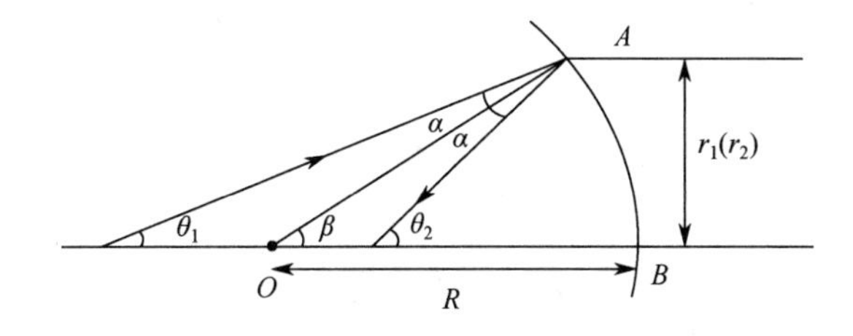

图 2.24　凹面镜光线传输示意图

从凹面镜光线传输示意图中，可以得出如下几何关系：

$$r_2 = r_1,\ \ \beta = \alpha + \theta_1,\ \ -\theta_2 = \theta_1 + 2\alpha \tag{2.14}$$

傍轴近似条件下，$\beta = \dfrac{r_1}{R}$，对应得到

$$-\theta_2 = \theta_1 + 2\alpha = \theta_1 + 2(\beta - \theta_1) = 2\beta - \theta_1 = 2\frac{r_1}{R} - \theta_1 \tag{2.15}$$

即

$$\theta_2 = -2\frac{r_1}{R} + \theta_1 \tag{2.16}$$

结合图 2.24，最终可得

$$\begin{cases} r_1 = r_2 \\ \theta_2 = -2\dfrac{r_1}{R} + \theta_1 \end{cases} \tag{2.17}$$

把位置坐标与方向坐标结合在一起，得到球面反射镜的光学变换矩阵为

$$\boldsymbol{M} = \begin{bmatrix} 1 & 0 \\ -\dfrac{2}{R} & 1 \end{bmatrix} \tag{2.18}$$

由于球面镜的焦距，即焦点到镜片定点的距离等于镜片曲率半径的一半（R=2f），则球面反射镜的光学变换矩阵可以用焦距 f 来表示

$$\boldsymbol{M} = \begin{bmatrix} 1 & 0 \\ -\dfrac{1}{f} & 1 \end{bmatrix} \tag{2.19}$$

上式还可以作为透镜的光学变换矩阵，这是由于本质上面镜和透镜对光线的变换规律是一样的。不同之处在于面镜是反射光线而透镜是折射光线。具体来说，凸透镜和凹面镜都对光束起到汇聚作用，因此，它们的焦距都为正值；凹透镜和凸面镜均对光束起到发散作用，所以它们的焦距都为负值。

根据前两种情况的思路，可以计算常见各种介质的 ABCD 传输矩阵，如表 2.2 所示。

表 2.2　光线在不同介质的传输矩阵

介质	参量	传输矩阵
均匀介质	介质长度 L	$\begin{pmatrix} 1 & L \\ 0 & 1 \end{pmatrix}$
两种介质	介质折射率 n_1, n_2	$\begin{pmatrix} 1 & 0 \\ 0 & \dfrac{n_1}{n_2} \end{pmatrix}$
薄透镜	透镜焦距 f	$\begin{pmatrix} 1 & 0 \\ -\dfrac{1}{f} & 1 \end{pmatrix}$
球面反射镜	曲率半径 R	$\begin{pmatrix} 1 & 0 \\ -\dfrac{2}{R} & 1 \end{pmatrix}$

有了均匀介质和球面反射镜的 ABCD 传输矩阵，就可以求得共轴球面谐振腔的 ABCD 传输矩阵，这是对 ABCD 传输矩阵的重要应用之一，其对于谐振腔的设计和调节提供了重要的指导作用。

3．共轴球面谐振腔的往返矩阵

在光学谐振腔中，ABCD 矩阵对腔内光线传输进行了简洁且精确的描述，并进一步对于腔的设计起到重要指导作用。激光光束在共轴球面镜腔中往返一周的 ABCD 传输矩阵，称为往返矩阵，其可完整反映共轴球面腔光线传输规律。

如图 2.25 所示为共轴凹面镜腔内光线传输示意图，光线在两面镜之间的传输情况较前两种情况稍复杂，可将其分步骤分析如下。

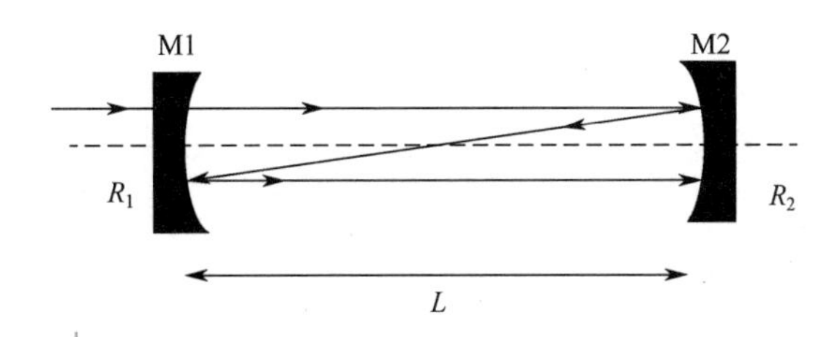

图 2.25 共轴凹面镜腔内光线传输示意图

（1）设光线从 M1 反射镜出发，坐标为$\begin{bmatrix} r_1 \\ \theta_1 \end{bmatrix}$。

（2）到达反射镜 M2，坐标为$\begin{bmatrix} r_2 \\ \theta_2 \end{bmatrix}$，变换矩阵为$\boldsymbol{M}_1=\begin{bmatrix} 1 & L \\ 0 & 1 \end{bmatrix}$。

（3）经过 M2 反射镜的反射，坐标变为$\begin{bmatrix} r_3 \\ \theta_3 \end{bmatrix}$，变换矩阵为$\boldsymbol{M}_2=\begin{bmatrix} 1 & 0 \\ -\dfrac{2}{R_2} & 1 \end{bmatrix}$。

（4）直线传播 L 距离，回到 M1 反射镜，坐标为$\begin{bmatrix} r_4 \\ \theta_4 \end{bmatrix}$，变换矩阵为$\boldsymbol{M}_3=\begin{bmatrix} 1 & L \\ 0 & 1 \end{bmatrix}$。

（5）再经过 M1 反射镜反射，坐标变为$\begin{bmatrix} r_5 \\ \theta_5 \end{bmatrix}$，变换矩阵为$\boldsymbol{M}_4=\begin{bmatrix} 1 & 0 \\ -\dfrac{2}{R_1} & 1 \end{bmatrix}$。

因此，光线在腔内往返一周时总的变换矩阵为

$$\boldsymbol{M}=\boldsymbol{M}_4\boldsymbol{M}_3\boldsymbol{M}_2\boldsymbol{M}_1=\begin{bmatrix} 1 & 0 \\ -\dfrac{2}{R_1} & 1 \end{bmatrix}\begin{bmatrix} 1 & L \\ 0 & 1 \end{bmatrix}\begin{bmatrix} 1 & 0 \\ -\dfrac{2}{R_2} & 1 \end{bmatrix}\begin{bmatrix} 1 & L \\ 0 & 1 \end{bmatrix} \tag{2.20}$$

此矩阵称为往返矩阵，计算后的 A、B、C、D 四个矩阵元为

$$
\begin{aligned}
A &= 1-\frac{2L}{R_2} \\
B &= 2L\left(1-\frac{l}{R_2}\right) \\
C &= \frac{4L}{R_1R_2}-2\left(\frac{1}{R_1}+\frac{1}{R_2}\right) \\
D &= \left(1-\frac{2L}{R_1}\right)\left(1-\frac{2L}{R_2}\right)-\frac{2L}{R_1}
\end{aligned}
\tag{2.21}
$$

如果光线在谐振腔内往返 n 次，则其光学变换矩阵就应该为往返矩阵 $\boldsymbol{M}$ 的 n 次方。按照矩阵理论

$$
\boldsymbol{M}^n=\begin{bmatrix} A_n & B_n \\ C_n & D_n \end{bmatrix}=\frac{1}{\sin\varphi}\begin{bmatrix} A\sin\varphi-\sin(n-1)\varphi & B\sin n\varphi \\ C\sin n\varphi & D\sin n\varphi-\sin(n-1)\varphi \end{bmatrix}
\tag{2.22}
$$

式中，$\varphi=\arccos(A+D)/2$，$\boldsymbol{M}^n$ 称为光线的 n 次往返矩阵。若用 $\begin{bmatrix} r_1 \\ \theta_1 \end{bmatrix}$ 表示光线初始坐标，$\begin{bmatrix} r_n \\ \theta_n \end{bmatrix}$ 则表示经过 n 次往返的光线坐标，有：

$$
\begin{aligned}
r_n &= A_n r_1 + B_n\theta_1 \\
\theta_n &= C_n r_1 + D_n\theta_1
\end{aligned}
\tag{2.23}
$$

如果光线可以在腔内多次往返而不至于从腔镜端面斜逸出去，需要上述公式中各个量为有限实数，比如 r_n 有限。所以需要 $(A+D)/2$ 为定义域内，即

$$
-1<(A+D)/2<1
\tag{2.24}
$$

如果 $-1<\frac{A+D}{2}<1$，所得γ为复数，对应谐振腔为稳腔，即傍轴光线可以在腔内往返多次不会逸出腔外；如果 $\frac{A+D}{2}<-1$ 或 $\frac{A+D}{2}>1$，所得γ为实数，对应谐振腔为非稳腔，即傍轴光线有限次反射后就逸出腔外，光线的几何偏折损耗大，即高损耗腔。

考虑式（2.21），代入 A、B、C 和 D 各参数至式（2.24），可得：

$$
\begin{aligned}
\frac{A+D+2}{4} &= \frac{1}{4}\left[1-\frac{L}{f_1}-\frac{L}{f_2}+\left(1-\frac{L}{f_1}\right)\left(1-\frac{L}{f_2}\right)+2\right] \\
&= 1-\frac{L}{2f_1}-\frac{L}{2f_2}+\frac{L^2}{4f_1f_2} \\
&= \left(1-\frac{L}{2f_1}\right)\left(1-\frac{L}{2f_2}\right)\equiv g_1g_2
\end{aligned}
\tag{2.25}
$$

其中，$g_1=1-\frac{L}{2f_1}$，$g_2=1-\frac{L}{2f_2}$。

共轴球面腔的稳定性条件可表达为 $0<g_1g_2<1$。这个表达式实用意义范围非常广泛，可以用来作为衡量包括两镜凹面腔在内的各种腔的稳定性条件，对实际实验中腔型的设计和选取有着重要帮助。

2.4.2　腔设计的先行条件——稳区的计算

腔的稳定性选择是实验者在设计腔型和腔长时早先考虑的因素。多数情况下，实验者以腔的稳区作为谐振腔的工作区间。由于稳腔的本征模式在腔内往返时不会逸出腔外，稳腔的几何偏折损耗为 0，因而，使用稳腔的主要目的在于保证腔内光子和腔二者之间形成稳定共振，这样就可以尽可能地增加光子与非线性晶体互作用的有效长度，最终实现高功率激光转化效率。在一些大功率的激光系统中，由于激光器本身具有较高的光输出功率，这时不再把激光功率作为最重要的实验目标，可能会选择光子损耗较大的非稳腔。也有一些实验选择介于稳腔和非稳腔之间的临界腔作为腔的工作区间。此外，空腔和有源腔对于腔的工作区间设置也不相同，所以光学腔稳区、临界区和非稳区的精确计算在腔的设计中是非常重要的环节。

总体来讲，稳腔、临界腔和非稳腔服务于不同的实验目的，有着不同的应用场景。稳腔的波形限制能力比较弱，激光发散束角度比较大，相应的调节精度要求低，损耗是三种腔里最小的，适应于追求高增益的激光学参量放大过程和一些较长的折叠腔中；非稳腔的最大优点是其具有极强的波形限定能力，并具有较大的模体积和衍射输出，而且均是可控的，输出光束的发散角很小，由于损耗较大，适合高增益的激光系统使用；临界腔的波形限定能力也比较强且可获得发散角小的均匀光场。

结合光学谐振腔的稳定性判断条件（$0<g_1g_2<1$），以 g_1、g_2 分别作为横纵坐标作图，可以得到用于描述共轴球面腔稳区、非稳区和临界状态的图示，图 2.25 表示共轴球面腔的稳区和非稳区图示。任意的共轴球面腔（腔长 L，球面镜 M1 半径 R_1，球面镜 M2 半径 R_2）均对应于 g_1-g_2 坐标系中的一点，图中着色部分为腔稳区区域，其余白色部分为腔非稳区区域。各非稳区交界线即为临界腔对应区域。按照各种腔稳区和非稳区的计算分类，可以将腔区域分为 14 个区域，如图 2.26 所示。

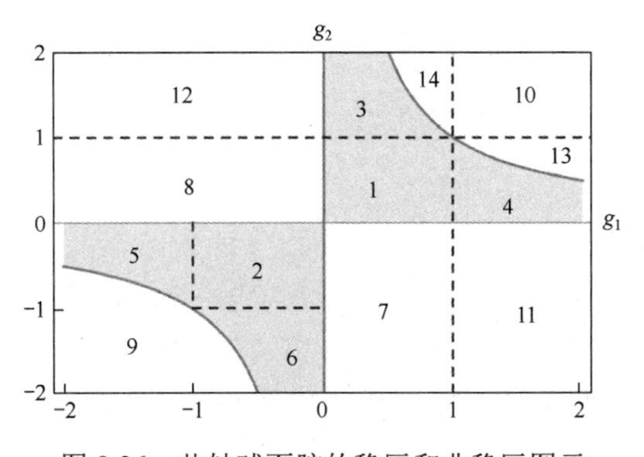

图 2.26　共轴球面腔的稳区和非稳区图示

按照上述腔稳定性标准，一般可以将腔分为以下几种。

1．双凹腔

所谓双凹腔，指的是构成光学谐振腔的两面球面镜均为凹面镜。其结构示意图如图 2.27 所示。M1 和 M2 分别表示入射腔镜和出射腔镜，对应的曲率半径分别为 R_1 和 R_2，两腔镜之间距离为 L。本部分内容所讨论各个腔型结构的参量均采用此定义，不再赘述。

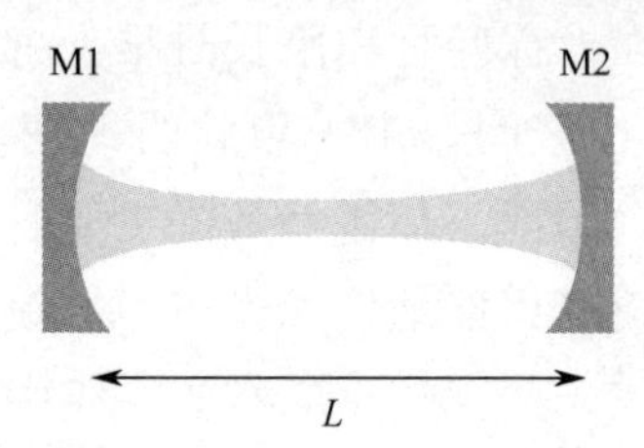

图 2.27　双凹腔结构示意图

依据腔稳定性判断条件，经 ABCD 矩阵计算，得到双凹腔的稳定性条件分类如下。

（1）稳腔。双凹腔的稳腔条件分类如表 2.3 所示。

表 2.3　双凹腔的稳腔条件分类

条件	所属 g_1-g_2 稳腔区域
$L<(R_1, R_2)<\infty$	1 区
$L/2<(R_1, R_2)<\infty$	2 区
$R_1<L/2$，$R_2<L$ 且 $R_1+R_2>L$	5 区
$R_1<L$，$R_2<L/2$ 且 $R_1+R_2>L$	6 区

对应各条件双凹腔稳腔区域如图 2.28 中斜线阴影部分所示。

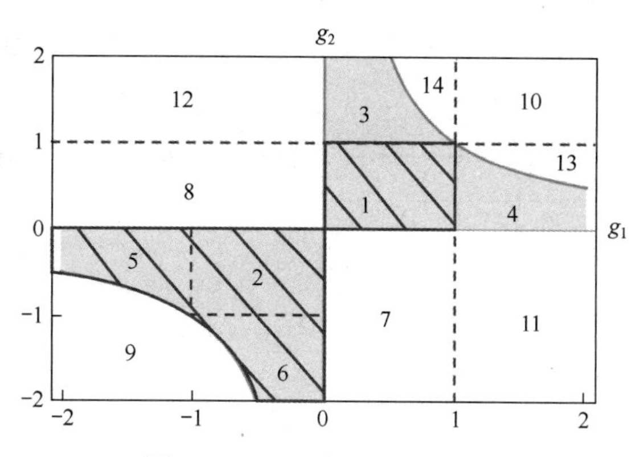

图 2.28　双凹腔稳腔区域图示

（2）非稳腔。双凹腔的非稳腔条件分类如表 2.4 所示。

表 2.4　双凹腔的非稳腔条件分类

条件	所属 g_1-g_2 稳腔区域
$R_1>L$，$R_2<L$ M1　M2 R_1　R_2 O_2　O_1	7 区
$R_1<L$，$R_2>L$ M1　M2 R_1　R_2 O_2　O_1	8 区
$R_1, R_2<L, R_1+R_2<L$ M1　M2 R_1　R_2 O_1　O_2	9 区

双凹腔非稳腔区域如图 2.29 中斜线阴影部分所示。

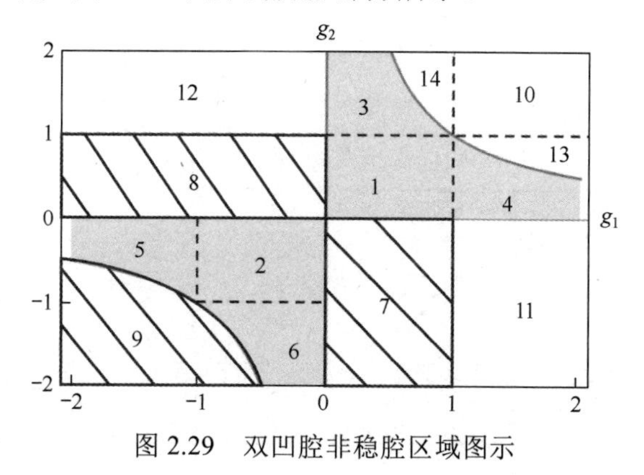

图 2.29　双凹腔非稳腔区域图示

（3）临界腔。双凹腔的临界腔条件分类如表 2.5 所示。

表 2.5　双凹腔的临界腔条件分类

条件	所属 g_1-g_2 稳腔区域
$R_1=R_2=L$	此条件下对应腔为共焦腔，是稳定性判定条件的坐标原点（0, 0）
$R_1=R_2=L/2$	$g_1=g_2=-1$ 的点
$g_1=0,\ g_2<1$	位于 1、8 分界，2、7 分界和 6、7 分界（如图中粗实线所示）
$g_1<1,\ g_2=0$	位于 1、7 分界，2、8 分界和 5、8 分界（如图中粗实线所示）
$R_1>0,\ R_2>0,\ R_1+R_2=L$（$g_1<0,\ g_2<0$）	在 g_1-g_2 双曲线图像的第三象限的分支上（如图中粗实线所示）

对应各条件双凹腔临界腔区域如图 2.30 中实心圆点和粗实线所示。

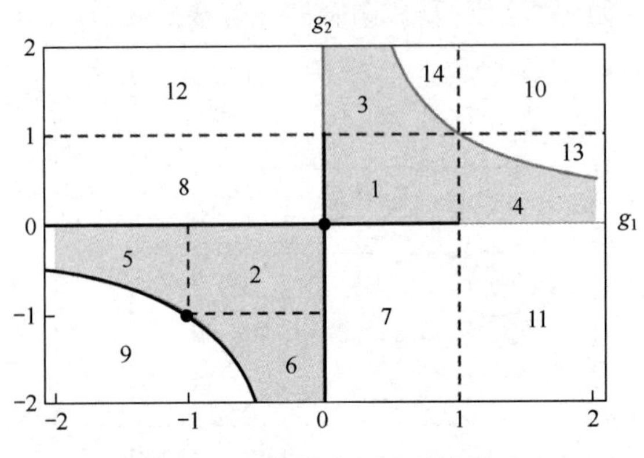

图 2.30　双凹腔临界腔区域图示

2. 凹凸腔

如图 2.31 所示为两镜凹凸腔光束参数结构示意图，其由一面曲率半径为 R_1 的凹面反射镜 M1 和一面曲率半径为 R_2 的凸面反射镜 M2 组成。假设两腔之间的距离为 L。

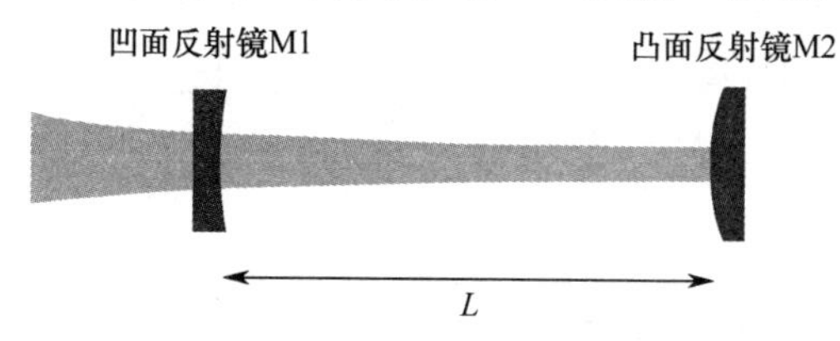

图 2.31　两镜凹凸腔参数结构示意图

依据腔稳定性判断条件，经 ABCD 矩阵计算，得到两镜凹凸腔的稳定性条件分类如下。

（1）稳腔。两镜凹凸腔的稳腔条件分类如表 2.6 所示。

表 2.6　凹凸腔的稳腔条件分类

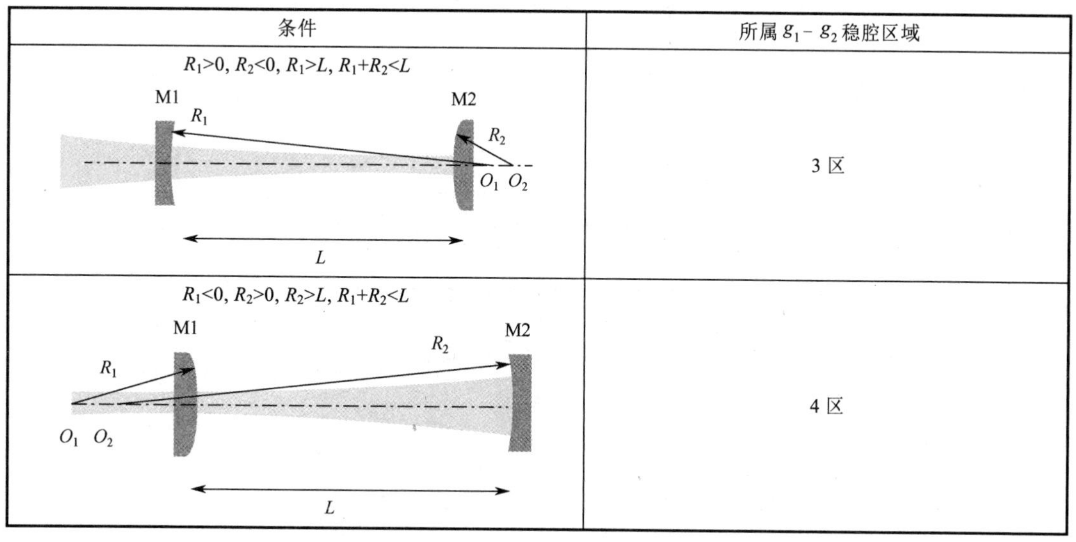

条件	所属 g_1-g_2 稳腔区域
$R_1>0, R_2<0, R_1>L, R_1+R_2<L$	3 区
$R_1<0, R_2>0, R_2>L, R_1+R_2<L$	4 区

以上各条件对应两镜凹凸腔的稳腔条件区域如图 2.32 斜线阴影部分所示。

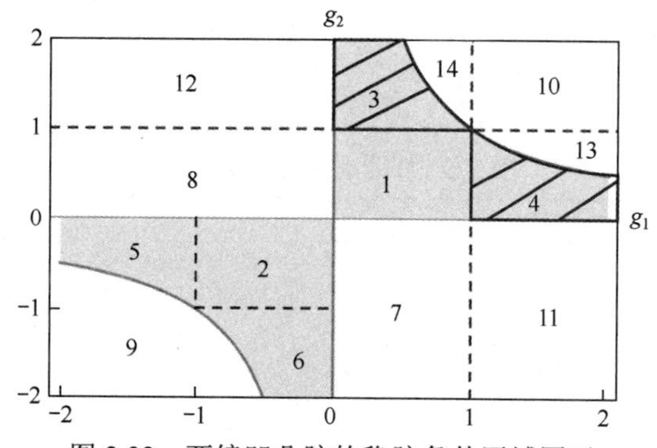

图 2.32　两镜凹凸腔的稳腔条件区域图示

（2）非稳腔。凹凸腔的非稳腔条件分类如表 2.7 所示。

表 2.7　凹凸腔的非稳腔条件分类

条件	所属 g_1 - g_2 非稳腔区域
$R_1<0,\ R_2>0,\ R_2<L,\ R_1+R_2<L$	11 区
$R_1>0,\ R_2<0,\ R_1<L,\ R_1+R_2<L$	12 区
$R_1<0,\ R_2>0,\ R_2>L,\ R_1+R_2>L$	13 区

对应各条件的两镜凹凸腔非稳腔区域如图 2.33 斜线阴影部分所示。

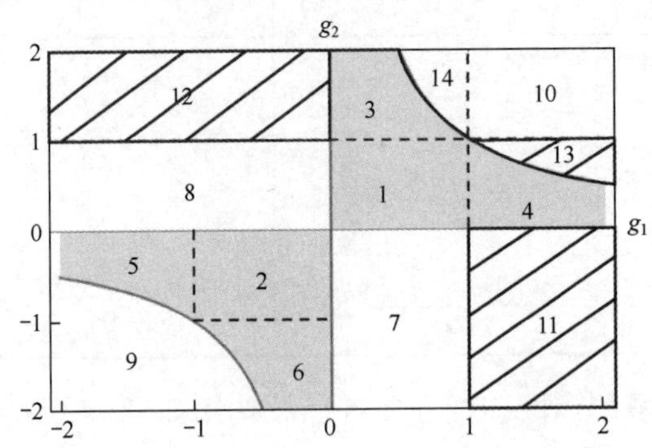

图 2.33　两镜凹凸腔非稳腔区域图示

（3）临界腔。凹凸腔的临界腔条件如表 2.8 所示。

表 2.8　凹凸腔的临界腔条件

条件	所属 g_1 - g_2 稳腔区域
$R_1>0,\ R_2<0,\ R_1+R_2=L$	3 区和 14 区交界

续表

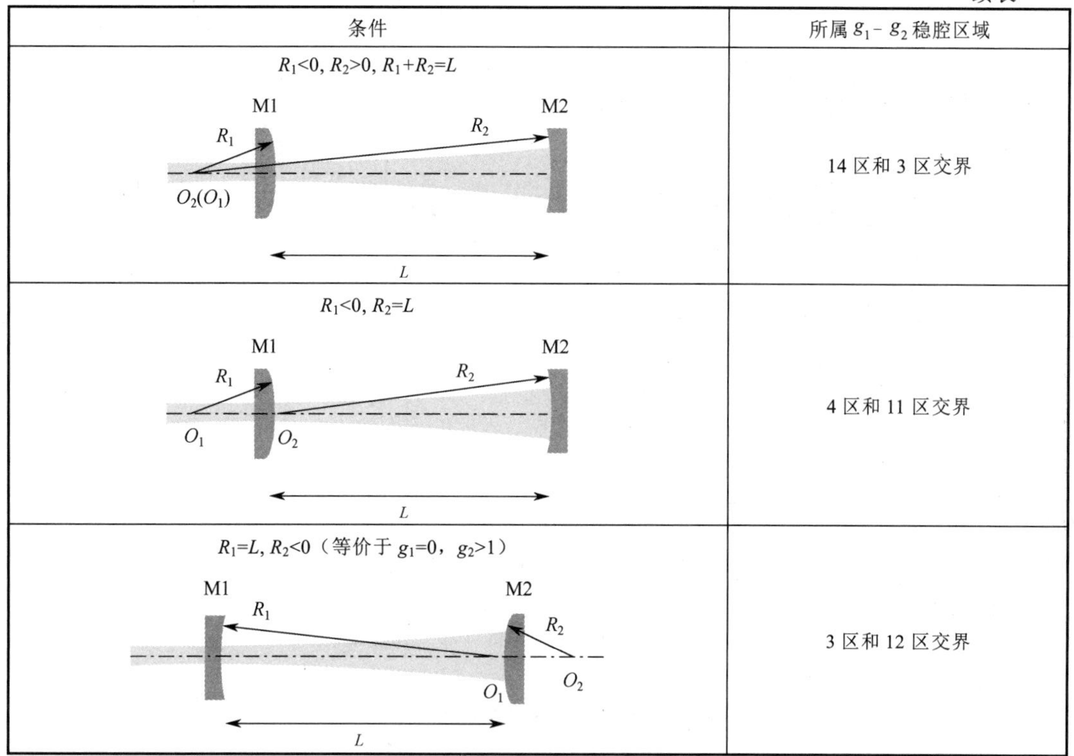

条件	所属 g_1- g_2 稳腔区域
$R_1<0, R_2>0, R_1+R_2=L$	14 区和 3 区交界
$R_1<0, R_2=L$	4 区和 11 区交界
$R_1=L, R_2<0$（等价于 $g_1=0$，$g_2>1$）	3 区和 12 区交界

凹凸腔的凹凸腔临界腔区域如图 2.34 中 12 区和 3 区交界、3 区和 14 区交界粗实线所示。

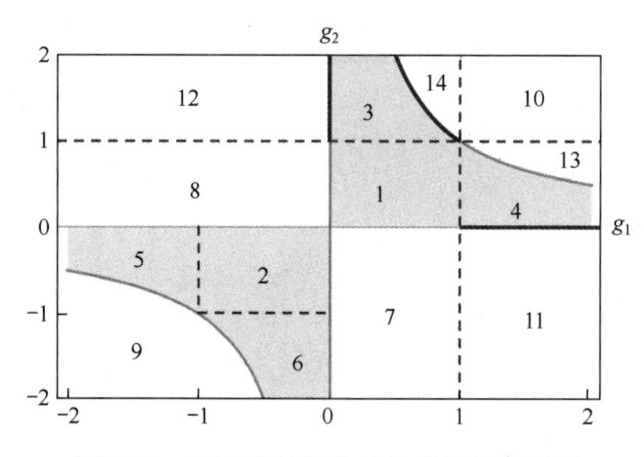

图 2.34　凹凸腔的凹凸腔临界腔区域图示

3．双凸腔

由两面凸面镜组合可搭建两镜双凸腔，图 2.35 所示两镜双凸腔结构示意图。两镜双凸腔一般用作非稳腔。

非稳腔条件为 $R_1<0$，$R_2<0$，属于 10 区。双凸腔的非稳腔区域如图 2.36 中斜线阴影部分所示。

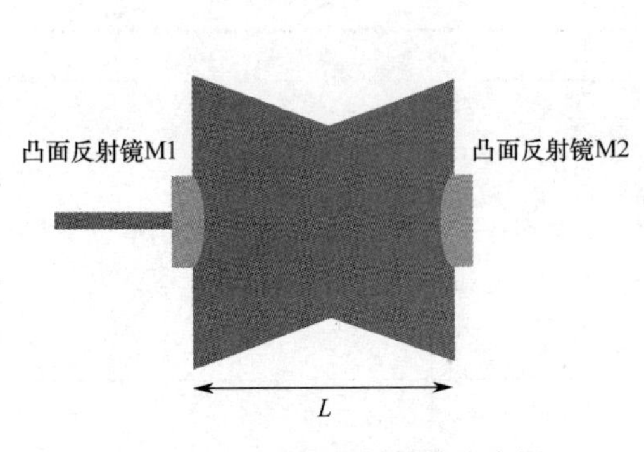

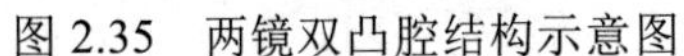
图 2.35　两镜双凸腔结构示意图

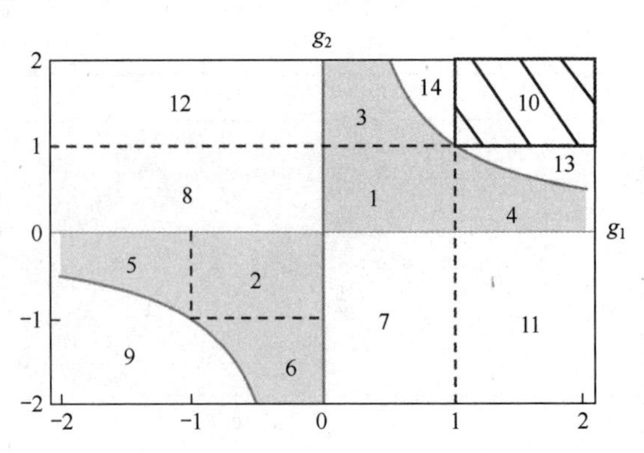

图 2.36　双凸腔的非稳腔区域图示

4．平凹腔

如图 2.37 所示为两镜平凹腔结构示意图，其由一面曲率半径为 R_1 的凹面反射镜 M1 和一面平面反射镜 M2 组成。

依据腔稳定性判断条件，经 ABCD 矩阵计算，得到平凹腔的稳定性条件分类如下。

（1）稳腔。平凹腔的稳腔条件分类如表 2.9 所示。

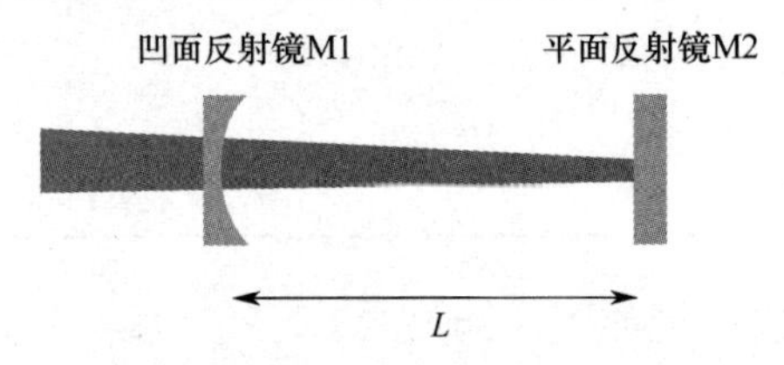

图 2.37　两镜平凹腔结构示意图

表 2.9　平凹腔的稳腔条件分类

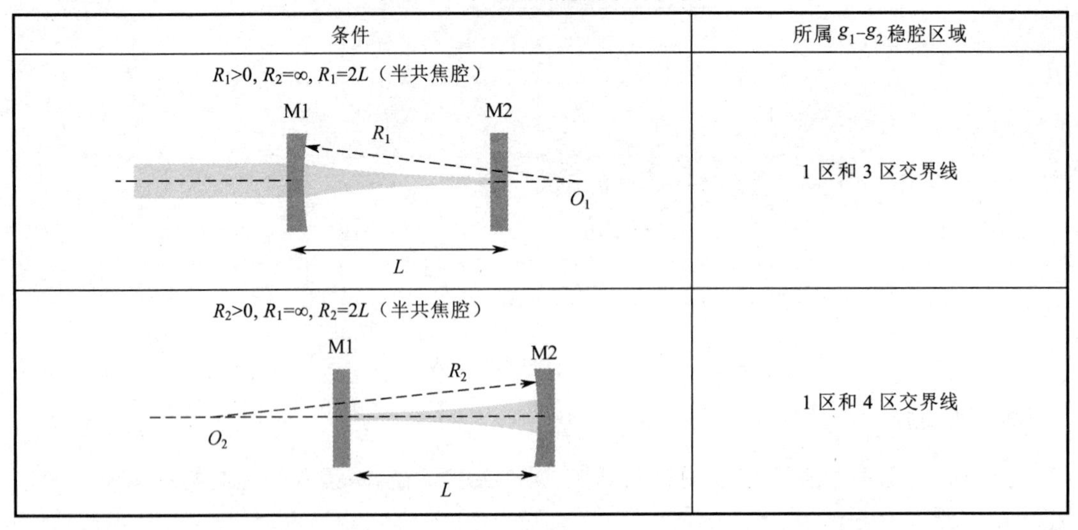

条件	所属 g_1-g_2 稳腔区域
$R_1>0, R_2=\infty, R_1=2L$（半共焦腔） M1　M2　R_1　O_1　L	1 区和 3 区交界线
$R_2>0, R_1=\infty, R_2=2L$（半共焦腔） M1　M2　R_2　O_2　L	1 区和 4 区交界线

两镜平凹腔稳定性条件如图 2.38 中粗实线所示。

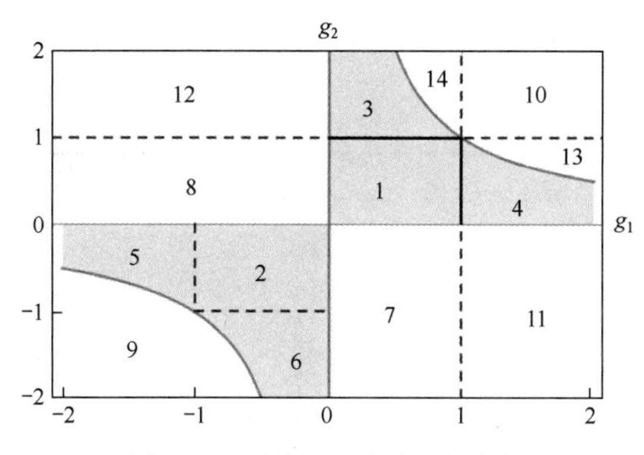

图 2.38　两镜平凹腔稳定性条件

（2）非稳腔。平凹腔的非稳腔条件分类如表 2.10 所示。

表 2.10　平凹腔的非稳腔条件分类

条件	所属 g_1-g_2 非稳腔区域
$0<R_2<L,\ R_1=\infty$ M1　M2　R_2　O_2　L	7 区和 11 区交界线
$0<R_1<L,\ R_2=\infty$ M1　M2　R_1　O_1　L	8 区和 12 区交界线

对应两镜平凹腔非稳腔条件如图 2.39 中粗实线所示。

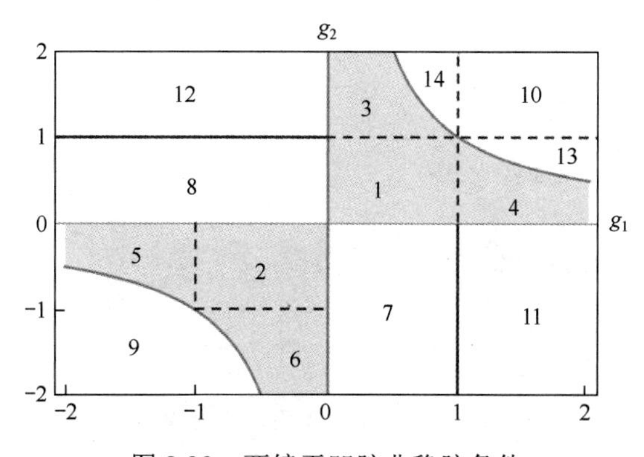

图 2.39　两镜平凹腔非稳腔条件

（3）临界腔。两镜平凹腔临界腔条件如表 2.11 所示。

表 2.11　两镜平凹腔临界腔条件

条件	所属 g_1-g_2 稳腔区域
$R_1=L$，$R_2=\infty$ M1　M2　R_2　O_2　L	点（$g_1=0$，$g_2=1$）
$R_1=L$，$R_2=\infty$ M1　M2　R_1　O_1　L	点($g_1=1$，$g_2=0$)

对应两镜平凹腔临界腔区域图示如图 2.40 中实心圆点所示。

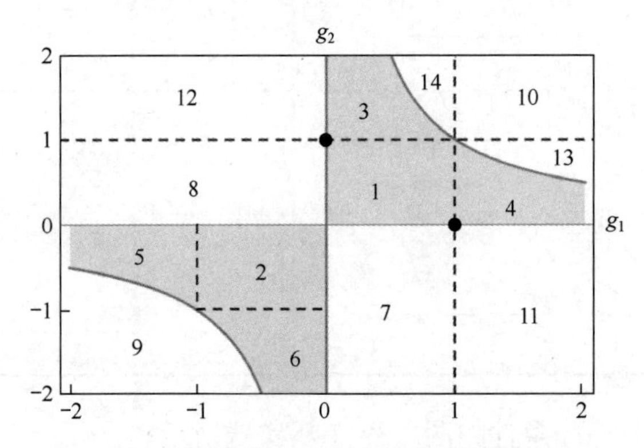

图 2.40　两镜平凹腔临界腔区域图示

5．平凸腔

两镜平凸腔结构示意图如图 2.41 所示。

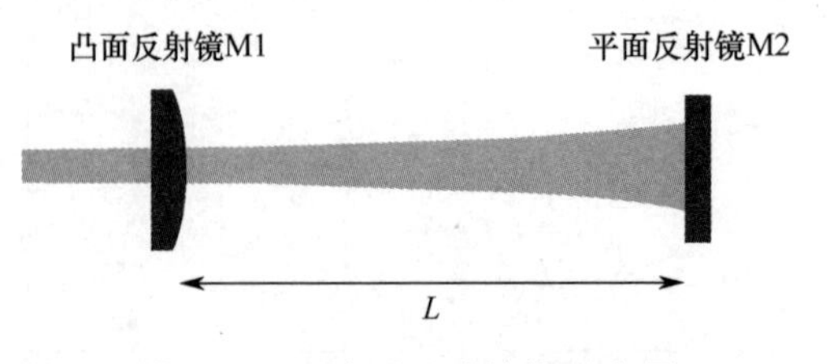

图 2.41　两镜平凸腔结构示意图

依据腔稳定性判断，经 ABCD 矩阵计算，得到两镜平凸腔非稳腔条件如表 2.12 所示。

表 2.12　两镜平凸腔非稳腔条件

条件	所属 g_1-g_2 稳腔区域
$R_1<0, R_2=\infty$ M1　M2　R_1　O_1　L	10 区和 13 区
$R_2<0, R_1=\infty$ M1　M2　R_2　O_2　L	10 区和 14 区

两镜平凸腔非稳腔区域如图 2.42 所示。

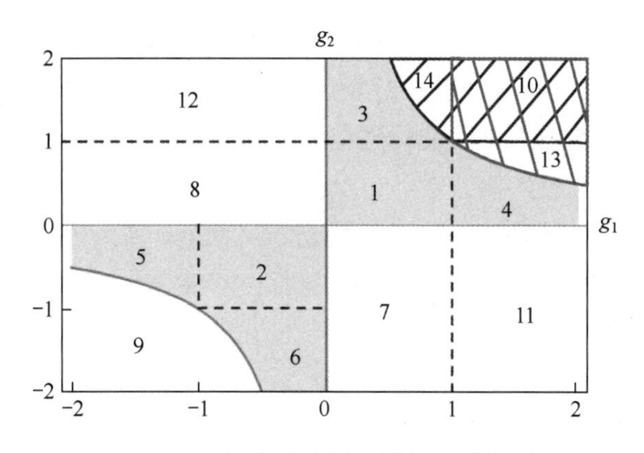

图 2.42　两镜平凸腔非稳腔区域图示

注：图中 10 区和 13 区斜线阴影区域、10 区和 14 区斜线阴影区域分别表示表 2.12 中条件（1）和条件（2）下对应的平凸非稳腔区域。

6. 平平腔

两镜平平腔结构示意图如图 2.43 所示。平平腔可形成临界腔，对应临界腔条件为 $R_1= R_2=\infty$，$g_1=1, g_2=1$。

两镜平平腔临界腔区域如图 2.44 中实心圆点所示。

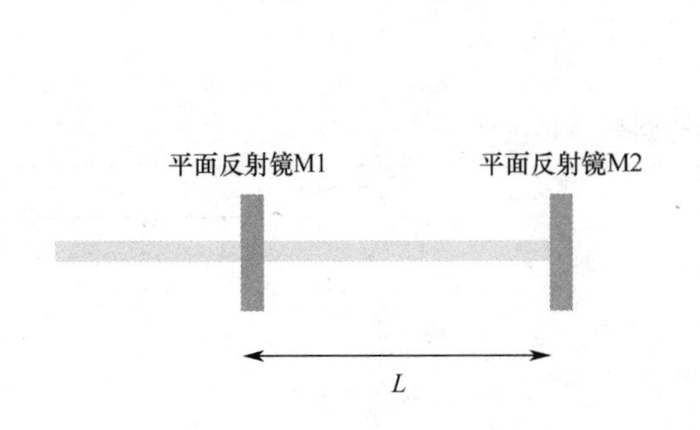

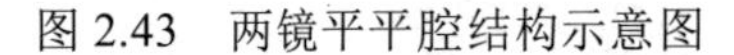

图 2.43　两镜平平腔结构示意图

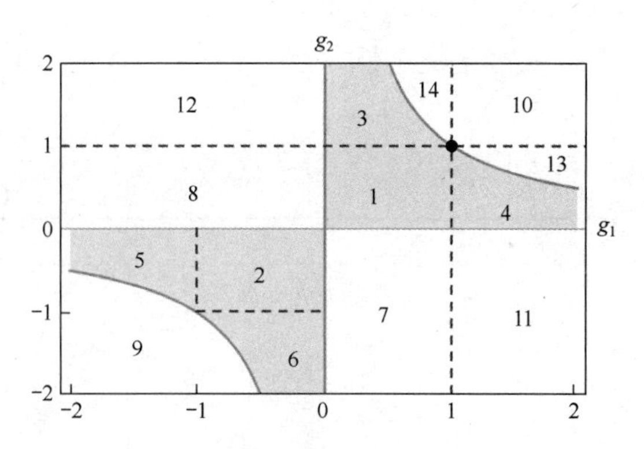

图 2.44　两镜平平腔临界腔区域图示

注：图中实心圆点是临界腔条件点。

根据 ABCD 光学矩阵可以得出如下实用结论：

（1）光线传播次序不同，对应的传输矩阵不同，但是$(A+D)/2$ 是相同的。

（2）同样的光线传播次序，传输矩阵与光线起始坐标无关。

（3）任何形式的腔，只需列出往返矩阵就可以判断其稳定性。

2.4.3　环形腔的设计

在环形腔设计之初，首先应明确倍频谐振腔的主要功能。第一，提高参量光功率密度。运行于光腔内的激光光束除了要抵御腔镜损耗、腔内增益介质损耗及几何损耗等损耗因素外，还要保证腔内激光可以多次往返触发媒介形成参量光功率密度放大并于腔内形成稳定振荡。在非线性倍频光学的物理意义上相当于增大了基频光与晶体的有效互作用长度，而互作用长度直接正关联非线性倍频的效率。第二，控制振荡光束频率展宽。有效控制腔内自由光谱区的光模式数目，其只允许特定线宽的激光通过，起到光频率滤波器的作用，筛选出适合实验需求的窄线宽光源。此外，精细结构的腔内几何往返相对于光束传播是一个苛刻的条件，一旦满足该条件，参量激光在反复振荡的过程中便可控制激光束横向分布特性、光束发散角、腔内参量光损耗等，这样就可以有效地提升光束品质因子。

对于非线性光倍频实验，使用谐振腔的主要目的是增大激光功率密度，并通过稳定的腔滤波进而达到高品质因子光束输出。因而，一般情况下选择稳区工作的谐振腔。

平行平面腔是激光技术发展历史上最早提出的腔，其由两块平面镜组成，即人们常说的法布里-珀罗腔。之后又逐渐发展了共轴球面腔。上述这些腔按照腔内激光传播方式来讲都是驻波腔，一般具有结构简单、腔体机械结构稳定等优点。但是，由于腔内共振光线线性往返，因而在调腔过程中入射腔镜的原路光反馈也很严重，如果有高功率的激光输入会导致激光器因光反馈而损坏的风险。之后发展的环形腔则可以有效地避免这一风险，由于环形腔内光线是环形传播，从腔内激光传播方式分类属于行波腔，其输入腔镜和输出腔镜也不是同一块腔镜，这也为腔内介质放置调节带来更大的自由度。出于以上目的考虑，本书实验最终选择了四镜环形腔作为倍频谐振腔。

具体的腔设计考虑以下三个方面。首先，腔长的选择。倍频晶体要求位于腔内高斯光束的束腰位置，且尽量使束腰位置的腰斑半径最小，以保证足够大的转换效率。其次，合理的激光瑞利长度选择。为了限制激光束的发散角，通常要求晶体处的高斯光束瑞利长度 z_R 与晶体长度 l 相当，即 $z_R \approx l$；实际情况下需要综合上两条（腰斑半径和瑞利长度），获得最佳的腔结构。最后，像散效应。像散就是使原来的物点成像变成两个分离并且相互垂直的短线，在理想象平面上形成一个椭圆形的斑点。像散的存在，严重影响了晶体在光学腔内的转换效率。为了减小由于凹面镜引起的像散，一般来说，环形腔折叠角度小于 10°。

1. 腔长的选择

环形谐振腔长的大小决定了腔内高斯光束曲率半径和光斑的大小。如果激光束能够在腔内形成稳定传输，那么激光束应满足 ABCD 传输矩阵自再现条件，即

$$q_s = \frac{Aq_s + B}{Cq_s + D} \tag{2.26}$$

对应单位模矩阵

$$\frac{1}{q_s} = \frac{(D-A) \pm \sqrt{(D-A)^2 + 4BC}}{2B} \tag{2.27}$$

$\because AD - BC = 1$

$$\therefore \frac{1}{q_s} = \frac{(D-A)}{2B} \pm \mathrm{i}\frac{\sqrt{1-\left[(D+A)/2\right]^2}}{2B} = \frac{1}{R} - \mathrm{i}\frac{\lambda}{\pi\omega^2 n} \tag{2.28}$$

式中，R、λ、ω、n 分别表示高斯光束的曲率半径、波长、光斑大小和折射率。根据腔的稳定性条件：$\left|\frac{A+D}{2}\right| < 1$，可得曲率半径和光斑大小：

$$\begin{cases} R = \dfrac{2B}{D-A} \\ \omega = \sqrt{\dfrac{\lambda}{\pi n}} \dfrac{\sqrt{|B|}}{\left\{1-\left[(A+D)/2\right]^2\right\}^{1/4}} \end{cases} \tag{2.29}$$

也就是说，只要计算出环形腔的 ABCD 矩阵，就可以计算出腔内任一参考平面处的高斯光束的曲率半径和光斑大小。

2. 四镜环形腔的 ABCD 矩阵计算

如图 2.45 所示，四镜环形腔入射腔镜为 M3，从 M3 出发，沿光束传播方向腔内包含 5、6 两处腰斑。假设四镜环形腔总腔长为 L。为方便叙述和计算，对该两处腰斑及各腔镜之间相互距离作如下标识：

$$M3 \rightarrow 6-l_1; 6 \rightarrow M4-l_2; M4 \rightarrow M1-l_3; M3 \rightarrow M2-l_6;$$
$$M1 \rightarrow 5-l_4; 5 \rightarrow M2-l_5; l_3+l_4+l_5+l_6=L \tag{2.30}$$

以腰斑ω_6为计算对象，其所在腔内位置 6 作为激光束的 ABCD 矩阵计算起点，得到环形腔内光线传输一周的 ABCD 矩阵为

$$\begin{pmatrix} A & B \\ C & D \end{pmatrix}=\begin{pmatrix} 1 & l_1 \\ 0 & 1 \end{pmatrix}\begin{pmatrix} 1 & 0 \\ -2/R & 1 \end{pmatrix}\begin{pmatrix} 1 & l_6 \\ 0 & 1 \end{pmatrix}\begin{pmatrix} 1 & l_5 \\ 0 & 1 \end{pmatrix}\begin{pmatrix} 1 & l_4 \\ 0 & 1 \end{pmatrix}\begin{pmatrix} 1 & l_3 \\ 0 & 1 \end{pmatrix}\begin{pmatrix} 1 & 0 \\ -2/R & 1 \end{pmatrix}\begin{pmatrix} 1 & l_2 \\ 0 & 1 \end{pmatrix} \tag{2.31}$$

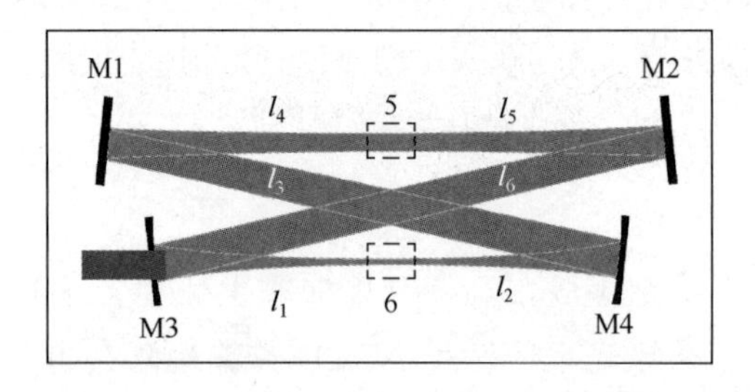

图 2.45　四镜环形腔内光束传播示意图

注：M1、M2 为平面反射腔镜，M3、M4 是凹面反射镜，l_1～l_6表示腔内光线传输一周对应各个距离，ω_5和ω_6为激光光束腰斑。

将计算得到的具体 A、B、C 和 D 的数值代入下式中，即可求出腔镜曲率半径和腔腰斑半径数值：

$$R=\frac{2B}{D-A},\quad \omega=\sqrt{\frac{\lambda}{\pi n}}\frac{\sqrt{|B|}}{\left(1-\left[(D+A)/2\right]^2\right)^{1/4}} \tag{2.32}$$

依据式（2.32）可以绘制四镜腔腰斑ω_6随腔长的三维函数关系图，如图 2.46 所示。理论模拟图的模拟条件：M1→M4 和 M3→M2 均设置为 120mm。

从图 2.46 中可以看出，当 l_1≈69～90mm 时，腔处于稳区范围，此时的腔工作比较稳定；l_1 在靠近稳定范围附近时，M3→M4 间的 1560nm 激光腔模腰斑（ω_6）较小；且 l_1 越大，M3→M4 间的腰斑越小。

由于实验的目的是获取高功率密度且具有较好质量因子的倍频转换输出激光，因而需要处于稳区的腔型设计。为避免腔内激光束的发散角过大，通常要求通过晶体的高斯光束的瑞利长度 z_R 与晶体长度 l 大小相当，即 $z_R≈l$，因此可得 $\omega_6=\sqrt{\frac{\lambda z_R}{\pi}}=\sqrt{\frac{\lambda l}{\pi}}=\sqrt{\frac{1.56\times10^{-6}\times25\times10^{-3}}{\pi}}=111.42(\mu m)$；此外，考虑 Boyd 最佳聚焦因子条件对应$\xi$=2.84，综合以上两点要求，1560nm 激光腰斑最终被设定为 35μm。

依据 1560nm 所设定腰斑尺寸及该腰斑随腔长变化的三维函数关系图，实验中最终确定腔长为：$l_1=l_2=$ 27mm，$l_3=l_6=$ 120mm，$l_4=l_5=$ 93mm。

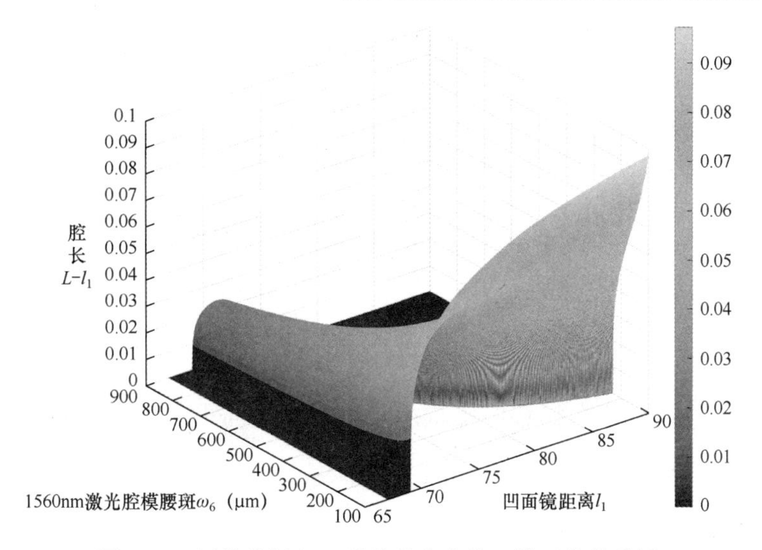

图 2.46　四镜腔腰斑ω_6随腔长变化的三维函数关系图

注：本图彩色版见本书最后彩插。

和频腔搭建过程按照以下三步进行：

（1）按照理论腔长搭建环形腔。

（2）采用 He-Ne 激光器进行光路粗调。

（3）导入 1560nm 的激光进行光路微调。

3．高斯光束模式和腔模模式的匹配

实验中，由于凹面腔镜 M3 的焦距仅为 50mm，因而高斯光束经过 M3 反射后，光斑发散很大，给后续光路的闭合调节带来困难；同时，该情况下调出的腔纵模不够尖锐。采取的相应解决办法是在光束进入 M3 前进行高斯光束匹配，使实际输入的光束模式与 l_1 的腔模模式完全一致，即完成高斯光束的匹配。

高斯光束匹配是调节入射激光腰斑模式与腔模模式匹配的重要操作，实验中用于确定激光腰斑模式的常用方法是刀口法。这里主要介绍单刀口法测量 1560nm 激光器输出的高斯光束光斑大小。图 2.47 为单刀口法测激光腰斑示意图，图中所示三维直角坐标

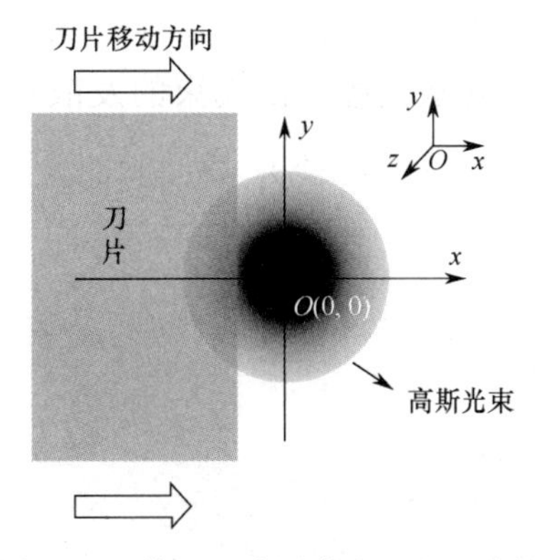

图 2.47　单刀口法测激光腰斑示意图

系 x-y-z 中，假设高斯激光沿着 z 方向传播，垂直于 z 方向的 x-y 的截面有一面刀片沿 x 轴正方向移动并遮挡该截面上部分高斯光束。

x-y 横截面内的强度分布为

$$I(x,y,z)=\frac{2P}{\pi\omega^2(z)}\exp\left[\frac{-2(x^2+y^2)}{\omega^2(z)}\right] \tag{2.33}$$

对应该截面激光功率为

$$P=\int_{-\infty}^{\infty}\int_{-\infty}^{\infty}I(x,y)\mathrm{d}x\mathrm{d}y \tag{2.34}$$

光斑大小 $\omega(z)$ 定义为：振幅降落到中心值的 $\frac{1}{\mathrm{e}}$ 处的半径。一刀片垂直于光束传输方向，沿 x 方向移动（如图 2.46 所示），将遮挡部分光束，得到透过激光功率为

$$P(x)=P-\int_{-\infty}^{\infty}\mathrm{d}y'\int_{-\infty}^{x}\mathrm{d}x'I(x,y,z)=\frac{P}{2}\left[1-\mathrm{erf}\left(\frac{\sqrt{2}x}{\omega}\right)\right] \tag{2.35}$$

单刀口法测量激光腰斑实验装置示意图如图 2.48 所示。

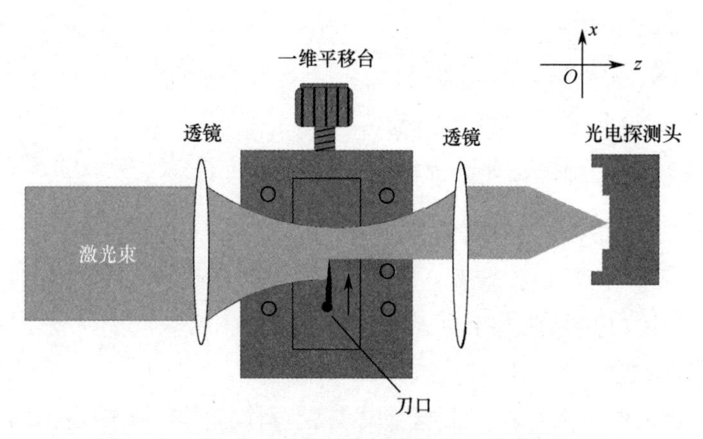

图 2.48　单刀口法测量激光腰斑实验装置示意图

（1）将刃口平直的刀片装在微米级一维调节架上。

（2）在 z 方向上每隔 50mm 选取一个横截面进行测量，而在每个横截面上，刀片每移动 50μm，记录一束透射光的功率值。

（3）对所记录的数值进行拟合，得出每一横截面的光斑半径。

2.5　倍频实验系统

四镜环形腔谐振倍频实验装置示意图如图 2.49 所示，种子光源依然是掺铒光纤放大器放大的 1560nm 激光，半波片用于调节入射基波偏振方向，焦距为 300mm 的凸透

镜用于匹配激光腰斑至四镜环形腔本征模。四镜环形腔由两面平面镜（M1 和 M2）和两面凹面镜（M3 和 M4）组成，通过调节四镜环形腔腔长，腔模腰斑为 35μm。腔镜 M2–M4 是 1560nm 和 780nm 双色高反镜，M1 是 780nm 部分反射和 1560nm 高透。实验中采用透射率为 14%和 21.5%，M2 腔镜放置在 PZT 上用于控制谐振腔腔长。非线性晶体依然为上文中介绍的 5%mol 掺氧化镁周期极化铌酸锂晶体（MgO:PPLN_A），长度为 25mm。晶体两表面均镀有 1560nm 和 780nm 双色减反膜。经实际测量，晶体对于两波长的单位长度吸收率均小于 0.1%/cm。倍频实验中所用到的参数如表 2.13 所示。生成的二次谐波经双色镜 DM 分开，中性衰减片（NDF）用于将部分生成的 780nm 激光反射到铷原子饱和吸收装置中（见图 2.49 中虚线框）。

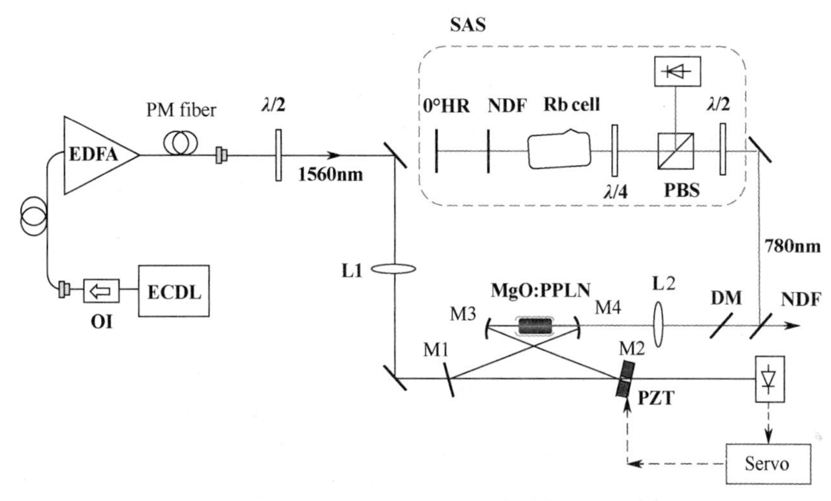

图 2.49　四镜环形腔谐振倍频实验装置示意图

注：ECDL—光栅外腔反馈式半导体激光器；EDFA—掺铒光纤放大器；PZT—压电陶瓷；OI—光隔离器；PM fiber—保偏光纤；λ/2—半波片；λ/4—四分之一波片；L1—模式匹配透镜；M1 ~ M4—腔镜；DM—双色镜；NDF—中性衰减片；Rb cell—铷原子气室。

表 2.13　倍频实验中所用到的参数

参数	符号	数值
基波输入耦合镜透射率	T_1	21.5%或 14.0%
二次谐波输出耦合镜透射率	T_2	99.80%
基波循环一周损耗	l	2.54%
非线性转换系数	E_{NL}	1.2%/W
腔模腰斑	ω	35μm
倍频腔腔长	L_{cav}	650mm
基波非常光折射率	n_{1560}	2.18
基波吸收率	α_{1560}	< 0.1%/cm
谐波吸收率	α_{780}	< 0.1%/cm
掺氧化镁周期极化铌酸锂有效非线性系数	d_{eff}	9.8pm/V

提高非连续转换的关键是实现倍频腔的阻抗匹配，对于包含非线性晶体在内的倍频腔，就是要选择合适的输入耦合透射率的输入耦合镜。实验中采用对基波透射率为14.0%的输入耦合镜（HR@780nm），经过对掺氧化镁周期极化铌酸锂晶体在匹配温度处（81.4℃）轻微调节，当基波功率为2.33W时，得到1.96W的780nm激光功率，对应最大转换效率为84.2%；在更高的基波输入功率水平下，阻抗匹配不再合适，基波功率无法更加有效地耦合入谐振腔中，因而谐波功率不再持续增长，而是呈现一定饱和趋势。为了得到更加合适的阻抗匹配，选用了更大透射率（21.5%）的输入耦合腔镜，在输入基波功率为4W的情况下，获得2.84W的780nm二次谐波功率，最大谐波转换效率达71.4%。实验结果如图2.50所示，图中实心三角为输入腔镜透射率为14.0%对应的780nm激光生成功率，实心方块为输入腔镜透射率为21.5%时对应的780nm激光生成功率。比较两个不同输入耦合率的倍频结果，可以看到在较高入射透射率的倍频有更高的780nm激光生成功率，但是转化效率偏低，这主要是由基波有效参与非线性过程的功率大小造成的。图中实线是根据表2.13中参数所做的理论计算（其中非线性损耗率为2.54%，是经过倍频光生成功率曲线拟合得到；非线性转换系数为1.2%/W，通过取下输入耦合镜直接测试晶体单次穿过倍频功率而得到）。

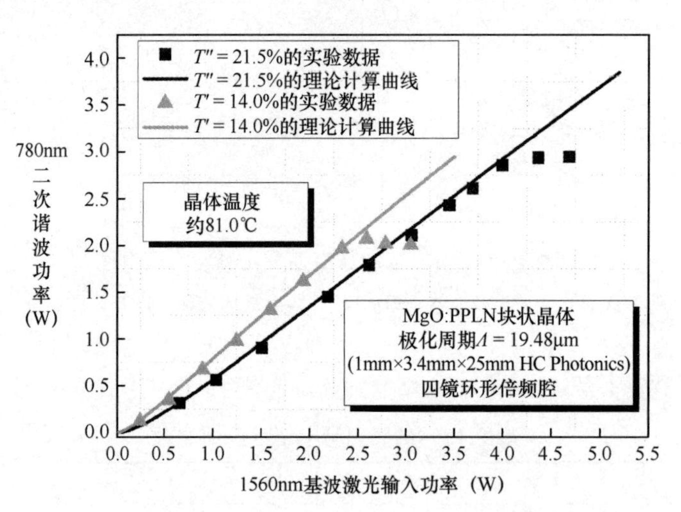

图2.50　采用输入腔镜透射率为21.5%（实心方块）和14.0%（实心三角）所得的780nm倍频光生成功率

由于不同的输入腔镜透射率导致谐振腔中不同的内腔光循环功率，而不同的基波输入功率对应不同的最佳入射腔镜透射率：

$$T_{\text{opt}} = \frac{l}{2} + \sqrt{\left(\frac{l}{2}\right)^2 + \Gamma P_{\text{FW}}} \tag{2.36}$$

其中，Γ 可以写为如下两项的和：

$$\Gamma = E_{\text{NL}} + \alpha \tag{2.37}$$

其中，α是二次谐波过程中对基波的吸收系数，在实验中可以忽略其影响。依照表 2.13 的各个参数，基波在 4W 的输入功率水平下，对应最佳的理论输入耦合率为 23.2%，这与实验中所使用 21.5%的入射腔镜透射率比较接近。同时也可以看到，在低功率区域（小于 2.75W），对应入射腔镜透射率 T' =14.0%拥有更高的转化效率，但是在更高的基波输入功率区域（大于 2.75W），对应入射透射率 T'' =21.5%的腔镜拥有更高的转化效率。采用输入腔镜透射率为 21.5%（实心方块）和 14.0%（实心三角）所得的 780nm 倍频光转化效率如图 2.51 所示。其中，实心方块是透射率 T'' =21.5%时对应的谐波转化效率，实心三角是入射腔镜 T' =14.0%时对应的谐波转化效率。

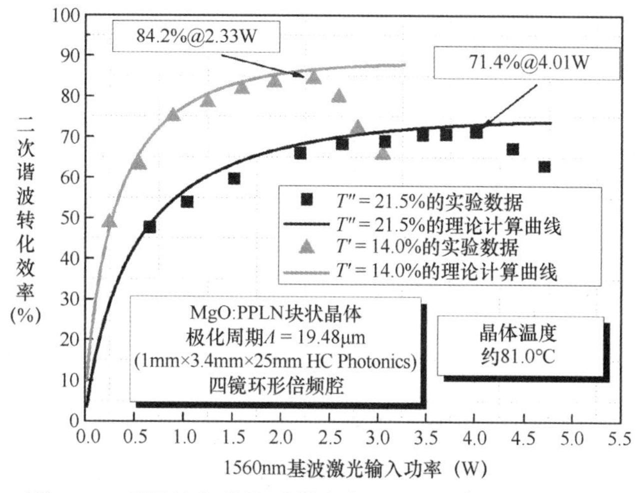

图 2.51　采用输入腔镜透射率为 21.5%（实心方块）和 14.0%（实心三角）所得的 780nm 倍频光转化效率

图 2.50 和图 2.51 的实线是按照下式的理论计算结果：

$$\frac{P_c}{P_1}=\frac{4T_1}{(T_1+l+E_{\mathrm{NL}}P_c)^2} \tag{2.38}$$

$$P_2=T_2E_{\mathrm{NL}}P_c^{\,2} \tag{2.39}$$

式中，P_c、T_1、l、E_{NL} 和 T_2 分别表示内腔光循环功率、输入腔镜耦合率、基波循环一周线性损耗、单次穿过转换效率和输出腔镜对于二次谐波的透射率。

在实际应用中，激光功率的稳定性是一项重要参考指标。实验中采用光电探测器（PED 801-LN，带宽为 1MHz）监视了基波在 4W 输入功率下，1 小时内 780nm 倍频光均方根（Root-Mean-Square，RMS）功率起伏为 1.26%，实验结果如图 2.52 所示。功率的起伏主要是因为基波功率的慢变和晶体温度的小范围起伏，以及激光功率噪声的进一步抑制。

实验中采用“单刀片法”测试了 780nm 激光光束质量，经拟合，x 轴和 y 轴上的光束 M^2 因子分别为 1.04 和 1.03。图 2.53 为单刀片法测量得到的 780nm 激光的 x 轴和 y 轴方向的光束半径。

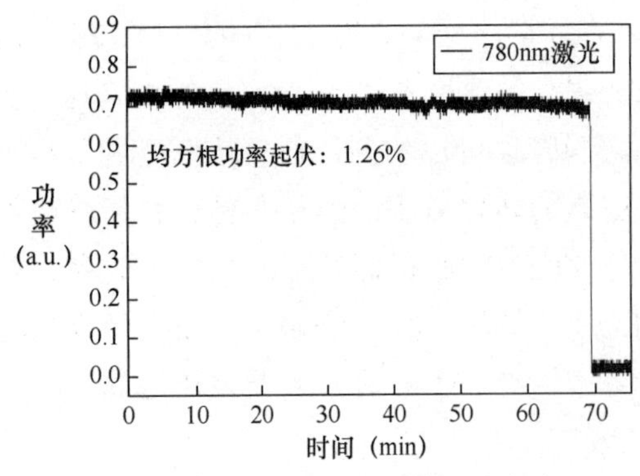

图 2.52　780nm 激光输出功率在1 小时时间监视范围内的均方根功率起伏

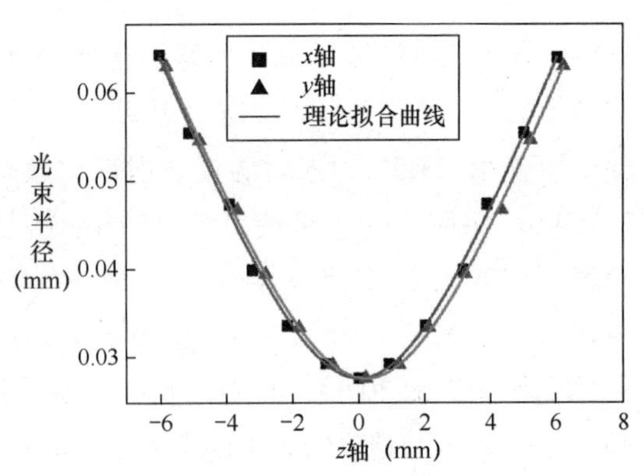

图 2.53　单刀片法测量得到的 780nm 激光的 x 轴和 y 轴方向的光束半径

2.6　铷原子饱和吸收谱

^{87}Rb 和 ^{85}Rb 自然丰度比例下的混合气体（二者比例为 27.8%：72.2%）的铷原子气室（也称铷原子吸收池或铷泡）可用于获取铷原子饱和吸收谱的气体作用介质。铷原子气室实物图如图 2.54 所示。

图 2.54　铷原子气室实物图

本实验中所得 780nm 倍频光对应于 ^{87}Rb 原子的 D_2 跃迁线。^{87}Rb 原子的一些基本物理性质如表 2.14 所示。

表 2.14　^{87}Rb 原子的一些基本物理性质

名称	符号	数值
原子数	Z	37
总核子数	$Z+N$	87
相对自然丰度	η	27.83(2)%
核寿命	τ_n	4.88×10^{10}yr
原子质量	m	86.909 180 520(15) u 1.443160648(72) $\times10^{-25}$kg

续表

名称	符号	数值
25℃时密度	ρ_m	1.53 g/cm^3
熔点	T_M	39.30℃
沸点	T_B	688℃
比热容	c_p	0.363 J/g·K
摩尔热容	C_p	31.060 J/mol·K
25℃蒸汽压	P_V	3.92×10^{-7} torr
核自旋	I	3/2
电离限	E_I	33 690.804 80(20) cm^{-1} 4.177 127 06(10) eV

注：( ) 内数字表示误差值。

^{87}Rb 原子的光学特性如表 2.15 和表 2.16 所示。其中，表 2.15 表示 D_2 跃迁线（$5S_{1/2}$→$5P_{3/2}$ 跃迁线）特性，表 2.16 则表示 D_1 跃迁线（$5S_{1/2}$→$5P_{1/2}$ 跃迁线）。^{87}Rb 原子对应 D_2 跃迁为循环跃迁，可用于 ^{87}Rb 原子的冷却和俘获，在量子光学和原子物理实验中应用较广。

表 2.15　^{87}Rb 原子 D_2 跃迁线（$5S_{1/2}$→$5P_{3/2}$ 跃迁线）光学特性

名称	符号	数值
频率	ω_0	2π×384.2304844685(62)THz
跃迁能量	$\hbar\omega_0$	1.589 049 462(38) eV
真空波长	λ	780.241 209 686(13)nm
空气中波长	λ_{air}	780.032 700 9(78)nm
真空中波数	$k_L/2\pi$	12 816.549 389 93(21) cm^{-1}
同位素位移	$\omega_0(^{87}Rb)-\omega_0(^{85}Rb)$	2π×78.095(12) MHz
寿命	τ	26.2348(77) ns
延迟率/自然线宽	Γ_α	38.117(11)×10^{6}s^{-1} 2π×6.0666(18) MHz
吸收振荡强度	f	0.69577(20)
反冲速度	υ_r	5.8845mm/s
反冲能量	ω_r	2π×3.7710 kHz
反冲温度	T_r	361.96 nK
多普勒频移	ω_r	2π×7.5419 kHz
多普勒温度	T_D	145.57 μK

注：( ) 内数字表示误差值。

表 2.16　^{87}Rb 原子 D_1 跃迁线（$5S_{1/2}$→$5P_{1/2}$ 跃迁线）光学特性

名称	符号	数值
频率	ω_0	2π ×377.107 463 380(11) THz
跃迁能量	$\hbar\omega_0$	1.559 591 016(38) eV
真空波长	λ	794.978 851 156(23) nm
空气中波长	λ_{air}	794.766 477 6(79) nm

续表

名称	符号	数值
真空中波数	$k_L/2\pi$	12 578.950 981 47(37) cm^{-1}
同位素位移	$\omega_0(^{87}Rb)-\omega_0(^{85}Rb)$	$2\pi\times77.583(12)$ MHz
寿命	τ	27.679(27) ns
延迟率/自然线宽	Γ_α	$36.129(35)\times10^{6}$ s^{-1} $2\pi\times5.7500(56)$ MHz
吸收振荡强度	f	0.342 31(33)
反冲速度	υ_r	5.7754mm/s
反冲能量	ω_r	$2\pi\times3.6325$ kHz
反冲温度	T_r	348.66 nK
多普勒频移	$\Delta\omega_d$	$2\pi\times7.2649$ kHz

注：( ) 内数字表示误差值。

原子中自旋与轨道相互作用，不同的自旋方向引起能量改变。对于单电子，其电子自旋有两个取向，一般分裂为两个能级，能级的精细结构是双重的；在 2 个价电子情况下，总自旋 S=0 和 1，对应的能级精细结构是单态和三重态；同理，在 3 个价电子情况下，能级精细结构是双重态和四重态，等等。这便是原子能级的“精细结构”。精细结构能级间隔遵从朗德间隔定则，相邻的能级间隔之比同有关的两个总角动量即 J 值中较大的 J 值成正比，以此来确定原子是否属于轨道角动量和自旋角动量之间的耦合。原子能级的精细结构使得原子跃迁时发出的光谱线也具有精细结构。研究光谱线的精细结构，可获得原子内部自旋-轨道相互作用的信息。

在原子中，核磁矩与电子磁矩之间的耦合将引起能级和谱线更加微小的能级分裂，称为“原子的超精细结构”。如果原子核的自旋量子数为 I，电子总角动量量子数为 J，则可以耦合成下列状态：$F=I+J, I+J-1,\cdots,|I-J|$，$F$ 称为总角动量量子数。例如，铷原子 $5S_{1/2}\rightarrow5P_{3/2}$ 和 $5S_{1/2}\rightarrow5P_{1/2}$ 跃迁是精细结构跃迁能级，而且每个跃迁都具有超精细结构。原子精细结构是外层电子的轨道角动量 L 与其自旋角动量 S 之间耦合的结果，对应电子总角动量量子数为

$$J=L+S \tag{2.40}$$

电子总角动量量子数 J 取值需满足如下范围：

$$|L-S|\leqslant J\leqslant L+S \tag{2.41}$$

^{87}Rb 原子相关超精细能级分裂包括 $5S_{1/2}$ 和 $5P_{3/2}$，图 2.55 为 ^{87}Rb 原子超精细能级图。

原子气室中气体分子不停地热运动使得彼此间不断碰撞，这将不可避免地导致多普勒展宽效应，激光饱和吸收光谱法就是实验上抵御这种现象的一种有效技术。这种高分辨率光谱技术是 20 世纪 70 年代，由 T.W.Hansh 等人对碱金属原子超精细跃迁线进行光谱吸收研究时提出并完成实验。他们巧妙地利用这项光谱技术去除了多普勒展宽效应带

给谱线测量的影响，实现了亚多普勒展宽背景下的原子、分子气体样品光谱吸收线实验测量。目前，基于碱金属（Rb、Cs）气室的饱和吸收光谱技术，已广泛应用于高分辨率光谱学、激光冷却和俘获、激光稳频等重要领域。

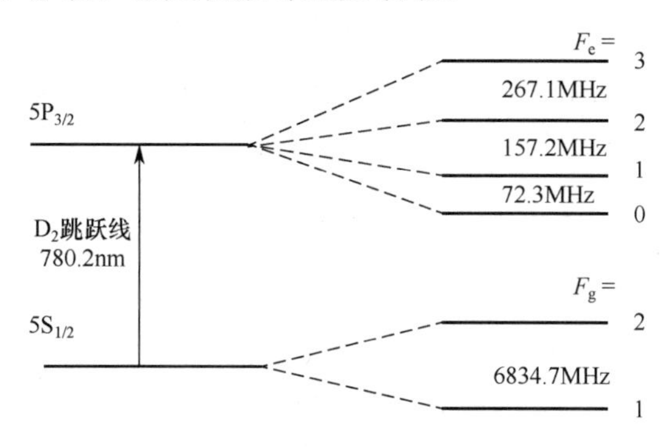

图 2.55　^{87}Rb 原子超精细能级图

饱和吸收谱是一种速度选择光抽运效应的光谱。实验中，通常会将一激光束分成功率较大的泵浦抽运光束和功率较小的探测光束（实验中一般可以选择为 10～20 倍）以基本重合但传播方向相反的路径穿过气体样品。图 2.56 为饱和吸收谱中抽运光和探测光穿过原子的示意图。依据玻尔兹曼分布规律，热平衡状态下，绝大多数气体分子分布于能量基态，分子移动速度则遵循麦克斯韦速度分布规律。气体分子和光束二者之间的相对运动导致气体分子（或原子）呈现普遍的多普勒频移，只有气体速度为零或在光传输路径上的速度分量为零的分子（或原子）的多普勒频移为零。在该条件下，气体分子（或原子）的精细能级才有可能和入射激光（泵浦光和探测光）发生频率共振互作用。结果是之前处于基态的原子被较强光功率的泵浦光束激发到上能态直至上能态发生离子数的“饱和”；而由于此前处于基态的分子（或原子）被激发到上能态，所以和泵浦光同时入射的较弱功率探测光几乎没有被原子吸收而穿过气体团，避免了谱线的多普勒展宽。实验上观察到的透射谱线呈吸收减弱的尖峰，即超精细跃迁。通过这两束不同光强的入射激光可将无多普勒频移的原子优先筛选出来，其光谱是无多普勒增宽背景的。

图 2.56　饱和吸收谱中抽运光和探测光穿过原子的示意图

由于原子热运动，原子在光传播方向有一定的速度分布，当扫描的激光频率某时刻恰好处于两个超精细跃迁频率中间时，这部分原子会发生一种特殊的能级跃迁。根据多普勒效应，某一速度的原子相对于对向入射的泵浦光频率升高，且恰好与频率高的超精细跃迁共振；同时，该部分分子（或原子）相对同向入射的弱探测光频率降低，且恰好与频率较低的另一个超精细跃迁能级发生共振。因此，强的泵浦光抽运下导致基态分子（或原子）数目减少，基态分子（或原子）的减少直接减弱反向入射的弱探测光的吸收，使得透射光谱中交叉共振峰的出现。其他情况则不会出现上述两种情况，仍然保持原来的多普勒背景。这就是饱和吸收光谱基本原理。

激光连续频率调谐是精密激光光谱学应用中的一项基本要求，实验所使用的 littman 型外腔式半导体激光器为 DC（直流电机）和 PZT（压电陶瓷）双重调谐的配合波长频率调制机制。其中，DC 负责波长调谐，可实现大于 80nm 的调谐范围；PZT 负责频率细调，可达最小分辨率为 0.02nm。泵浦激光光源波长（频率）调节参数如表 2.17 所示。

表 2.17　泵浦激光光源波长（频率）调节参数

名称	参数
型号	TLB-6328
波长	1520～1570nm
最大功率	20mW
最大粗调速度	20nm/s
粗调分辨率	0.02nm
典型波长重复性	0.1nm
细调范围	30 GHz
细调带宽	2 kHz
调制带宽	100 MHz
线宽	<300 kHz

在保持倍频腔锁定的情形下，缓慢扫描种子激光器 ECDL 的激光频率，得到了 780nm 激光相对于铷原子 D_2 跃迁线的饱和吸收谱（SAS），如图 2.57 所示。

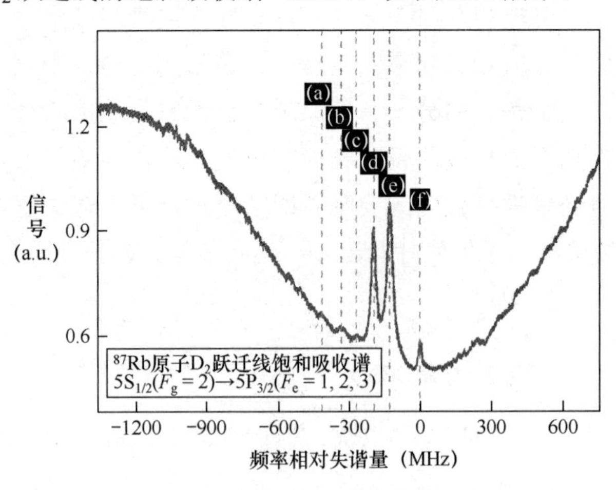

图 2.57　780nm 激光相对于铷原子 D_2 跃迁线的饱和吸收谱（SAS）

注：图中标记为（a）：F_g=2→F_e=1；（b）：F_g=2→F_e=1，2；（c）：F_g=2→F_e=2；（d）：F_g=2→F_e=1，3；（e）：F_g=2→F_e=2，3；（f）：F_g=2→F_e=3。F_g 和 F_e 分别表示 ^{87}Rb 原子基态和激发态，基态和激发态对应各超精细能级结构示意图详见图 2.55。

从图 2.57 中可以看到，谐振腔输出的 780nm 激光可以连续调谐约 2GHz，进一步调谐频率范围的提高受限于谐振腔压电陶瓷可承受最大伸长量的限制，理论上种子激光器最大调谐范围可达 30GHz。

2.7　本章小结

对于从 1560nm 激光到 780nm 的倍频实验，共用到了周期极化磷酸氧钛钾、周期极化铌酸锂及掺氧化镁周期极化铌酸锂三种倍频晶体，并尝试了单次穿过和腔谐振加强两种倍频方式。在 1560nm 基波输入功率 4W 的情况下，对掺氧化镁周期极化铌酸锂晶体采用谐振倍频的方式，最高可获得 2.84W 的 780nm 二次谐波功率；对 780nm 激光监视功率起伏，1 小时监视时间内起伏（RMS）为 1.26%，单刀片法测量到光束质量因子为 1.04（x 轴）和 1.03（y 轴）。在连续频率调谐范围方面，相对于谐振倍频方式，采用单次穿过倍频方式所得的 780nm 激光拥有更大的频率调谐范围（大于 10GHz）。该倍频光源可直接作为第 3 章 520nm 和频光生成的其中一束基频光。

本章参考文献

[1] KNIGHT D J E. Laser frequency standards in the near infrared, coinciding with the optical fiber transmission bands [J]. Laser Physics, 1994, 4: 345-348.

[2] MAHAL V, ARIE A, MARK A A, et al. Quasi-phase-matched frequency doubling in a waveguide of a 1560-nm diode laser and locking to the rubidium D_2 absorption lines [J]. Optics Letters, 1996, 21: 1217-1219.

[3] SCHLOSSER N, REYMOND G, PROTSENKO I, et al. Sub-poissonian loading of single atoms in a microscopic dipole trap [J]. Nature, 2001, 411: 1024-1027.

[4] PROTSENKO I E, REYMOND G, SCHLOSSER N, et al. Conditional quantum logic using two atomic qubits [J]. Physics Review A, 2002, 66: 062306.

[5] DINGJAN J, DARQUIE B, BEUGNON J, et al. A frequency-doubled laser system producing ns pulses for rubidium manipulation [J]. Applied Physics B, 2006, 82: 47-51.

[6] ADAM K B M, STEINBACH A, and WIEMAN C. A narrow-band tunable diode laser system with grating feedback, and a saturated absorption spectrometer for Cs and Rb [J]. American Journal of Physics, 1992, 60: 1098-1111.

[7] SCHUT T C B, SCHIPPER E F, DE GROOTH B G, et al. Optical-trapping micromanipulation using 780nm diode lasers[J]. Optics Letters, 1993, 18: 447-449.

[8] VAROQUAUX G, ZAHZAM N, WALID C, et al. An ultra-cold atom source for long-baseline interferometric inertial sensors in reduced gravity [C]. La Thuile: GIOI Press, 2007.

[9] LIENHART F, BOUSSEN S, CARRAZ O, et al. Compact and robust laser system for rubidium laser cooling based on the frequency doubling of a fiber bench at 1560 nm [J]. Applied Physics B, 2007, 89:

177-180.

[10] SANÉ S S, BENNETTS S, DEBS J E, et al. 11 W narrow linewidth laser source at 780 nm for laser cooling and manipulation of Rubidium [J]. Optics Express, 2012, 20: 8915-8919.

[11] THOMPSON R J, TU M, AVELINE D C, et al. High power single frequency 780 nm laser source generated from frequency doubling of a seeded fiber amplifier in a cascade of PPLN crystals [J]. Optics Express, 2003, 11: 1709-1713.

[12] SAMANTA G K, CHAITANYA K S, KAVITA D, et al. Multicrystal, continuous-wave, single-pass second-harmonic generation with 56% efficiency [J]. Optics Letters, 2010, 35: 3513-3515.

[13] CHIOW S W, KOVACHY T, HOGAN J M, et al. Generation of 43 W of quasi-continuous 780 nm laser light via high-efficiency, single-pass frequency doubling in periodically poled lithium niobate crystals [J]. Optics Letters, 2012, 37: 3861-3863.

[14] VYATKIN M, DRONOV A, CHERNIKOV M, et al. GAPONTSEV. Multi-watt, 780nm, single frequency CW fiber-based source by SHG in PPLN and PPKTP [C]. Washington, DC: Optical Society of America Press, 2005.

[15] MIYAZAWA S. Ferroelectric domain inversion in Ti-diffused $LiNbO_3$ optical waveguide [J]. Journal of Applied Physics, 1979, 50: 4599-4603.

[16] YAMADA M, NADA N, SAITOH M, et al. First-order quasi-phase matched $LiNbO_3$ waveguide periodically poled by applying an external field for efficient blue second-harmonic generation [J]. Applied Physics Letters, 1993, 62: 435-436.

[17] HAYCOCK P W and TOWNSEND P D. A method of poling $LiNbO_3$ and $LiTaO_3$ below Tc [J]. Applied Physics Letters, 1986, 48: 698-700.

[18] KEYS R W, LONI A, DE LA RUE R M, et al. Fabrication of domain reversed gratings for SHG in $LiNbO_3$ by electron beam bombardment [J]. Electronics Letters, 1990, 26: 188-190.

[19] FEJER M M, NIGHTINGALE J L, MAGEL G A, et al. Laser heated miniature pedestal growth apparatus for single crystal optical fibers[J]. Review of Scientific Instruments, 1984, 55: 1791-1796.

[20] HARADA A, NIHEI Y. Bulk periodically poled MgO-$LiNbO_3$ by corona discharge method [J]. Applied Physics Letters, 1996, 69: 2629-2631.

[21] MÜLLER M, SOERGEL E, BUSE K. Influence of ultraviolet illumination on the poling characteristics of lithium niobate crystals [J]. Applied Physics Letters, 2003, 83: 1824-1826.

[22] DIEROLF V, SANDMANN C. Direct-write method for domain inversion patterns in $LiNbO_3$ [J]. Applied Physics Letters, 2004, 84: 3987-3989.

[23] KUMAR S C, SAMANTA G K, and EBRAHIM-ZADEH M. High-power, single-frequency, continuous-wave second-harmonic-generation of ytterbium fiber laser in PPKTP and MgO:sPPLT [J]. Optics Express, 2009, 17: 13711-13726.

[24] HOBDEN M V, WARNER J. The temperature dependence of the refractive indices of pure lithium niobate [J]. Physics Letters, 1966, 22: 243-244.

[25] BOYD G D and KLEINMAN D A. Parametric interaction of focused Gaussian light beams [J]. Journal of Applied Physics, 1968, 39: 3597-3639.

[26] 郭善龙，韩亚帅，王杰，等. 1560nm 激光经 PPLN 和 PPKTP 晶体准相位匹配倍频研究 [J]. 光学学报, 2012, 3: 031901.

[27] 王杰，高 静，杨保东，等. 铷原子饱和吸收光谱与偏振光谱对 780nm 半导体激光器稳频的比较 [J]. 中国激光，2011, 4: 305-312.

[28] GOPALAN V, MITCHELL T E, FURUKAWA Y, et al. The role of nonstoichiometry in 180-degree domain switching of $LiNbO_3$ crystals [J]. Applied Physics Letters, 1998, 72: 1981-1983.

[29] FURUKAWA Y, KITAMURA K, TAKEKAWA S, et al. Photorefraction in $LiNbO_3$ as a function of [Li]/[Nb] and MgO concentrations[J]. Applied Physics Letters, 2000, 77: 2494-2496.

[30] ASOBE M, TADANAGA O, YANAGAWA T, et al. Reducing photorefractive effect in periodically poled ZnO- and MgO-doped $LiNbO_3$ wavelength converters [J]. Applied Physics Letters, 2001, 78: 3163.

[31] BRYAN D A, GERSON R, and TOMASCHKE H E. Increased optical damage resistance in lithium niobate [J]. Applied Physics Letters, 1984, 44: 847-849.

[32] POLGAR K, PETER A, KOVACS L, et al. Growth of stoichiometric $LiNbO_3$ single crystals by top seeded solution growth method [J]. Crystal Growth, 1997, 177: 211-216.

[33] BORDUI P F, NORWOOD R G, JUNDT D H, et al. Preparation and characterization of off-congruent lithium niobate crystals [J]. Journal of Applied Physics, 1992, 71: 875-879.

[34] KITAMURA K, YAMAMOTO J K, IYI N, et al. Stoichiometric $LiNbO_3$ single crystal growth by double crucible Czochralski method using automatic powder supply system [J]. Journal of Crystal Growth, 1992, 116(3-4): 327-332.

[35] KATZ M, ROUTE R K, HUM D S, et al. Vapor-transport equilibrated near-stoichiometric lithium tantalate for frequency conversion applications [J]. Optics Letters, 2004, 29: 1775-1777.

[36] BERGMAN J G, ASHKIN A, BALLMAN A A, et al. Curie temperature, birefringence, and phase-matching temperature variations in $LiNbO_3$ as a function of melt stoichiometry [J]. Applied Physics Letters, 1968, 12: 92-94.

[37] NASH F R, BOYD G D, SARGENT M, et al. Effect of optical inhomogeneities on phase matching in nonlinear crystals [J]. Journal of Applied Physics, 1970, 41: 2564-2576.

[38] FEJER M M, MAGEL G A, JUNDT D H, et al. Quasi-phase-Matched Second Harmonic Generation: Tuning and Tolerances [J]. IEEE Journal of Quantum Electronics, 1992, 28: 2631-2654.

[39] JIANG H L, LI G H, XU X Y. Highly efficient single-pass second harmonic generation in a periodically poled MgO:$LiNbO_3$ waveguide pumped by a fiber laser at 1111.6 nm [J]. Optics Express, 2009, 17: 16073-16080.

[40] CHAITANYA K S, SAMANTA G K, DEVI K, et al. High-efficiency, multicrystal, single-pass, continuous-wave second harmonic generation [J]. Optics Express, 2011, 19: 11152-11169.

[41] IMESHEV G, PROCTOR M, and FEJER M M. Phase correction in double-pass quasi-phase-matched second-harmonic generation with a wedged crystal [J]. Optics Letters, 1998, 23: 165-167.

[42] SPIEKERMANN S, LAURELL F, PASISKEVICIUS V, et al. Optimizing non-resonant frequency conversion in periodically poled media [J]. Applied Physics B, 2004, 79: 211-219.

[43] AST S, NIA R M, SCHÖNBECK A, et al. High-efficiency frequency doubling of continuous-wave laser light [J]. Optics Letters, 2011, 36: 3467-3469.

[44] DENG X , ZHANG J, ZHANG Y C, et al. Generation of blue light at 426 nm by frequency doubling with a monolithic periodically poled $KTiOPO_4$ [J]. Optics Express, 2013, 21: 25907-25911.

[45] TARGAT R L, ZONDY J J, LEMONDE P. 75%-Efficiency blue generation from an intracavity PPKTP frequency doubler [J]. Optics Communications, 2005, 247: 471-481.

[46] VILLA F, CHIUMMO A, GIACOBINO E, et al. High-efficiency blue-light generation with a ring cavity with periodically poled KTP [J]. Journal of the Optical Society of America B, 2007, 24: 576-580.

[47] HAYASAKA K, ZHANG Y, KASAI K. Generation of 22.8 mW single-frequency green light by frequency doubling of a 50-mW diode laser [J]. Optics Express, 2004, 12: 3567-3572.

[48] FENG J X, TIAN X T, LI Y M, et al. Generation of a squeezing vacuum at a telecommunication wavelength with periodically poled $LiNbO_3$ [J]. Applied Physics Letters, 2008, 92: 221102.

[49] GUO S L, GE Y L, HAN Y S, et al. Investigation of optical inhomogeneity of MgO:PPLN crystals for frequency doubling of 1560 nm laser [J]. Optics Communications, 2014, 326: 114-120.

[50] WANG J M, GUO S L, GE Y L, et al. State-insensitive dichromatic optical-dipole trap for rubidium atoms: calculation and the dicromatic laser's realization [J]. Journal of Physics B: Atomic, Molecular and Optical Physics, 2014, 47: 095001.

[51] 郭善龙，韩亚帅，王杰，等. 1560nm 激光经 PPLN 和 PPKTP 晶体准相位匹配倍频研究 [J]. 光学学报, 2012, 32: 031901.

[52] GUO S L, WANG J M, HAN Y S, et al. Frequency doubling of cw 1560nm laser with single-pass, double-pass and cascaded MgO:PPLN crystals and frequency locking to Rb D_2 line [J]. Proceedings of the SPIE, 2013, 8772: 87721B.

[53] GUO S L, YANG J F, YANG B D, et al. Frequency doubling of 1560nm diode laser via PPLN and PPKTP crystals and frequency stabilization to rubidium absorption line [J]. Proceedings of the SPIE, 2010, 7846: 784619.

[54] GUO S L and WANG J M. Efficient generation of a continuous-wave, tunable 780 nm laser via an optimized cavity-enhanced frequency doubling of 1.56 μm at low pump powers [J]. Optical and Quantum Electronics, 2017, 49(1): 1-16.

[55] GUO S L, YANG J F, YANG B D,et al. Frequency doubling of 1560nm diode laser via PPLN and PPKTP crystals and frequency stabilization to rubidium absorption line [C]. Washington, DC: SPIE Press, 2010.

第 3 章

单共振和频产生 1560nm 三次谐波 520nm 单频激光

3.1　引言

3.1.1　和频的研究意义和应用背景

可见激光以其高亮度、高方向性及超高能量输出的显著特性，是现代科学研究和工业应用的重要光源，在激光显示、生物医学应用、生物化学集成传感器、玻色爱因斯坦凝聚（BEC）等方面均有着极广泛的应用。各种不同波长的可见激光的生成已引起世界各地科研工作者广泛的研究兴趣。

在原子物理方面，冷的离子经常可以呈现特殊的物理性质，包括离子的强量子相干效应，波长为 520nm 的可见绿光激光在这个方面有重要的使用价值。2000 年，Robinson 等人采用 520nm 脉冲激光用于激发 Cs 原子基态至 39d 高能里德堡激发态，并观察到里德堡激发态 Cs 样品自发演化至超冷离子态。在量子光学和量子信息方面，520nm 激光可以作为光学参量振荡（OPO）的泵浦光，经光学参量下转换过程获得频率非简并的 1.5μm 和 0.8μm 双色纠缠光源。由于 1.5μm 和 0.8μm 激光分别对应于光纤传输低损耗窗口和碱金属原子（铷原子和铯原子）跃迁线，该双色纠缠光源可以通过量子纠缠交换过程构建量子中继器，而量子中继器是长距离量子信息处理中的关键执行器件。为了更好地完成上述各邻域的各项任务，520nm 激光光源要求有尽量高的输出功率及光束质量。

目前已有众多方法可以用于获取 520nm 激光。直接由半导体二极管发出 520nm 激光是其中最简单而且有效的方法，其缺点是光源功率有限、光束质量不尽如人意；染料激光器不仅拥有广泛的波长覆盖带宽，而且有可观的输出功率，因而同样受到人们的青睐，不足之处是染料激光器的性能不够稳定，且大多数有机染料本身易燃、易爆且有毒，需要在存储方面做专门的考虑。利用光学二阶非线性过程可以做一个良好的替代方案。例如，将钛宝石激光或光纤激光器直接倍频可以获得 520nm 激光功率输出。2011 年，Pontecorvo 等人采用经由 OPA 放大钛宝石激光器对 25mm 长的 BBO 晶体倍频，获得 320～520nm 宽波段可调谐激光输出。同年，Rothhardt 等人采用光纤激光器对 0.5mm 长的 BBO 晶体倍频获得持续时间为 500fs、重复率为 5.25MHz、平均输出功率高达 135W 的 520nm 绿光，而且所得光束质量因子 M^2<1.2。近年来发展迅速的薄片激光器（Thin-disk Laser）同样已服务于绿光激光的生成，2004 年，Brunner 等人采用峰值功率高达 80W 的锁模 Yb:YAG 薄片激光器，经单次穿过长度为 5mm 的 LBO 晶体倍频获得峰值功率高达 23W 的 515nm 绿光倍频激光。

作为新激光波长的获取方法之一，二阶非线性和频过程受到人们的广泛关注，和频实验方案为人们提供了更自由的选择。以对应于 Na 原子 D_2 线的 589.16nm 黄光生成为例，亦有大量和频相关的工作。2011 年，中国科学院理化技术研究所谢仕永等人采用两束基波波长为 1064nm 和 1319nm 的二极管端面泵浦的 Nd:YAG 激光放大系统（MOPA），单次穿过 LBO 晶体和频获得 7.5W 的准连续黄光激光输出，激光的线宽小于 0.7GHz，光束质量 M^2=1.2。2008 年，法国巴黎第六大学的 Mimoun 等人采用双共振外腔和频的方式对周期极化磷酸氧钛钾晶体进行 1064nm 和 1319nm 红外激光波段和频，获得高达 800mW 的 589nm 黄光输出，1319nm 黄光转换效率高达 90%，具有高输出功率和稳定频率特性的激光源是作为钠原子冷却和操控的理想光源。山西大学闫晓娟等人采用周期极化铌酸锂晶体进行了双共振外腔和频工作，在 1583nm 光纤激光器和 938nm 半导体激光和频的方式下获得了大于 0.2W 的钠黄光，938nm 激光转换效率达 43%。

在蓝光生成区域，2007 年，丹麦的 Karamehmedović 等人采用输出功率为 950mW、波长为 765nm 的锥形半导体激光和 1342nm 全固态激光在周期极化磷酸氧钛钾晶体中和频，获得 300mW 的 488nm 蓝光激光，所获蓝光激光相对 765nm 基频激光的和频转换效率达到 30%。

在紫外及深紫外波段区域，和频也展现了极好的发展潜力。2003 年，Kumagai 等人对 373nm 激光和 780nm 钛宝石激光进行和频，获得了 154mW 的 252nm 深紫外激光，和频转换效率达 8%，可有效应用于硅原子的冷却。2004 年，日本的 Sakuma 等人采用两块布鲁斯特角切割的 $CsLiB_6O_{10}$ 晶体，采用 266nm 激光单次穿过、1064nm 激光共振的方式获得 100mW 的 213nm 深紫外激光。2011 年，Vasilyev 研究小组以 1560nm 激光为基波，经过周期极化钽酸锂晶体（PPSLT）和 BBO 晶体的连续两级和频过程，最终获得 100mW 的 313nm 紫光（五次谐波），并将其应用于铍离子的冷却实验中。

和频对于 520nm 绿光生成同样有着良好的应用前景。2011 年，长春理工大学的米晓云对 1030nm 和 1048nm 两束基波通过 I 类相位匹配的 LBO 晶体做内腔和频，获得了 269mW 的 520nm 激光。2006 年，德国 Moutzouris 等人采用中心波长为 1.55μm 的非线性偏振锁模飞秒掺铒光纤振荡器做泵浦源，以基波单次穿过的方式，连续历经均以掺氧化镁周期极化铌酸锂为非线性媒介的倍频及和频过程，在基波和二次谐波总输入功率 600mW 下，获得平均输出功率为 55mW 的 520nm 和频激光，和频转换效率达 9.2%。

由于 520nm 激光恰为通信 C 波段 1560nm 激光的三次谐波波长，利用通信波段发展成熟的激光器件及庞大市场优势，可以为人们提供足够高功率的基波光源和较低成本激光器件。采用谐振腔加强基波功率有助于获得更高的和频输出功率，相对于单次穿过级联晶体和频方案而言，可以省去基波谐波间的位相失配调节步骤。和频按其共振方式又可以分为单共振和双共振，这两种方式在和频转换方面均有广泛应用，理论上讲，相对于双共振而言，单共振和频转换效率低于双共振运转方式，但是其拥有更好的机械稳定性；双共振和频一般要求有两台独立的激光器单独运转，而一些和频实验中两束基波光源均由一台激光器生成，则只适合采用单共振工作的方式。

本书实验采用 1560nm 半导体激光经掺铒光纤放大器（EDFA）放大，将放大后的 1560nm 激光分为两部分，一部分经倍频生成二次谐波 780nm 激光；另一部分直接作为生成三次谐波 520nm 的基频光，采用外腔单共振和频的方式，经周期极化磷酸氧钛钾晶体和频最终生成 520nm 激光。周期极化磷酸氧钛钾晶体相对 LBO 和 BBO 晶体有更高的非线性系数 d_{33}，而且有更宽范围的温度可接受带宽，所以实验时最终选择了周期极化磷酸氧钛钾晶体作为非线性和频晶体。

3.1.2　和频生成的概念及原理

和频作为非线性二阶光学效应的主要应用之一，在激光波段扩展方面起到重要的作用，目前其已经可以精细覆盖红外波段、红光区、黄光区、绿光区及紫光区等光谱区域，可应用于高功率和频激光输出，在量子光学领域有重要作用。此外，和频光谱还是介质表面特征表征的通用工具，其在探测湿界面或软界面方面展现了强大的实用性。

1．和频生成的物理原理

和频也称为三次谐波生成（SFG），其是基于二阶非线性光学和物质互作用的光频率转换过程。其基本原理为两个频率为ω_1 和ω_2 的光子产生一个频率和为 $\omega_3=\omega_1+\omega_2$ 的光子。可认为二次谐波生成或倍频是$\omega_1=\omega_2$的一个特例，相对而言，SFG 具有更大自由度的光学频率转换范围，相应地涉及更多非线性光学理论和应用。

非线性光学材料在外电场 $\boldsymbol{E}$ 作用下通常会产生一定程度的偶极矩或发生极化现象。极化强度 $\boldsymbol{P}$ 可广义地定义为材料单位体积的偶极矩。具体的 $\boldsymbol{P}$ 的定义与研究对象有关，当所研究对象是一个表面时，$\boldsymbol{P}$ 被定义为单位面积上的偶极矩；研究对象是单个分子时，$\boldsymbol{P}$ 则又可以表示分子的偶极矩。在上述情况下，$\boldsymbol{P}$ 都表示三维空间的电场的幂级数，对某一确定方向 p 的极化强度 P_p 大小可表示为

$$P_p=\sum_{q}\chi_{pq}^{(1)}E_q+\sum_{q,r}\chi_{pqr}^{(2)}E_qE_r+\sum_{q,r,s}\chi_{pqrs}^{(3)}E_qE_rE_s+\cdots(p,q,r,s=x\sim z) \tag{3.1}$$

其中，后缀 p，q，r，s 表示笛卡儿坐标分量 x~z。

注意，$\boldsymbol{P}$ 和 $\boldsymbol{E}$ 本身是向量，但当它们含有空间后缀时，如 P_p，则表示某一确定方向上的标量。第一项描述极化对场的线性响应，其中$\chi^{(1)}$是称为线性磁化率的二阶张量（当研究系统是分子时，称为极化率）。其余的高阶项用于描述极化强度的非线性响应，

当电场足够强时，这些量也会相应增大。第二项称为分子的二阶非线性极化率或超极化率。$\boldsymbol{\chi}^{(2)}$是三阶张量，其与二阶非线性光学过程（如 SHG 或 SFG）有关。关于 SFG 的讨论和研究主要针对公式中的第二项进行，这些讨论和研究也适用于表面非线性光谱研究相关的$\boldsymbol{\chi}^{(2)}$情况。

其次，如果考虑电场 $\boldsymbol{E}(t)$的随时间变换，再根据式（3.1）则可对 $\boldsymbol{P}(t)$随时间的变化进行推广。式（3.1）中的二阶项 $P_p^{(2)}=\sum_{q,r}^{x\sim z}\boldsymbol{\chi}_{pqr}^{(2)}E_qE_r$ 推广到依赖时间变化的极化强度振幅形式如下：

$$P_p^{(2)}(t)=\int_{-\infty}^{t}\mathrm{d}t'\int_{-\infty}^{t}\mathrm{d}t''\sum_{q,r}^{x\sim z}\boldsymbol{\chi}_{pqr}^{(2)}(t,t',t'')E_q(t')E_r(t'') \tag{3.2}$$

由于 t' 和 t'' 处的电场会在时间 t 后极化，因而上式积分的范围限制在 $t'\leqslant t$，$t''\leqslant t$ 内。时间相关电场和极化强度可用傅里叶级数来描述，

$$P_p(t)=\sum_k P_p(\omega_k)\exp(-\mathrm{i}\omega_k t),E_q(t)=\sum_k E_q(\omega_k)\exp(-\mathrm{i}\omega_k t) \tag{3.3}$$

式中，$P_p(\omega_k)$和 $E_q(\omega_k)$分别表示频率为 ω_k 的电场对应的极化强度振幅和电场振幅，式（3.3）所示的傅里叶级数形式对于光场计算的处理是很便利的。由于 $P_p(t)$ 和 $E_q(t)$ 是复数，因此，对式（3.3）中 k 项求和将包括一对 ω_k 项及其复共轭 ω_{-k}（$\omega_{-k}=-\omega_k$ 和 $P_p(\omega_{-k})=P_p^*(\omega_k)$，静态分量除外。通过将式（3.3）代入式（3.2）中，和频 Ω 的二阶极化强度振幅 $P_p^{(2)}$表示如下：

$$P_p^{(2)}(\Omega=\omega_1+\omega_2)=\sum_{q,r}^{x\sim z}\boldsymbol{\chi}_{pqr}^{(2)}(\Omega,\omega_1,\omega_2)E_q(\omega_1)E_r(\omega_2) \tag{3.4}$$

式（3.4）表示频率为 ω_1 和 ω_2 的两个振荡电场产生和频 $\Omega=\omega_1+\omega_2$ 的振荡极化。式中，$\boldsymbol{\chi}_{pqr}^{(2)}(\Omega,\omega_1,\omega_2)$是二阶非线性磁化率，它取决于频率$\Omega$、$\omega_1$ 和 ω_2。这种特性，包括它的频率依赖性，是材料本身的特性。根据电动力学理论，$P_p^{(2)}(\Omega)$ 发出频率为Ω的电磁波，可作为一种光信号被 SFG 光谱仪检测。

上述和频发生机制在$\boldsymbol{\chi}^{(2)}\neq 0$ 的情况下同样有效。这个条件意味着，激发和频过程的材料不应该具有反转对称性。大多数气体或液体的体积材料是各向同性的，因此这些材料不产生 SFG 信号。由于同样的原因，具有反转对称性的体晶体也不具备发生和频过程的可能。然而，一旦两个各向同性体相形成界面时，界面附近的反演对称性必然会遭到破坏，通常会导致$\boldsymbol{\chi}^{(2)}\neq 0$。对于一个涉及两介质界面的系统，和频信号仅来自界面。和频光谱的界面敏感性正是缘于界面失去了反转对称性的对称性。

和频光谱的另一个重要特征是它的相干性质，因为和频光的偏振是与频率为 ω_1 和 ω_2 的两个光场相干叠加的结果。和频光的相干特性表现为生成和频信号的方向性。当两个单色激光频率为 ω_1 和 ω_2 的光同时入射到折射率为 n_1 和 n_2 的系统界面时，和频信

号被观察到沿一确定方向出射（见图 3.1）。针对一些非线性和频过程而言，和频光的确定性方向出射特性非常有利于实验上对微弱和频信号的检测。空间上不同区域的偏振相互干涉的结果，类似于布拉格衍射定律。相干性质还表明，来自不同振子（振动原子群）的和频信号可以相互干涉，这就增加了实验所得和频光谱分布的复杂程度。如果观测到的和频谱来自同一频率区域内的不同振子，干涉还可以使特定相位下的叠加信号增强或抑制和频信号的强度。因此，观测到的和频强度不能直接分解成源振子（换言之，弱和频信号并不一定意味着弱和频源，也可能是干涉相消的结果）。

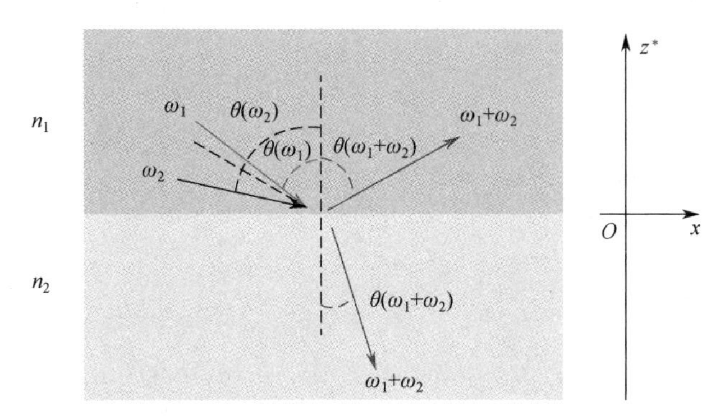

图 3.1　入射至界面时的 SFG 光波方向示意图

注：*一般介质中用到 SFG 均发生在 z 方向。z 方向一般是竖直方向，这里是为了和实际晶体使用方向吻合。

非线性和频在表面非线性光谱中常见的应用是将可见光（图 3.1 中频率为 ω_1 的光束）和红外光（图 3.1 中频率为 ω_2 的光束）结合起来，在可见光频率 ω_1 不变的情况下，将和频信号（图 3.1 中 $\omega_1+\omega_2$）表示为红外频率 ω_2 的函数。这种测量方案得到的和频信号即为界面的振动光谱。下面是振动光谱的一些特点。

（1）虽然各向同性体存在大量相同组成成分，但通过和频光谱在界面上进行有选择的测量分子组成成分是可能的。因为和频光谱检测灵敏度较高，且能很容易地检测到亚单层的表面组成成分。

（2）振动光谱为界面处的分子结构提供了高度特异的信息，光谱频移还提供了检测点界面环境的有用信息。通过选择合适偏振组合的可见光、红外光和频，可以测量界面处的分子极化方向。

（3）由于界面选择性完全依赖物质结构的对称性，因此原则上不需要真空条件。光学测量适用于多种界面的原位检测，如液–液或液–固界面。理论上只要这些界面可以让光进入即可完成光学测量。

2. 和频过程的 χ^2 反转对称性

如果在非线性材料上施加外加电场并检测对应极化强度大小，则式（3.1）中的第二项可用极化强度振幅 $P_p^{(2)}$ 表示为

$$P_p^{(2)} = \sum_{q,r} \chi_{pqr}^{(2)} E_q E_r \tag{3.5}$$

上式即是二阶非线性光学过程中极化强度的来源。如果在坐标系上 $P_p^{(2)}$ 进行反演，矢量如 $P_p^{(2)}$、E_q 或 E_r 会改变它们的符号。然而，表征材料性质的 $\chi_{pqr}^{(2)}$ 在反演中不会变化，这样式（3.5）反演运算结果为

$$-P_p^{(2)} = \sum_{q,r} \chi_{pqr}^{(2)} (-E_q)(-E_r) \tag{3.6}$$

式（3.5）和式（3.6）应同时成立，这必然导致 $\chi^{(2)} = 0$。这意味着对于中心对称材料，式（3.5）中的 $P_p^{(2)}$=0。

3. 和频过程的频域表达形式

式（3.2）的含时极化强度振幅 $P_p^{(2)}$ 用电场的傅里叶级数可表示为

$$\begin{aligned} P_p^{(2)} &= \int_{-\infty}^{t} \mathrm{d}t' \int_{-\infty}^{t} \mathrm{d}t'' \sum_{q,r}^{x\sim z} \chi_{pqr}^{(2)} E_q(t') E_r(t'') \\ &= \sum_k \sum_l \int_{-\infty}^{t} \mathrm{d}t' \int_{-\infty}^{t} \mathrm{d}t'' \sum_{q,r}^{x\sim z} \chi_{pqr}^{(2)}(t,t',t'') E_q(\omega_k) E_r(\omega_l) \exp(-\mathrm{i}\omega_k t') \exp(-\mathrm{i}\omega_l t'') \end{aligned} \tag{3.7}$$

可以看到，时间的起点对 $\chi_{pqr}^{(2)} = (t, t', t'')$ 是没有影响的，因为 $\chi_{pqr}^{(2)}$ 是时间间隔 $\tau' = t - t', \tau'' = t - t''$ 的函数。相应地，积分变量由 (t', t'') 变换为 (τ', τ'')，因此

$$\begin{aligned} P_p^{(2)} &= \sum_k \sum_l \int_0^{\infty} \mathrm{d}\tau' \int_0^{\infty} \mathrm{d}\tau'' \sum_{q,r}^{x\sim z} \chi_{pqr}^{(2)}(t, t-\tau', t-\tau'') E_q(t') E_r(t'') \times \\ &\quad \exp[-\mathrm{i}\omega_k (t-\tau')] \exp[-\mathrm{i}\omega_l (t-\tau'')] \\ &= \sum_k \sum_l \sum_{q,r}^{x\sim z} \left[\int_0^{\infty} \mathrm{d}\tau' \int_0^{\infty} \mathrm{d}\tau'' \chi_{pqr}^{(2)}(t, t-\tau', t-\tau'') \exp(\mathrm{i}\omega_k \tau') \exp(\mathrm{i}\omega_l \tau'') \right] \times \\ &\quad E_q(\omega_k) E_r(\omega_l) \exp[-\mathrm{i}(\omega_k + \omega_l) t] \end{aligned} \tag{3.8}$$

式（3.8）大括号中的量独立于 t，但依赖于频率 ω_k 和 ω_l。大括号中的量用 $\chi_{pqr}^{(2)}(\omega_k + \omega_l, \omega_k, \omega_l)$ 表示，即

$$\chi_{pqr}^{(2)}(\omega_k + \omega_l, \omega_k, \omega_l) = \int_0^{\infty} \mathrm{d}\tau' \int_0^{\infty} \mathrm{d}\tau'' \chi_{pqr}^{(2)}(t, t-\tau', t-\tau'') \exp(\mathrm{i}\omega_k \tau') \exp(\mathrm{i}\omega_l \tau'') \tag{3.9}$$

式（3.9）定义了时间域中二阶非线性磁化率与频率域中二阶非线性磁化率的关系。在频域中使用二阶非线性磁化率，式（3.8）中的二阶极化强度振幅 $P_p^{(2)}$ 可表示为

$$P_p^{(2)} == \sum_k \sum_l \sum_{q,r}^{x\sim z} \chi_{pqr}^{(2)}(\omega_k + \omega_l, \omega_k, \omega_l) E_q(\omega_k) E_r(\omega_l) \exp[-\mathrm{i}(\omega_k + \omega_l) t] \tag{3.10}$$

式中，$\exp[-\mathrm{i}(\omega_k + \omega_l) t]$ 表示在频率 $\omega_k+\omega_l$ 处的振荡分量。因此，该项对应于和频的极化强度

$$P_p^{(2)}(\omega_k+\omega_l)=\sum_{q,r}^{x-z}\chi_{pqr}^{(2)}(\omega_k+\omega_l,\omega_k,\omega_l)E_q(\omega_k)E_r(\omega_l) \tag{3.11}$$

分别用 ω_1、ω_2 和 Ω 代替该式中的 ω_k、ω_l、$\omega_k+\omega_l$，该式即与式（3.4）一致。频率为 ω_1 和 ω_2 的单色光，在 $\Omega=\omega_1+\omega_2$ 处获得的和频光即通过上述二阶非线性光学过程产生。

利用上述和频过程的推导思路，还可以推导出非线性差频过程（DFG）。DFG 是与 SFG 互逆的二阶非线性光学过程。式（3.3）中 $E(\omega_k)\exp(-\mathrm{i}\omega_k t)$ 的复共轭伴随光场形式为 $E^*(\omega_k)\exp(\mathrm{i}\omega_k t)$。因此，频率为 ω_1 和 ω_2 处的光场的组合实际上产生了四个可能的相位因子，即 $\exp[-\mathrm{i}(\pm\omega_1\pm\omega_2)t]$。$\omega_1$ 和 ω_2 的所有可能组合都以类似于式（3.4）的形式表示：

$$\begin{aligned}
P_p^{(2)}(\omega_1+\omega_2)&=\sum_{q,r}^{x\sim z}\chi_{pqr}^{(2)}(\omega_1+\omega_2,\omega_1,\omega_2)E_q(\omega_1)E_r(\omega_2)\\
P_p^{(2)}(-\omega_1-\omega_2)&=\sum_{q,r}^{x\sim z}\chi_{pqr}^{(2)}(-\omega_1-\omega_2,-\omega_1,-\omega_2)E_q^*(\omega_1)E_r^*(\omega_2)\\
P_p^{(2)}(\omega_1-\omega_2)&=\sum_{q,r}^{x\sim z}\chi_{pqr}^{(2)}(\omega_1-\omega_2,\omega_1,-\omega_2)E_q(\omega_1)E_r^*(\omega_2)\\
P_p^{(2)}(-\omega_1+\omega_2)&=\sum_{q,r}^{x\sim z}\chi_{pqr}^{(2)}(-\omega_1+\omega_2,-\omega_1,\omega_2)E_q^*(\omega_1)E_r(\omega_2)
\end{aligned} \tag{3.12}$$

在以上四个式子中，前两个方程包括 $\omega_1+\omega_2$ 和 $-\omega_1-\omega_2$，对应于 SFG；后两个方程包括 $\omega_1-\omega_2$ 和 $-\omega_1+\omega_2$，对应于至 DFG。

3.1.3　周期极化磷酸氧钛钾晶体的结构及其光谱特性

1．磷酸氧钛钾晶体的制作方法

上文的理论推导中，可以看到二阶非线性极化率 $\chi^{(2)}$ 作为一个重要的参量指标直接影响 SFG 生成激光强度的高低，而这一参量由晶体本身特性决定，所以非线性晶体是触发 SFG 的重要触媒。实验中所使用的 SFG 非线性晶体为周期极化磷酸氧钛钾（PPKTP）。这种晶体是一种负双轴双折射的非线性晶体，其具有较宽的光谱透射范围（400～4000nm）、较高的光损伤阈值，以及室温工作条件下光折变效应不明显和非线性系数高的优点，使得它在非线性光学实验中有重要的应用。目前，周期极化磷酸氧钛钾晶体被广泛用于各类可见光和紫光区域波长的高效非线性频率转换，尤其在参量下转换和参量振荡实验中有着较大规模的研究和应用。另外，现代发展成熟的高压电场极化技术，可以帮助人们获得较大厚度的周期极化磷酸氧钛钾晶体，而大孔径的非线性晶体在频率转换实验中可获得更高功率、高重复率的宽带可调谐激光输出。

磷酸氧钛钾晶体的生长技术决定了晶体的光学品质。一般而言磷酸氧钛钾晶体主要有以下四种制备方法：①提拉法。提拉法是较早被用作制作半导体及其氧化物晶体的方法，该方法从坩埚中的熔体中直接提取晶体。好处是技术难度低、制作成本低，缺点是磷酸氧钛钾晶体在 1160～1170℃温度范围内各组分化程度不一致，妨碍了提拉法技术晶体稳定性的进一步提高，取而代之的是采用水热法和熔剂法生长的磷酸氧钛钾系列晶体。②水热法是一种昂贵的溶液生长技术，将晶体培养物质和籽晶同时密封于铂高压釜中，既能承受高温、高压，又能抵抗腐蚀性溶剂。在 450～600℃温度范围即可满足生长晶体所需温度条件，但是该方法生长磷酸氧钛钾晶体的尺寸有限。③溶剂生长法则是一种高温溶液技术，用于生长更大（几厘米）的单晶磷酸氧钛钾。该工艺在标准大气压下即可操作，不需要复杂的压力设备和昂贵的高压釜。将所需晶体和溶剂的成分（通常是各种磷酸钾）保持在略高于制备溶液饱和温度下，通过控制溶液中关键性溶质成分比例，经过足够长的时间最终获得完整的饱和溶液。坩埚冷却时，磷酸氧钛钾则从熔剂成分中结晶出来。该方法的优点是生长的晶体表面平整度极高，可直接用于光学实验而无须进一步抛光。④顶部籽晶法（Top Seeded Solution Growth）是当前流行的大尺寸磷酸氧钛钾晶体制备方案，其是综合了提拉法和溶液法两种方案的优点的一种高温晶体生长法。具体晶体生长条件由溶剂决定，宽松的制备条件使得其可以在 700～1000℃大温度范围内生长晶体，生长时间从 10 天到 2 个月不等。

2. 磷酸氧钛钾晶体结构

磷酸氧钛钾属正交系，其点群是 mm2，空间群为 Pna21。家族化学式可用 $MTiOXO_4$ 表示，其中 M 可以是 Rb、NH4 或 Cs，X 可以是 P 或 As。改变 M 或 X 的排列可以构造出不同的晶体。磷酸氧钛钾晶体晶格常数分别为 a=12.814Å，b=6.404Å，c=10.616Å，其每个单元包含八个分子式单元。其具体结构为磷酸钛基共价基团，单价的钾离子宽松地分布于整个基团。磷酸氧钛钾晶体的整体呈现为一个刚性三维框架结构，由交替顶点共享的 TiO_6 八面体和 PO_4 四面体组成。TiO_6 八面体在两个对角上连接，由 PO_4 四面体隔开，如图 3.2 所示。TiO_6 八面体交替的长钛和短钛氧键结构，导致晶体结构呈现 z 方向极化，也决定了磷酸氧钛钾晶体非线性特性和晶体电光系数的大小。

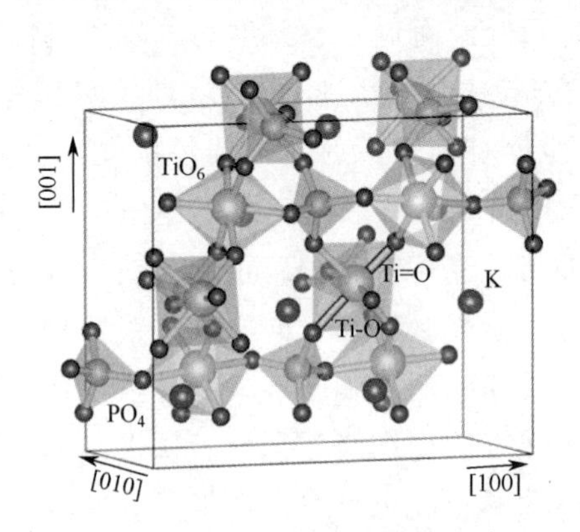

图 3.2　磷酸氧钛钾晶体结构示意图

注：本图彩色版见本书最后彩插。

与铁磁材料中的磁畴类似，铁电材料中也存在相同极化方向的磁畴区域。这些磁畴由晶体单位体积内固有偶极矩集合而成，也决定了矫顽场的大小。人为施加足够大的外加电场可以改变这些磁畴的自发极化方向。由于在铁电体中，磁畴在居里点以下是稳定的（包括大小和方向），磷酸氧钛钾居里点是 936℃，因而对于大多数光学实验磷酸氧钛钾都是具有优良稳定性的理想晶体材料。由于磷酸氧钛钾极轴沿着 z 轴，为了获得周期性反转的畴结构特征，需用精密的光刻技术沿着周期极化磷酸氧钛钾晶体单个畴的 z 方向进行晶体表面抛光、涂层和光刻胶的图案化。最后，使用金属电极对晶体实施人为畴反转。相对于非线性光学晶体互作用激光波长尺度，光刻图案尺寸通常在微米范围内。图 3.3 所示为磷酸氧钛钾晶体周期极化制作示意图，其所需周期磁畴在高压金属电极下获得。

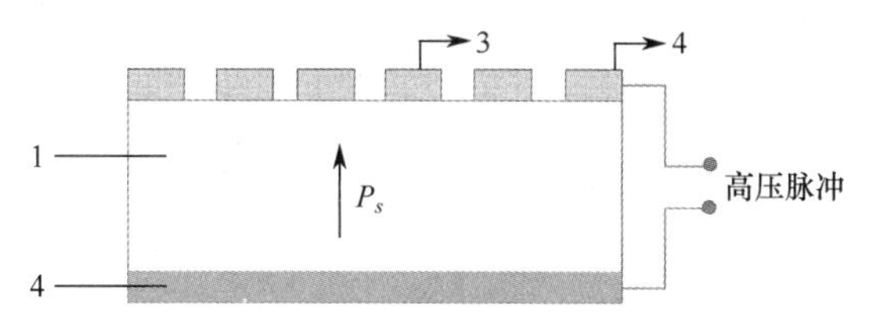

图 3.3 磷酸氧钛钾周期极化制作示意图

注：1—磷酸氧钛钾自发参量 P_S 沿着 z 方向；2—图样转换开关金属电极；3—介质光刻胶层；4—均匀的开关电极。

3.2 锁腔技术介绍

锁腔技术的使用是获取和频激光稳定的频率和功率输出的重要手段之一，同时，锁腔技术对于压窄激光线宽和提高激光光束质量因子均有帮助。常见的锁腔技术有锁相放大器锁频法、边带锁频法、偏振谱锁频法等。上述三种典型的锁腔技术都需要对腔信号进行调制和解调两个过程，各自锁腔方案虽然各不相同，但最终均需产生可用于锁腔的误差信号，这是三者的共同特点。下面将对三种锁频技术一一进行介绍。

3.2.1 锁相放大器锁频法

1. 锁相放大器锁频法的基本思想

锁相放大器锁频法是应用非常广泛的一种锁腔技术，不仅应用于各种光学谐振腔（包括倍频腔、和频腔及 OPO 腔），在激光冷却与原子俘获和精密光谱测量领域同样也有着重要的应用。

该锁频方案的核心操作是利用锁相放大器进行激光（或者谐振腔长）的频率调制。锁相放大器锁频技术基本思想流程如下：首先，利用激光调谐元件对激光频率进行一个小幅度调制信号输入。这种小幅信号频率调制深度带来的激光频率变化远小于原子线宽（或者腔线宽）；其次，使用锁相放大器检测调制频率下的输入信号并解调得到校正激光频率变化的误差信号，该误差信号即为用于锁频的鉴别信号。锁相放大器锁频技术简单归纳为两个主要步骤：一个是产生误差信号（或者类色散信号）；另一个是依赖误差信号的纠偏信号反馈系统，对应所依赖的过程分别为“调制”过程和“解调”过程。

一些典型的锁相放大器锁频应用中，一般将光电探测的激光信号作为输入信号，锁相放大器则对该输入信号进行调制。所加调制频率（或称为参考频率）通常来自锁相放大器的内部振荡器。因此，输入信号将具有与调制频率对应的频率分量。锁相放大器将输入与参考频率两信号混频（相乘）并在多个时间周期内连续积分，结果使得锁相放大器对光信号中的参考信号分量非常敏感。如果选择高于噪声源的参考信号，就可大大提高参考频率处的信噪比。总之，锁频过程需有输入信号和调制信号。将二者混频后经过低通滤波器滤波，最终产生误差信号，至此调制解调过程完成。锁相放大器主要部件及锁频流程示意图如图 3.4 所示。

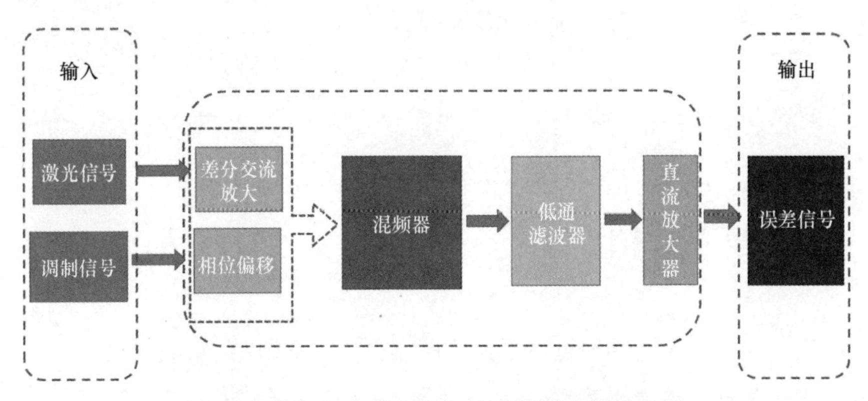

图 3.4　锁相放大器主要部件及锁频流程示意图

注：锁相放大器可以提供调频信号和输入信号。锁相放大器所产生的误差信号正比于输入信号。

原子跃迁线是锁相放大器锁频法的常用锁频频率参考标准，在实验中有着广泛应用，现以原子线锁频为例说明锁相放大器锁频法一般工作流程。一种典型的铷原子激光锁频实验装置示意图如图 3.5 所示。半导体激光器作为激光光源，该光源的输出激光通过装有一定量气体的原子气室（如铷泡），气室透射激光经光电探测器后获得激光器频率锁定所需信号。锁相放大器将锁频信号反馈至激光器的激光二极管进行电流调制，达到稳定激光器输出激光频率的目的。实际的调制信号可以是高频三角波或正弦波等各种幅度合适的电信号。被调制的激光束通过铷原子气室后，由光电探测器测量激光穿过气室后的激光吸收光强变化。当激光通过光电探测器检测到无多普勒扫描背景的探测信号时，可获得用于锁定激光频率所需信号形状（一般为类色散曲线）。锁定的激光频率所对应的输出电压被反馈到激光器电压调制端口形成锁频环路。为了使激光频率保持在期望值，需要锁相放大器的反馈信号具有特定的形状，即具有良好的信号鉴别能力。例如，如果激光频率漂移到期望值以上，则希望反馈信号为负，以降低激光频率至期望值；若激光频率漂移到期望值以下，则希望反馈信号为正。理想的激光器锁频频率对应于原子跃迁线共振峰值。由于一般情况下，原子共振线型可以用洛伦兹表示，因此，如果反馈信号近似于吸收线型的导数，它将修正激光频率的微小变化。

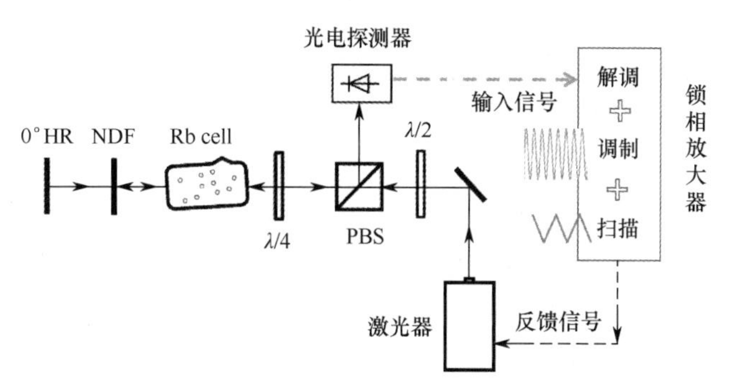

图 3.5　一种典型的铷原子激光锁频实验装置示意图

注：图中 0° HR 表示 0° 高反镜，NDF 表示激光中性衰减片，Rb cell 为铷气室，λ/2 为半波片，λ/4 为四分之一波片，PBS 为偏振分束棱镜。实线表示激光光束，虚线表示电信号。

2. 锁相放大器锁频的物理原理

本节对锁相放大器锁频过程中反馈信号形状进行物理描述。仍然以入射至原子气室中发生共振的调频激光作为输入光信号。激光所需频率调制信号来自锁相放大器的正弦电压。当扫描激光频率值（如三角波扫描）经过气室原子共振峰时，可得到无多普勒吸收背景信号展宽的信号形状。

由于原子共振线间的跃迁，透射光谱会在一个宽的多普勒透射包络背景中呈现出一个窄透射峰光谱特征。窄透射峰光谱对应的则是原子吸收减弱的区域。光电探测器用于检测没有这些光谱特征的多普勒展宽吸收。这些信号被减去以产生无多普勒吸收的信号，减去的信号对应于吸收减弱区域的光谱透射峰。为了将激光频率锁定在原子共振线上，频率扫描的中心值集中于无多普勒吸收中心峰的附近，并且要求扫描振幅为零，即要求完全关闭扫描输入信号。最终，通过向激光发送锁定输出和调制的和来接通整个反馈环路。

光谱锁频过程可以通过激光共振附近光谱特性进行定性分析讨论。

首先，考虑激光漂移到低于共振频率的情况。激光器所加调制信号将使激光频率在共振线附近往复振荡。当激光频率增加时，吸收信号增加；当激光频率减少时，吸收信号减少。光电探测信号将与频率调制保持同步，锁相放大器将探测信号和具有相同频率的方波混频后作为调制信号。在调制周期内对这两个波形的混频信号进行积分。调制信号和吸收信号在激光频率低于原子跃迁共振频率的情形如图 3.6（a）所示，图中实线表示吸收信号，虚线表示调制信号，点画线表示锁相放大器输出的乘积信号。从图 3.6（a）中可以看出，积分的结果是正向的。当激光频率和原子跃迁频率共振时，由于调制而引起的激光频率的任何变化都会使激光频率远离共振，并导致吸收信号的减弱。因此，探测信号的频率分量是调制频率的两倍，调制信号和吸收信号在激光频率与原子跃迁共振频率相同时的情形如图 3.6（b）所示。由图 3.6（b）可以看出，积分信号平均为零。最后一种情况是激光频率高于共振的偏移。光电探测信号虽然与调制信号频率相同，但是探测信号的相位相对于调制频率是反相的。调制信号和吸收信号在激光频率高于原子跃迁共振频率时的情形如图 3.6（c）所示。从图 3.6（c）中可以看出，积分信号将是负的。当调频激光在吸收线形状上扫描而不与反馈信号相结合时，锁定的输出信号将在共振频率附近呈现类色散形状。因此，当反馈信号接入激光器时，锁像放大器可以合理地校正激光频率的微小变化，此时为调制信号的负反馈。一般来说，锁相放大器检测的信号是低于调制频率的，因而实际调制频率可以选择高于平时生活生产实际的典型噪声源（如机械振动或室内灯光调制），也使得该技术有效扩大了使用范围。

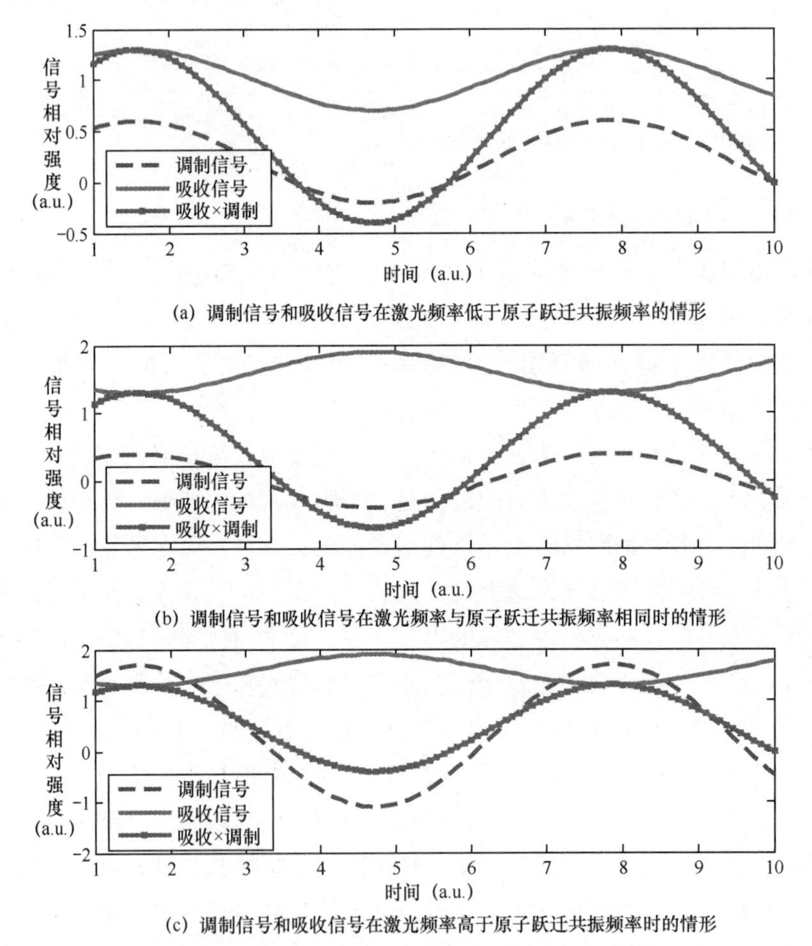

(a) 调制信号和吸收信号在激光频率低于原子跃迁共振频率的情形

(b) 调制信号和吸收信号在激光频率与原子跃迁共振频率相同时的情形

(c) 调制信号和吸收信号在激光频率高于原子跃迁共振频率时的情形

图 3.6　调制信号和吸收信号在激光频率低于原子跃迁共振频率、等于原子跃迁共振频率及高于原子跃迁共振频率时的情形

3. 锁相放大器锁频的数学分析

下面首先基于数学模型的描述合理地对锁相放大器锁频法做解释，然后介绍反馈回

路的基本元件，并解释锁相放大器如何产生可用于稳定激光频率的输出，讨论反馈环路的稳定性。

前面介绍的物理锁频过程可以用数学模型进行精确地描述。将激光束通过频率参考单元的吸收信号描述为频率的函数，进而对锁相放大器的输入进行建模。使用饱和吸收光谱产生的无多普勒吸收光谱是洛伦兹函数 $A(f)$，可以表示如下：

$$A(f)=\frac{2\alpha}{\alpha^2+(\omega_0-f_{\rm mod})^2} \tag{3.13}$$

式中，ω_0 是共振频率，α是吸收线形状的宽度，$f_{\rm mod}$ 是激光频率。实验中，吸收线形状由光电二极管检测。为了更好地观察吸收光谱特性，可人为改变激光频率，使激光频率作为时间的函数。最终，激光频率将由线性分量（或扫描分量）和调制分量两部分叠加

$$f=at+b\sin(f_{\rm mod}t) \tag{3.14}$$

式中，a 是扫描斜率，b 是调制幅度，t 是时间，$f_{\rm mod}$ 是调制频率。可以使用式（3.13）和式（3.14）生成随时间变化的检测信号的图，锁相放大器的输出是通过将吸收信号与调制信号相乘，并对其积分而产生的。锁相放大器改变调制信号的相位输出结果可以表示为

$$\int_T^{T+N/f_{\rm mod}}\frac{2\alpha}{\alpha^2+(\omega_0-at+b\sin(f_{\rm mod}t))^2}\sin(f_{\rm mod}t+\phi)\mathrm{d}t \tag{3.15}$$

式中，T 是积分的开始时间，$T+N/f_{\rm mod}$ 对应于开始时间之后的 N 个调制周期时间，ϕ是吸收信号和调制信号之间的相位差。锁相放大器的输出在很大程度上取决于式（3.15）中两个正弦项之间的相位差。当 $f_{\rm mod}$=90° 时，对应期望输出的是负电压值，这样锁相放大器输出信号便可用作负反馈信号以校正激光频率的变化。这一过程通过将式（3.15）中描述的锁相放大器的输出信号与式（3.14）中描述的扫描电压信号和调制信号相加，并将所得信号反馈到图 3.5 中所示的激光电压调制端口来实现。理想的情况是在共振频率附近能够产生一个恒定的总反馈信号。如果总输出信号在共振频率附近平坦，则意味着由于扫描信号而引起的激光频率变化被反馈信号的变化完全抵消，这样激光频率就可以保持恒定。

实验中需要在有限反馈频率范围内，合理降低扫描振幅以减小扫描带来激光频率的抖动，要在较小扫描幅度过程中，进一步保证激光频率在整个扫描周期内维持共振状态。最终要将扫描振幅降至零，这样激光仅在激光电流、激光腔长度、温度等其他方面因素导致的微小频率影响下保持共振状态，完成整个锁频过程。

一般而言，商用锁相放大器的输入信号可以乘以各种参考波形（正弦、三角形、正方形等）并获得最终所需反馈信号。但是，相同振幅和周期的不同波形参考信号对应所获得的锁频信号幅度大小会有所不同。其中，方波参考波的输出比正弦参考波所得锁频

信号幅度高 22%；正弦参考波形的输出比三角形波形所得锁频信号幅度高 4%[3.41]。这表明采用较小振幅的方波实际上能对激光频率调制产生有效的反馈信号，而且参考波形较低振幅会降低因调制带来的激光频率波动。

3.2.2 边带锁频法

边带锁频法由 Pound、Drever 和 Hall 三位科学家最早提出。作为提高激光频率稳定性的有力锁频方案，边带锁频法在干涉重力波探测器技术等一些激光光频率标定领域中均起到重要作用。

边带锁频法的基本原理是用法布里–珀罗腔（F-P）测量激光器频率，然后将测量结果反馈给激光器以抑制激光的频率波动。该测量方法是使用一种零位锁定检测方式进行的，因而可将频率测量与激光强度分离。此外，测量系统不受法布里–珀罗腔本身的响应时间限制，可以短于法布里–珀罗腔反馈的时间，更快地对激光频率波动进行测量和抑制。

1. 边带锁频物理模型的建立

边带锁频法所需的关键信号同样也是来自法布里–珀罗腔混频探测后得到的误差信号。基本操作仍然是以可调谐激光器作为输入光源，通过激光器的调谐输入端口，实现调制（反馈）电信号的输入并进而调整激光器的输出频率。

该方法通常需要选择高精度光学腔作为频率稳定的参考腔，包括两镜法布里–珀罗腔、三镜腔、四镜腔等。两镜法布里–珀罗腔具有更简单的结构和优良的稳固性，经常被作为锁频的优良选择腔型。一般情况下，要进行激光频率的锁定，需要光学腔的线宽窄于待锁定激光频率线宽，同时还有较稳定的机械抗震特性，以满足激光频率的长期锁定需求。

但是边带锁频法和传统法布里–珀罗腔锁频方法又有所不同。为了更好地说明边带锁频法，先来了解一下腔腔锁频的基本思想。法布里–珀罗腔锁定激光频率的主体思路是先精确地测量待锁定激光频率，再对该测量信号合理地放大和滤波，最终反馈到激光器的可调制输入端口以保持激光器的频率输出为一个预期的恒定频率，从而实现激光稳频。

法布里–珀罗腔锁频实验中，可以利用法布里–珀罗腔的激光透射信号或反射信号来测量激光束频率。因为法布里–珀罗腔本身具有对激光的滤波特性，即满足腔长度两倍等于光波长整数倍的激光才能够通过的要求。即光的电磁波频率必须是光腔自由光谱范围 $\nu = \dfrac{c}{2L}$ 的整数倍，其中 L 是法布里–珀罗腔的腔长，c 是光速。该腔体起到了滤波器的作用，在每个自由频谱范围内谐振频率都均匀地间隔分布。

对于法布里–珀罗腔，实验者如果只对共振的一侧频率（高于共振频率或低于共振频率）进行操作，达到一定透射率的那部分激光（腔最大透射功率的一半）将从腔内透射，对应的激光频率的微小变化将使出射激光强度成比例变化。这样，通过测量激光的透射强度的电信号，并将该信号反馈给激光器，可以使激光频率恒定。该方法的一个缺陷是锁频系统无法区分所识别到的信号波动究竟是来自激光频率波动（通过腔改变传输的强度）还是来自激光本身强度波动。一种改进的方案是额外采用一个单独的伺服系统来稳定激光的强度，然后测量光腔反射强度并将其保持在零，通过这样的方式使强度和频率噪声分离。该方案的一个问题是反射光束的强度变化在腔共振点左右两侧对称分布。如果激光频率偏离于空腔共振点，无法仅仅通过观察反射激光强度变化来判断是否需要提高或降低激光频率，难以恢复激光频率共振状态。

边带锁频法可有效分辨这一状态。简单来讲，它利用法布里–珀罗腔反射激光强度导数相对于腔共振点反对称分布特性，通过测量反射激光强度导数以得到锁频需要的误差信号。实验中，实验者可以小幅改变激光频率来观察反射激光强度相应变化。如果激光频率高于共振频率，则反射激光强度与激光频率的导数成正比例关系。因而，如果在很小的范围内以正弦方式改变激光的频率，那么反射激光强度也会随着频率的变化而同样以正弦方式改变。图 3.7 所示为法布里–珀罗腔反射光强度与激光频率的关系。图中激光频率共振点是 100kHz，如果反射光强处于共振点右侧区域，则通过人为对激光频率的调制，准确辨别反射光强度与共振点的对应关系。反射光强处于共振点左侧的情形同理。

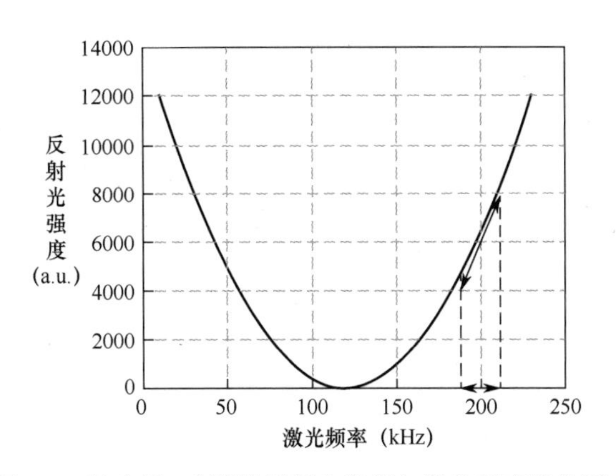

图 3.7　法布里–珀罗腔反射光强度与激光频率的关系

从图 3.7 中可以看出，通过调制激光频率，可以判断反射激光功率当前处于共振点的哪一边。如果低于共振频率以下，这个导数就是负的。反射光强度与激光频率二者之间相位差为 180°；恰好处于共振状态时，反射强度为最小，一个小的频率变化将产生较大的反射强度的变化。因而，通过比较反射强度和频率二者的变化，就可以判断当前激光频率相对于共振频率的大小关系。进一步讲，如果可以测量到反射强度对频率的导数，就可以将测量结果反馈给激光，使其保持共振。

图 3.8 为边带锁频法装置示意图。本地振荡信号驱动普克尔盒（Pockels）对其输

入激光频率进行调制。反射光束利用光隔离器提取（可由偏振分束器和四分之一波片构成）后送入光电探测器。通过混频器将腔反馈信号与本地振荡器的信号进行比较。可以把混频器看作二者共同输出的装置，所以这个输出将包含直流或低频的信号，其是调制频率的两倍。实验需测量的是低频信号，因其内部包含了反射激光强度的导数成分。混频器输出端的低通滤波器将这个低频信号单独隔离开来，然后通过伺服放大器进入激光器的调谐端口，将激光器频率锁定至腔共振频率。实验系统中加入法拉第隔离器的目的是为了减小光反馈对激光器稳定性的影响。同样，相移器用于补偿实际实验中两路信号不同路径传输中的相位延迟。边带锁频法不仅在慢调制激光频率情形下有效，而且可以在较高激光调制频率下也可正常工作，降低了伺服系统噪声并提高了锁频系统带宽。

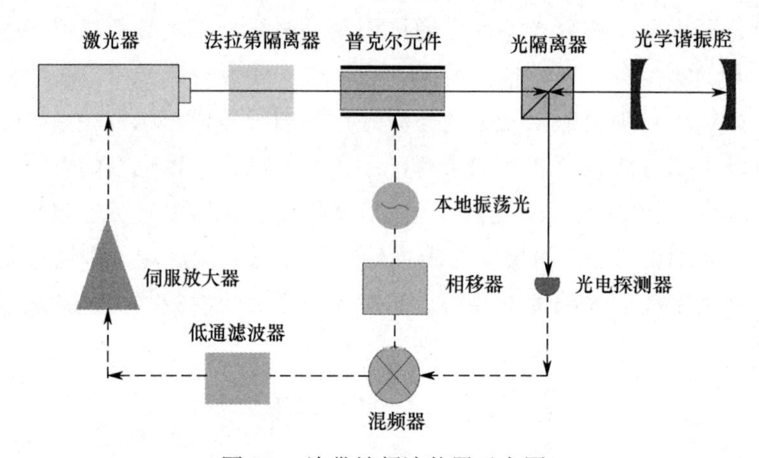

图 3.8　边带锁频法装置示意图

注：腔反射信号用于锁定激光器频率。实线表示光信号，虚线表示电信号。

2. 边带锁频法的数学解释

1）单色光束在法布里–珀罗腔中的反射

为了定量地描述反射光束的行为，可以在腔外任选取一点，并测量该点处随时间变化的电场。入射光束的光束电场大小可以表示为

$$E_{\mathrm{inc}} = E_0 \mathrm{e}^{\mathrm{i}\omega t} \tag{3.16}$$

相同入射点的反射光束电场为

$$E_{\mathrm{ref}} = E_1 \mathrm{e}^{\mathrm{i}\omega t} \tag{3.17}$$

为了计算两列波的相对相位，将它们的电场强度写成复数形式（e 指数形式），定义反射系数为入射光电场强度和反射光电场强度之比，对于无损腔可写作：

$$F(\omega) = \frac{E_{\mathrm{ref}}}{E_{\mathrm{inc}}} = \frac{r\left(\exp\left(\mathrm{i}\dfrac{\omega}{\Delta\nu_{\mathrm{fsr}}}\right) - 1\right)}{1 - r^2 \exp\left(\mathrm{i}\dfrac{\omega}{\Delta\nu_{\mathrm{fsr}}}\right)} \tag{3.18}$$

式中，r 表示每个镜子的振幅反射系数，$\Delta\nu_{\text{fsr}} = c/2L$ 是腔长 L 的一个自由光谱区。

腔体的反射光实际上是两种不同成分光束相干叠加之和：主要部分是完全反射光束，它直接被第一个反射镜（入射腔镜）反射而不进入腔体；另一部分是腔内驻波泄漏的一小部分光功率，这部分光不是完全反射而是由入射腔镜“泄漏”而射出腔外。这两个光束具有相同的频率，并且对于无损腔来说几乎是共振的。然而，它们二者的相对相位在很大程度上取决于激光束的频率。

相对相位可以根据两种情况进行分析。第一种情况，如果激光能够和腔体完全共振，即激光器的频率正好是腔体自由光谱范围的整数倍，则第一次反射的光束和泄漏的光束二者具有相同的振幅，并且正好 180° 异相。在这种情况下，两光束会产生破坏性干涉，使得总反射光束消失。第二种情况，如果腔体和入射激光不是完全共振的，也就是说激光的频率不是自由光谱范围的整数倍，而是足够接近形成驻波，那么两束光之间的相位差就不会正好是 180° ，它们也不会完全相互抵消。此时二者的强度接近，有些光从腔体中反射出来，从其相位可以判断激光的频率高于或低于共振频率。

通过测量反射光束相位，可以帮助判断激光的频率与谐振腔共振频率高低的关系。如果人为调制激光器的频率或相位，将产生与入射光束和反射光束具有确定相位关系的探测光谱透射峰边带，即频率边带。这些边带的频率与入射和反射光束的频率不同，但有一定的相位关系。将这些边带与反射光束相干叠加，将会在调制频率处得到相位可测的拍频信号。可以说，边带有效地设置了一个相位参考标准，可以用它来测量反射光束的相位。

2）调制光束：边带

激光边带是入射激光经相位调制后获得的，依托数学角度的定量分析可以对入射激光相位调制过程和相位调制结果给予较清晰的解释。实验中，激光的相位调制可通过图 3.8 实验装置所示的普克尔元件实现。当光束通过普克尔元件后，它的电场经过相位调制，可表达为

$$E_{\text{inc}} = E_0 \mathrm{e}^{\mathrm{i}(\omega t + \beta \sin \Omega t)} \tag{3.19}$$

三种不同频率成分的激光入射至光学腔：一种是角频率为 ω 的载波激光（未调制），另外两种频率为 $\omega \pm \Omega$ 的边带激光。可以使用贝塞尔函数将这个表达式扩展：

$$\begin{aligned} E_{\text{inc}} &= [J_0(\beta)] + 2\mathrm{i}J_1(\beta)\sin \Omega t]\mathrm{e}^{\mathrm{i}\omega t} \\ &= \mathrm{E}_0[J_0(\beta)\mathrm{e}^{\mathrm{i}\omega t} + J_1(\beta)\mathrm{e}^{\mathrm{i}(\omega+\Omega)t} - J_1(\beta)\mathrm{e}^{\mathrm{i}(\omega-\Omega)t}] \end{aligned} \tag{3.20}$$

式中，Ω 是相位调制频率，β 是调制深度，J_0 和 J_1 分别是贝塞尔零阶和一阶函数。如果 $P_0=E_0^2$ 是入射光束中的总功率，则载波中的功率为

$$P_c = J_0^2(\beta)P_0 \tag{3.21}$$

一阶边带功率为

$$P_s = J_1^2(\beta)P_0 \tag{3.22}$$

当调制深度β很小时（$\beta<1$），几乎所有的功率都集中在载波和一阶边带中，即

$$P_c + 2P_s \approx P_0 \tag{3.23}$$

3）调制光束的反射：误差信号

当有多个入射光束时，为了计算反射光束的场，可以对每个光束分别进行处理，即在适当的频率下将每个光束乘以反射系数。在边带锁频设置中，有一个载波和两个边带激光成分，总反射光束强度为

$$E_{\text{ref}} = E_0[F(\omega)J_0(\beta)\mathrm{e}^{\mathrm{i}\omega t} + F(\omega+\Omega)J_1(\beta)\mathrm{e}^{\mathrm{i}(\omega+\Omega)t} - F(\omega-\Omega)J_1(\beta)\mathrm{e}^{\mathrm{i}(\omega-\Omega)t} \tag{3.24}$$

最终需要探测的是反射光束功率，可以表示为$P_{\text{ref}} = |E_{\text{ref}}|^2$，代入具体参数展开得到：

$$\begin{aligned}P_{\text{ref}} &= P_c|F(\omega)|^2 + P_s\left[|F(\omega+\Omega)|^2 + |F(\omega-\Omega)|^2\right] + 2\sqrt{P_cP_s}\{\mathrm{Re}[F(\omega)F^*(\omega+\Omega) - \\ &F^*(\omega)F(\omega-\Omega)]\cos\Omega t + \mathrm{Im}[F(\omega)F^*(\omega+\Omega) - F^*(\omega)F(\omega-\Omega)]\sin\Omega t\} + (2\Omega\ldots)\end{aligned} \tag{3.25}$$

三个不同频率的光波——载波（在 ω 处）、上下边带（对应 $\omega\pm\Omega$ 处）最终呈现的透射信号是一个中心频率为 ω 的波和两个边带频率的拍频图样。上式中，Ω 项产生于载波和边带之间的干涉，而 2Ω 项产生于边带的相互干涉。

调制频率 Ω 处振荡的两个项需要重点关注，因为它们对反射载波的相位采样。这个表达式有两个项：正弦项和余弦项。通常情况下，其中一个是重要的，另一个会消失。具体哪一个消失取决于系统所加调制频率。在低调制频率下（慢到足以使腔内部场有时间响应或$\Omega \ll \Delta\nu_{\text{frs}} / \mathcal{F}$），$F(\omega)F^*(\omega+\Omega) - F^*(\omega)F(\omega-\Omega)$ 是纯实数，只有余弦项存在；在高 Ω 频率共振附近（$\Omega \gg \Delta\nu_{frs} / \mathcal{F}$），$F(\omega)F^*(\omega+\Omega) - F^*(\omega)F(\omega-\Omega)$ 是一个纯虚数，则只有正弦项是起作用的。不管是高频还是低频情形，都将通过测量 $F(\omega)F^*(\omega+\Omega) - F^*(\omega)F(\omega-\Omega)$ 以确定激光器频率。

利用图 3.8 中光电探测器可测量式（3.25）中的反射功率，所测量结果包括式（3.3）中的所有项，但是锁频只对 $\sin(\Omega t)$或 $\cos(\Omega t)$部分项感兴趣，可以使用混频器和低通滤波器将它们单独分离出来。混频器对两路输入信号做乘积，得到两个正弦波乘积结果：

$$\sin(\Omega t)\sin(\Omega' t) = \frac{1}{2}\{\cos[(\Omega-\Omega')t] - \cos[(\Omega+\Omega')t]\} \tag{3.26}$$

通过上式可以知道，如果频率为 Ω 和 Ω' 的两个调制信号分别同时输入到混频器两个输入端，则混频器的输出信号中将包含（$\Omega+\Omega'$）和（$\Omega-\Omega'$）两种频率成分信号。如果 Ω 等于 Ω'，则 $\cos[(\Omega-\Omega')t]$ 项即是直流信号输出。图 3.8 中低通滤波器可将其隔离。

如果一个正弦和一个余弦信号混频，将得到

$$\sin(\Omega t)\cos(\Omega' t) = \frac{1}{2}\{\sin[(\Omega-\Omega')t] - \sin[(\Omega+\Omega')t]\} \tag{3.27}$$

在这种情况下，如果 $\Omega=\Omega'$，则直流信号消失。这样，如果在调制频率较低的情形下测量误差信号，必须使进入混频器的两个信号相相位匹配。可考虑对正弦引入 90° 相移变成余弦。实验上可用图 3.8 所示相移器（或延迟线）实现。由于实验过程中，两路输入信号路径中几乎总是有不等的延迟，为了在混频器的输入端产生两个纯正弦项，一般都需要额外做特定相位补偿。误差信号在慢调制和快调制两种情形下的详细演化过程如下。

一种调制情形是对慢速调制的分析。在物理模型中，一个重要的实验操作是通过缓慢地抖动激光频率以观察反射功率的变化情况。对于相位调制光束，从数学角度分析其瞬时频率为

$$\omega t=\frac{\mathrm{d}}{\mathrm{d}t}(\omega t+\beta\sin\Omega t)=\omega+\Omega\beta\cos\Omega t \tag{3.28}$$

反射激光功率为 $P_{\mathrm{ref}}=P_0\left|F(\omega)\right|^2$ ，其随时间变化的表达式为

$$P_{\mathrm{ref}}(\omega+\Omega\beta\cos\Omega t)\approx P_{\mathrm{ref}}(\omega)+\frac{\mathrm{d}P_{\mathrm{ref}}}{\mathrm{d}\omega}\Omega\beta\cos\Omega t\approx P_{\mathrm{ref}}(\omega)+P_0\frac{\mathrm{d}\left|F\right|^2}{\mathrm{d}\omega}\Omega\beta\cos\Omega \tag{3.29}$$

在物理模型中，假设绝热地、缓慢地调制激光频率，慢到足以使腔内的驻波始终与入射光束保持平衡。数学定量模型中可以微小量 Ω 来表达这一过程。这样，

$$F(\omega)F^*(\omega+\Omega)-F^*(\omega)F(\omega-\Omega)\approx 2\,\mathrm{Re}[F(\omega)\frac{\mathrm{d}F^*(\omega)}{\mathrm{d}\omega}]\Omega\approx\frac{\mathrm{d}F^*(\omega)}{\mathrm{d}\omega}\Omega \tag{3.30}$$

即为实数，相当于式（3.25）中仅存在 Ω 的余弦项。

如果做如下近似：$\sqrt{P_cP_s}\approx P_0\beta/2$，则式（3.25）中所示激光反射功率变为

$$P_{\mathrm{ref}}\approx(\mathrm{constant})+P_0\frac{\mathrm{d}\left|F^*(\omega)\right|^2}{\mathrm{d}\omega}\Omega\beta\cos\Omega t+\cdots \tag{3.31}$$

经混频器后，输出信号中仅保留随 $\cos\Omega t$ 变化的项，其余项均被滤除。因而所得误差信号为

$$\varepsilon=p_0\frac{\mathrm{d}\left|F\right|^2}{\mathrm{d}\omega}\Omega\beta\approx 2\sqrt{P_cP_s}\frac{\mathrm{d}\left|F\right|^2}{\mathrm{d}\omega}\Omega \tag{3.32}$$

另一种调制情形是快速调制，这也是实验中用到的主要锁频方案。当实验中所施加调制信号的频率足够高且载波接近谐振腔共振频率时，可以假设边带是完全反射的，即 $F(\omega\pm\Omega)\approx-1$。下面这个式子

$$F(\omega)F^*(\omega+\Omega)-F(\omega)F^*(\omega-\Omega)\approx-\mathrm{i}2\,\mathrm{Im}[F(\omega)] \tag{3.33}$$

则变成了一个纯虚数，所以式（3.25）中余弦项可以被忽略，这样误差信号最终可以表示为

$$\varepsilon=-2\sqrt{P_cP_s}\,\mathrm{Im}[F(\omega)F^*(\omega+\Omega)-F^*(\omega)F(\omega-\Omega)] \tag{3.34}$$

依据上式利用 mathematica 程序绘制了误差信号随频率变换的关系，如图 3.9 所示为高频调制情形下锁频误差信号强度 $\varepsilon/2\sqrt{P_c P_s}$ 随激光频率 $\omega/\Delta\nu_{\mathrm{fsr}}$ 的变化关系。该误差信号的中间信号幅度是载波成分，两边信号幅度分别是±1 级边带成分。

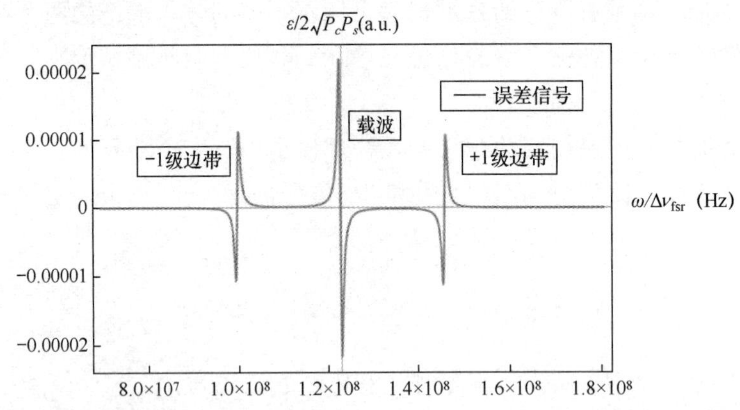

图 3.9　高频调制情形下锁频误差信号强度 $\varepsilon/2\sqrt{P_c P_s}$ 随激光频率 $\omega/\Delta\nu_{\mathrm{fsr}}$ 的变化关系

注：模拟中所用腔的精细度为 550。

在近共振区域，反射光功率几乎消失，因为 $|F(\omega)|^2 \approx 0$。对该项进行近似，可以得到：

$$P_{\mathrm{ref}} \approx 2P_s - 4\sqrt{P_c P_s}\,\mathrm{Im}[F(\omega)\sin\Omega t + \cdots] \tag{3.35}$$

因为在近共振处，可写为

$$\frac{\omega}{\Delta\nu_{\mathrm{fsr}}} = 2\pi N + \frac{\delta\omega}{\Delta\nu_{\mathrm{fsr}}} \tag{3.36}$$

其中，N 是整数，$\delta\omega$ 是激光共振频率附近的频率变化微量。在共振点附近可以近似得到共振光学腔高精细度为 $f \approx \pi/(1-r^2)$。

反射系数可以表示为

$$F \approx \frac{\mathrm{i}}{\pi}\frac{\delta\omega}{\delta\nu} \tag{3.37}$$

其中，$\delta\nu = \Delta\nu_{\mathrm{fsr}}/f$ 指的是光学腔的线宽，在 $\delta\omega \ll \delta\nu$ 的情况下，误差信号和 $\delta\omega$ 正比例关系也越明显。

$$\varepsilon \approx -\frac{4}{\pi}\sqrt{P_c P_s}\frac{\delta\omega}{\delta\nu} \tag{3.38}$$

误差信号在共振点附近的这种线性关系，可以帮助人们检测实验系统的噪声极限。

3.2.3　偏振谱锁频法

偏振谱锁频法最早是由 T.W. Hansch 和 B. Couillaud 两位科学家提出的。该方法同样是一种将激光频率锁定到谐振参考腔的方案。以谐振参考腔作为激光锁频的频率标准，相对于上文中介绍的边带锁频法而言，该方法所需光学器件少，耗材成本低。该方法主要将线性偏振器或布儒斯特板放置在参考腔中，进而获得与频率相关的椭圆偏振的反射光。光学实验中常用的简单偏振分束器（如 PBS）可以用于检测色散型共振误差信号，这种共振信号的好处在于：在不需要调制技术的情况下，即可为电子稳频回路提供误差信号。偏振谱锁频装置示意图如图 3.10 所示。

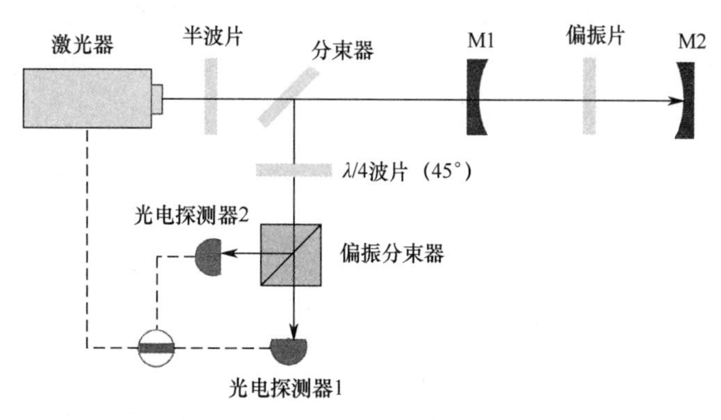

图 3.10　偏振谱锁频装置示意图

可调谐单模激光的线偏振光通过离轴共焦参考腔反射，使入射光和反射光之间形成一个小的夹角以避免激光反馈到激光腔中。旋转腔内的偏振片使偏振片透射轴与入射光束的偏振面成θ角。

入射光可以分解为两个正交的线偏振分量，对应电场分量（水平分量$E_{\parallel}^{(r)}$和垂直分量 $E_{\perp}^{(r)}$）分别与腔内偏振器的透射轴平行和垂直。它们在平面波近似下的场振幅为

$$E_{\parallel}^{(r)} = E^{(i)}\cos\theta$$
$$E_{\perp}^{(r)} = E^{(i)}\sin\theta \tag{3.39}$$

其中，$E^{(i)}$是入射光束的振幅。平行分量输入低损耗腔，在反射中将发生相移。垂直分量直接被腔镜 M1 反射，用作参考频率光。腔内光束相对两个反射腔镜相对相位的变化会改变光束偏振态为椭圆偏振。腔反射光的水平偏振复振幅可以表示为

$$\begin{aligned} E_{\parallel}^{(r)} &= E_{\parallel}^{(i)}\left(\sqrt{R_1} - \frac{T_1}{\sqrt{R_1}}\frac{R\mathrm{e}^{\mathrm{i}\varphi}}{1-R\mathrm{e}^{\mathrm{i}\varphi}}\right) \\ &= E_{\parallel}^{(i)}\left[\sqrt{R_1} - \frac{T_1 R}{\sqrt{R_1}}\frac{\cos\varphi - R + \mathrm{i}\sin\varphi}{(1-R)^2 + 4R\sin^2\left(\frac{\varphi}{2}\right)}\right] \end{aligned} \tag{3.40}$$

式中，R_1和 T_1 分别表示入射腔镜的反射率和透射率，φ表示光束相位差。

竖直偏振分量可以表示为

$$E_{\perp}^{(r)} = E_{\perp}^{(i)}\sqrt{R_1} \tag{3.41}$$

一方面，当激光和光学谐振腔完全共振（光相位差$\varphi=2m\pi$，m为整数）时，两个腔镜对光的反射系数均为实数，反射波分量保持同相，此时反射光束偏振面可能发生变化，但仍然保持线偏振状态；另一方面，在远离腔共振频率的情况下，由于$E_{\parallel}^{(r)}$的虚部的作用，水平分量相对于垂直分量发生相移，导致反射光束整体呈现为椭圆偏振，具体的椭圆偏振旋转方向则取决于光束与腔共振失谐的符号。

为了检测椭圆度，反射光被送入由$\lambda/4$ 波片和偏振分束器组成的偏振分析组件。波片的快轴相对于分束器竖直方向输出端旋转 45°。偏振器两个输出激光成分分别同时连接到两个光电探测器后输入差分放大器。为了理解这种分析仪的功能，把椭圆偏振光看作两个不同振幅的对旋圆偏振光分量的叠加。$\lambda/4$ 波片将这些圆形分量转换成正交的线偏振波，这些线偏振波被分束器分离，以便单独测量其强度。如果入射光是线偏振的，则两个圆形分量的强度相等，可以此平衡两个光电探测器的灵敏度。两个光电探测器输出信号差仅取决于椭圆度的大小和椭圆旋转方向，而与椭圆偏振方位角无关，这样整个分析仪组件可以绕光束轴旋转而不影响信号。

为了便于计算信号，假设偏振检测组件中$\lambda/4$ 波片的快轴与腔内偏振片的偏振轴平行。利用琼斯微矩阵计算反射光束经过波片和偏振分束器后的场振幅：

$$E_{1,2}=\frac{1}{2}\begin{pmatrix}1 & \pm1\\ \pm1 & 1\end{pmatrix}\begin{pmatrix}1 & 0\\ 0 & \mathrm{i}\end{pmatrix}\begin{pmatrix}E_{\parallel}^{(r)}\\ E_{\perp}^{(r)}\end{pmatrix} \tag{3.42}$$

对应偏振分束器的两束激光的输出强度为（假设分别为 1 端口和 2 端口）

$$I_{1,2}=\frac{1}{2}c\varepsilon\left|E_{1,2}\right|^2=\frac{1}{2}c\varepsilon\left|\frac{1}{2}(E_{\parallel}^{(r)}\pm\mathrm{i}E_{\perp}^{(r)})\right|^2 \tag{3.43}$$

利用式（3.39）、式（3.40）、式（3.41）和式（3.43），可以计算得到：

$$I_1-I_2=I^{(i)}2\cos\theta\sin\theta\frac{\cos\varphi-R+\mathrm{i}\sin\varphi}{(1-R)^2+4R\sin^2(\frac{\varphi}{2})} \tag{3.44}$$

其中，$I^{(i)}$是入射光的强度，θ表示腔前$\lambda/4$ 波片相对自身光轴旋转角度。

利用式（3.44），绘制了图 3.11 所示的典型偏振谱锁频误差信号的强度随腔内传播光束相位差关系图像，这个误差信号即可用于激光频率伺服锁定。根据图中结果，当θ=45° 时，$2\cos\theta\sin\theta=1$，此时对应信号幅度最大。如果激光强度波动是主要的噪声源，共振时反射光的总强度在$\theta=0$附近反而最小，并且在较小角度θ下即可获得更好的信噪比。由于实际中介质镜涂层或其他光学元件中的应力，总会引起一定程度的双折射，会影响到偏振不对称，同样地，类似于边带锁频方案，实际 HC 锁频实验中也应予以人为的调节或补偿。

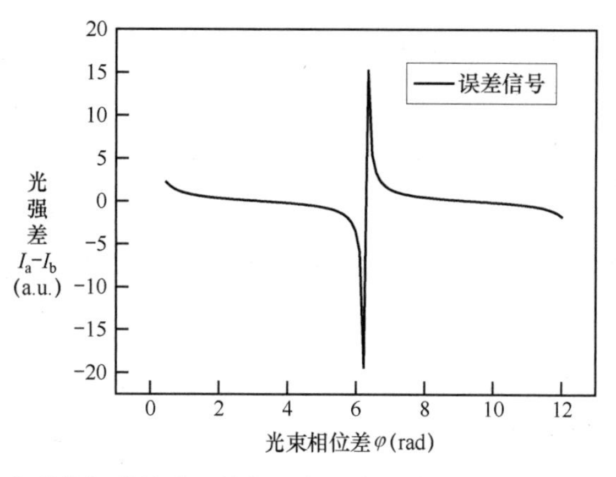

图 3.11　典型偏振谱锁腔误差信号的强度随腔内传播光束相位差关系

3.2.4　本书实验锁腔方案的确定

三镜腔是一种典型的折叠腔，其由两面凹面镜和一面平面反射镜组成，如图 3.12 所示为三镜腔结构示意图。该腔从原理上可以认为是两镜法布里–珀罗腔的扩展变形，一方面其光共振工作方式仍然是驻波腔，另一方面其加入了高反射率的平面镜。平面镜可改变其与腔内共振激光夹角的方向而不影响腔的共振特性，利用角度的改变可以调节平面反射腔镜对共振激光的反射率大小。

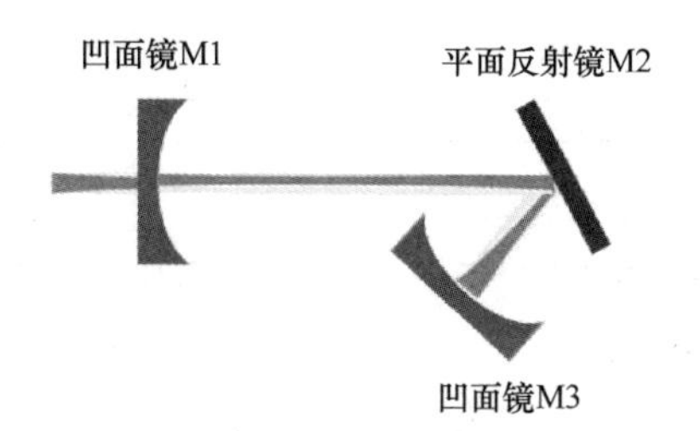

图 3.12　三镜腔结构示意图

在实验和实际工程应用中，为了调节方便，还可以把平面反射镜 M2 和凹面镜 M3 固定在一块钢制底座上，这样可以方便地调节平面腔镜对腔内激光的反射率而不易引起腔共振失谐。

三镜腔腰斑尺寸的合理控制是决定和频输出光转换效率高低的关键因素之一。也就是说，和频腔不仅要在腔稳区内运转，同时还应选择和频转换效率最高情形下所对应腔腰斑尺寸的腔形。这些条件确定了最终三镜和频腔的腔型。图 3.13 为根据前文所述 ABCD 定律计算的三镜腔腰斑尺寸随腔镜距离变化的关系图。相应计算程序见附录 A。

除此之外，还要保证入射至和频腔的激光腰斑尺寸和理想的腔腰斑尺寸尽量保持一致，即模式匹配。

以 50mm 焦距透镜作为腔前匹配透镜，针对曲率半径 R=100mm 的腔镜做了计算，所得计算结果如图 3.14 所示。相关程序见附录 B。

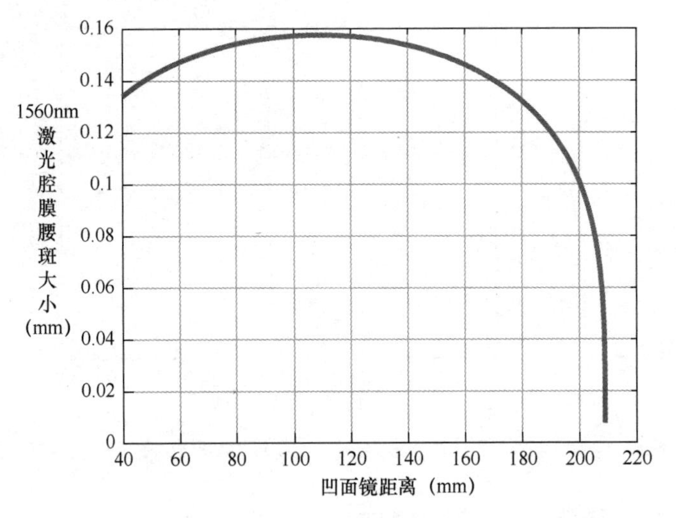

图 3.13　三镜腔腰斑尺寸随腔镜距离变化的关系图

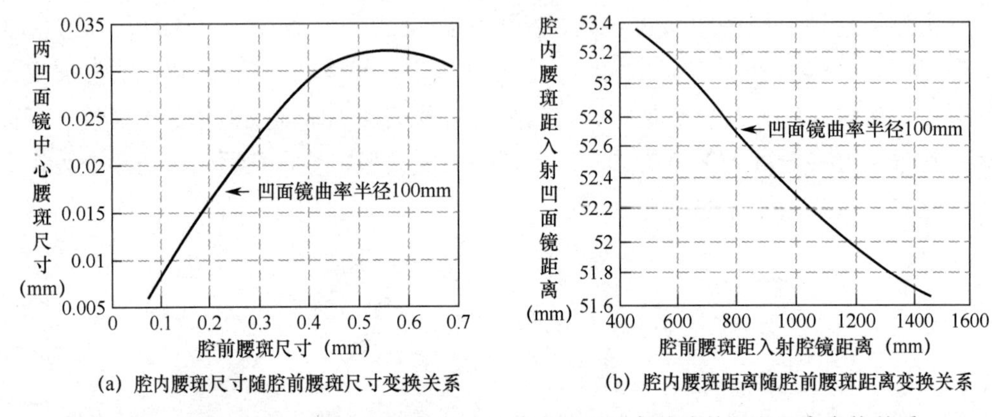

图 3.14　腔内腰斑尺寸随腔前腰斑尺寸及腔内腰斑距离随腔前腰斑距离变换关系

实验中，采用三镜折叠腔作为和频腔，该腔被用于实验系统所生成 780nm 倍频光的下一阶段（和频）锁定。为了进一步减小激光入射至和频腔之前的光路长度，实验锁频方案采用了锁相放大器锁频。相对于边带锁频方案，该方案不直接对入射和频腔的 780nm 输入激光作调制，而是以三镜折叠和频腔非输出凹面腔镜“泄漏”的 780nm 激光作为锁频信号光。因此，可有效缩小入射和频腔前光路长度，适合实验情况。具体锁腔过程中，可将透射 780nm 锁频信号光经光电探测器转化为电信号，之后对该电信号实施调制解调，最终获得和频腔锁腔所需误差信号。

3.3　单共振和频理论计算

单共振和频可以通过无源损耗δ，输入基波频率ω，输入耦合镜的反射率 R_i 及非

线性耦合系数 γ_{SFM} 这四项物理量来表示。依据第 1 章三波耦合方程组式（1.33）和式（1.34），在小信号近似下，和频光输出功率可以表示为

$$P_3 = \gamma_{\text{SFM}} P_{c,1} P_{c,2} \tag{3.45}$$

式中，γ_{SFM} 表示两束基频光单次穿过晶体时的非线性耦合系数，$P_{c,1}$、$P_{c,2}$ 分别表示两束基波在谐振腔内的内腔循环功率，在实验中分别对应 1560nm 和 780nm 这两束基频光。

对应 1560nm 和 780nm 两束基频光的非线性转化损耗 δ_1^{NL} 和 δ_2^{NL} 可以表示为如下两式：

$$\delta_1^{\text{NL}} = \frac{\omega_1}{\omega_1 + \omega_2} \gamma_{\text{SFM}} P_{c,2} \tag{3.46}$$

$$\delta_2^{\text{NL}} = \frac{\omega_2}{\omega_1 + \omega_2} \gamma_{\text{SFM}} P_{c,1} \tag{3.47}$$

式（3.46）和式（3.47）中第一项为两束基频光“光子平衡项”（其中，ω_1 和 ω_2 分别对应 1560nm 和 780nm 激光的频率）。如果两束入射基频光频率相等，即 $\omega_1 = \omega_2$，则该项为定值 1/2，可以简化至倍频；如果两项的频率不同，即 $\omega_1 \neq \omega_2$，则该项为依赖两束入射基频光频率比值而变化。从上两式中可以看到，两束基频光的非线性损耗不是独立的，而是相互耦合的，其中任意一束基频光的非线性转化损耗是由其自身频率和另一束基频光的内腔循环功率所共同决定的。

这样，1560nm 和 780nm 两束基频光在谐振腔内循环一周之后，所得残余功率百分比可以表示为

$$R_{m,1} = 1 - (\delta_1 + \delta_1^{\text{NL}}) \tag{3.48}$$

$$R_{m,2} = 1 - (\delta_2 + \delta_2^{\text{NL}}) \tag{3.49}$$

式中，δ_1 和 δ_2 分别为 1560nm 和 780nm 激光的无源损耗。

在谐振腔中，基频光在腔内谐振而加强了功率密度，加强因子可以用于衡量基频光在非线性过称中的加强程度，一般将其定义为腔内循环光功率和入射光功率的比值。如果非线性和频过程只有其中一束基频光与腔谐振，另一束基频光与腔非共振，则谐振腔对基波的加强能力可以简化，并可用“法布里–珀罗腔”的理论模型来分析；如果两束基频光均在谐振腔内共振，则需要考虑腔的非线性转换损耗及无源损耗，1560nm 和 780nm 两束基频光的加强因子可以分别写作：

$$E_1 = \frac{P_{c,1}}{P_{i,1}} = \frac{1 - R_{i,1}}{[1 - \sqrt{R_{i,1} R_{m,1}}]^2} \tag{3.50}$$

$$E_2 = \frac{P_{c,2}}{P_{i,2}} = \frac{1 - R_{i,2}}{[1 - \sqrt{R_{i,2} R_{m,2}}]^2} \tag{3.51}$$

式中，$P_{i,1}(P_{i,2})$为 1560nm（780nm）激光入射功率，$P_{i,1}(P_{i,2})$是 1560nm（780nm）激光入射耦合腔镜的反射率，假设其余镜片对基频光均为全部反射。从式（3.50）可以看到，1560nm 的内腔循环功率是$P_{c,1}$，由其入射耦合腔镜的反射率$R_{i,1}$和循环一周残余功率百分比$R_{m,1}$共同决定。

在给定谐振腔参数（包括无源损耗和入射耦合镜的反射率）和两束基波的入射功率的前提下，为了计算预期的和频光输出功率，两束基频光的内腔循环功率应该已知。在实验中，仅有 780nm 激光与谐振腔共振加强，1560nm 基频光与腔不共振，而是双次穿过谐振腔，其内腔循环功率可以简化为

$$P_{c,1} = P_{i,1}[1-(\delta_1 + \delta_1^{\mathrm{NL}})] \tag{3.52}$$

可以进一步把式（3.46）、式（3.47）、式（3.48）和式（3.49）代入式（3.50）和式（3.51）中做等量变换，就可以得到如下两式：

$$P_{c,1} = P_{i,1}[1-(\delta_1 + \frac{\omega_1}{\omega_1+\omega_2}\gamma_{\mathrm{SFM}} P_{c,2})] \tag{3.53}$$

$$P_{c,2} = P_{i,2}\frac{1-R_{i,2}}{\{1-\{R_{i,2}[1-(\delta_2 + \frac{\omega_2}{\omega_1+\omega_2}\gamma_{\mathrm{SFM}} P_{c,1})]\}^{1/2}\}^2} \tag{3.54}$$

通过求解以上两个联立方程，共振和频就可以被完整地刻画了。如果已知两束基波的内腔循环功率，就可以利用式（3.45）求得理论和频光的输出功率。

对于确定的基频入射激光功率，如果谐振腔损耗及腔非线性耦合系数能够确定，就可以完全描述整个和频过程动态输入和输出，也可以模拟并优化和频过程中的一些其他参数。其中一个极其重要的参数就是共振基频光的输入耦合率，它决定了入射基频光与谐振腔之间的模式匹配情况，而阻抗匹配是获得高效谐振非线性转换的重要条件；另一个需要考虑的参数就是非线性耦合系数γ_{SFM}，主要可以更改的参量为非线性晶体的长度或基波激光的聚焦条件。

下面就以实验中 1560nm 和 780nm 激光和频生成 520nm 激光为例，来说明各个参数的优化情况。一个方便的参数优化手段是利用给定的各个参数，绘制出和频光功率随基波输入耦合率变化的函数关系图。图 3.15（a）和图 3.15（b）就是表示 520nm 和频光输出功率随 1560nm 激光功率和 780nm 入射腔镜反射率的变化关系图。该仿真计算中，780nm 入射腔镜入射功率设定为 1W，谐振腔的非线性耦合系数设定为 1%/W。

对比以上两幅图，可以得到很多具有实际指导意义的启示。首先可以看到，在相同入射泵浦功率和非线性耦合系数下，不同的腔损耗会剧烈地影响到和频光功率的大小，腔损耗越低所生成的光功率就越大。这样，在实验过程中，要尽量降低谐振腔（包括非线性晶体）对两束基波的无源损耗，谐振腔无源损耗主要包括光学元件、晶体的镀膜不完美，以及晶体对于基波的吸收。进一步地，在相同的两束基波入射功率和腔损耗条件下，780nm

共振激光存在一个合适的腔镜反射率使得和频光生成功率最大，而且在低损耗系统中，这种反射率对生成功率大小的影响更大。这就要求在选择镜片反射率时尽量靠近最佳反射率以获得更高的非线性转化效率。此外，还可以看到，当反射率高于理论预期最佳反射率时，也就是反射率位于欠耦合区域时，和频光输出功率比过耦合区域下降更快，因而在实验中，对于入射腔镜反射率尽量选择在接近理论预期并略低的区域会更理想一些。最后一点值得注意的是，对于和频光生成功率，其最大值是一个区域，而并非某一个点，因为和频光功率是由 1560nm 激光入射功率和 780nm 激光反射率共同决定的。因此，环形腔输入镜的透射率要与腔内损耗相等，要做到激光与腔的阻抗匹配。

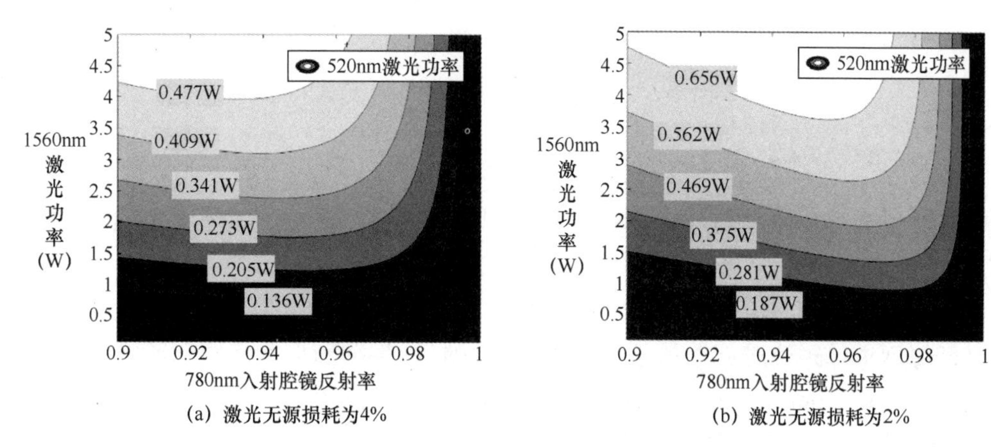

图 3.15　780nm 激光无源损耗为 4%和 2%时，对应的 520nm 和频光输出功率随 1560nm 激光功率和 780nm 入射腔镜反射率的变化关系图

注：1560nm 激光无源损耗 δ_1 均假定为 1%，780nm 激光腔前入射功率 $P_{i,2}$ 均为 1W，谐振腔的非线性耦合系数 γ_{SFM} 均为 1%/W。本图彩色版见本书最后彩插。

3.4　520nm 单频激光的实现

520nm 和频光生成实验装置图如图 3.16 所示。中心波长为 1560nm 的光栅外腔反馈式半导体激光器（ECDL）作为种子光源，经掺铒光纤放大器（EDFA）进行功率放大，经 PBS 分束后分别用作 520nm 和频光的其中一路基频光和用于 780nm 倍频光生成的基频光。780nm 倍频光采用掺氧化镁周期极化铌酸锂晶体对 1560nm 激光外腔谐振倍频，焦距为 300mm 的凸透镜用于将基频光模式和倍频腔本征模式相匹配。倍频腔采用四镜环形腔，其中 M4 和 M5 为曲率半径 r=100mm 的凹面镜，对 1560nm 基频光均为高反(R>99.8%)；M6 和 M7 均为平面镜，其中 M6 为入射腔镜，其对 1560nm 激光透射率为 21.5%；M5 为 780nm 倍频光输出镜，其对 780nm 激光透射率为 T=97%，对 1560nm 激光为高反。

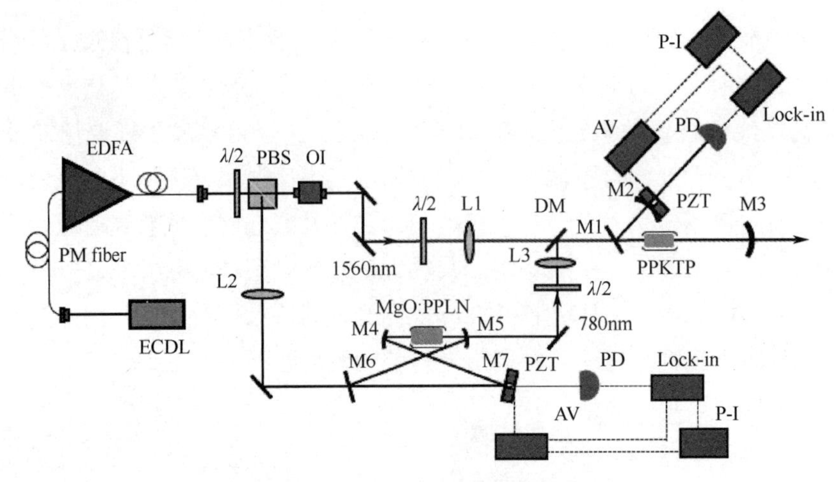

图 3.16　520nm 和频光生成实验装置图

注：图中实线部分为光路，虚线部分为电路部分。ECDL—光栅外腔反馈式半导体激光器；EDFA—掺铒光纤放大器；PZT—压电陶瓷；OI—光隔离器；PM fiber—保偏光纤；$\lambda/2$—半波片；$\lambda/4$—四分之一波片；L1~L3—模式匹配透镜；M1～M7—腔镜；DM—双色镜；PD—光电探测器；Lock-in—锁相放大器；P-I—比例积分器；AV—高压直流放大器。

实验所用和频腔是由曲率半径为 r=100mm 的凹面镜（M2 和 M3）及一面平面镜 M1 共同组成的三镜折叠腔，所用晶体为 I 类相位匹配的周期极化磷酸氧钛钾晶体。晶体尺寸为 1mm×2mm×20mm，极化周期为 9.1μm。从谐振腔的工作方式来看，其可以等效为一个折叠的两镜驻波腔，不同于两镜腔之处在于其插入一个平面镜作为入射腔镜。

3.4.1　不同偏振态的入射光束在不同入射角下的平面镜反射率变化

平面光波在两个介质分界面上的能量分配遵循菲涅尔公式，菲涅尔公式严格地描述了折射波、反射波复振幅与入射波复振幅之间的关系，是物理学中的一组基本公式。其基本思路是将入射光波电场的振幅矢量分解为两个分量，一个分量垂直于入射面，称为“s”分量；另一个分量在入射面内，称为“p”分量。如图 3.17 所示，任意偏振状态的光矢量 $\boldsymbol{E}$ 可以分解为 s 分量 $\boldsymbol{E}_s$（电矢量垂直于入射面）和 p 分量 $\boldsymbol{E}_p$ 光波（电矢量位于入射面内）。

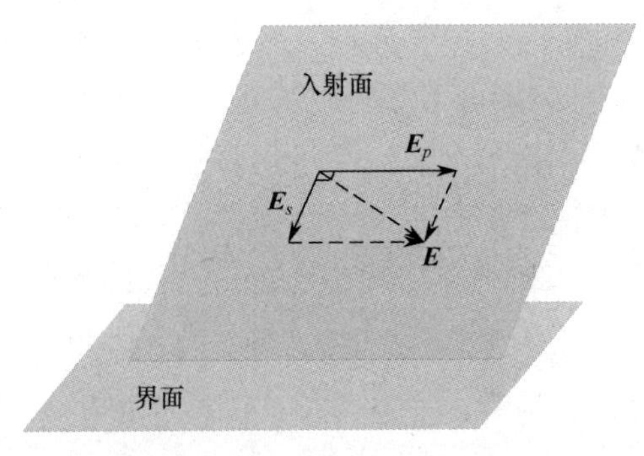

图 3.17　入射光波电场 s 分量和 p 分量矢量分解示意图

如图 3.18 所示，入射光 E_{1s} 从折射率为 n_1 的介质入射到折射率为 n_2 的介质中，这时入射光将在界面同时发生折射和反射。

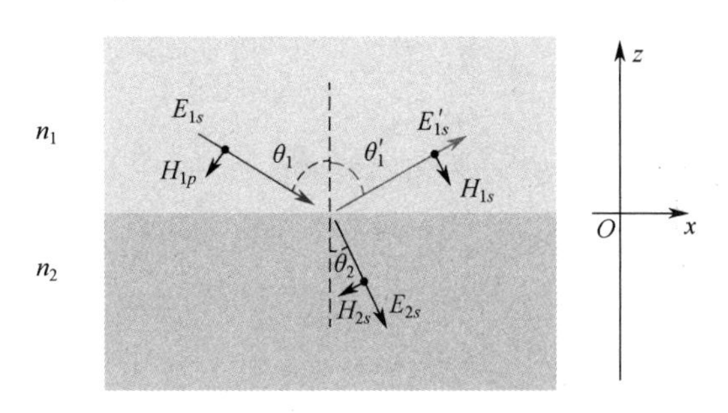

图 3.18　两种不同介质表面发生的光波反射和折射的电场矢量变化

注：两种介质折射率分别为 n_1 和 n_2，入射角、折射角和反射角分别为 θ_1、θ_1' 和 θ_2。

由菲涅尔公式可以绘制出激光由光疏介质传输至光密介质（$n_1<n_2$）或由光密介质传输至光疏介质两种情形下对应的激光反射系数和透射系数随激光入射角的变换曲线。图 3.19 表示 n_1=1.0，n_2=1.8 和 n_1=1.8，n_2=1.0 两种情况下激光反射（透射）系数随激光入射角度的变化关系。

$$
\begin{aligned}
r_s &= \frac{n_1\cos\theta_1 - n_2\cos\theta_2}{n_1\cos\theta_1 + n_2\cos\theta_2} = \frac{\sin(\theta_1-\theta_2)}{\sin(\theta_1+\theta_2)} \\
t_s &= \frac{2n_1\cos\theta_1}{n_1\cos\theta_1 + n_2\cos\theta_2} = \frac{2\cos\theta_1\sin\theta_2}{\sin(\theta_1+\theta_2)} \\
r_p &= \frac{n_2\cos\theta_1 - n_1\cos\theta_2}{n_2\cos\theta_1 + n_1\cos\theta_2} = \frac{\tan(\theta_1-\theta_2)}{\tan(\theta_1+\theta_2)} \\
t_p &= \frac{2n_1\cos\theta_1}{n_2\cos\theta_1 + n_1\cos\theta_2} = \frac{2\cos i_2\sin i_2}{\sin(i_1+i_2)\cos(i_1-i_2)}
\end{aligned}
\tag{3.55}
$$

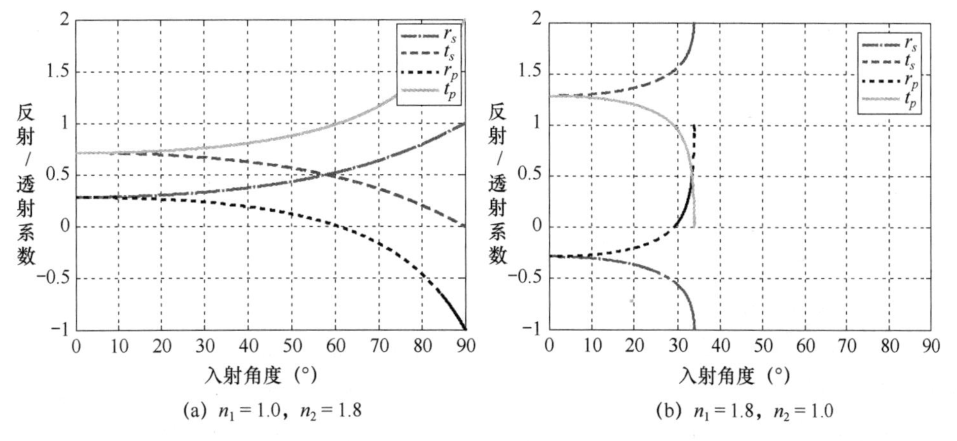

图 3.19　n_1=1.0，n_2=1.8 和 n_1=1.8，n_2=1.0 两种情况下反射（透射）系数随激光入射角度的变化关系

对于入射光波只有 s 分量的反射率和透射率：

$$\begin{cases} 反射率：R_s = |r_s|^2 \\ 透射率：T_s = \dfrac{n_2 \cos\theta_2}{n_1 \cos\theta_1} |t_s|^2 \end{cases} \tag{3.56}$$

对于入射光波只有 p 分量的反射率和透射率：

$$\begin{cases} 反射率：R_p = |r_p|^2 \\ 透射率：T_p = \dfrac{n_2 \cos\theta_2}{n_1 \cos\theta_1} |t_p| \end{cases} \tag{3.57}$$

因为反射率和透射率遵守能量守恒定律，因此有

$$\begin{cases} R_s + T_s = 1 \\ R_p + T_p = 1 \end{cases} \tag{3.58}$$

根据上述公式，著者绘制了 n_1=1.0，n_2=1.8 和 n_1=1.8，n_2=1.0 两种情况下介质反射率随入射激光入射角度的变化关系，如图 3.20 所示。

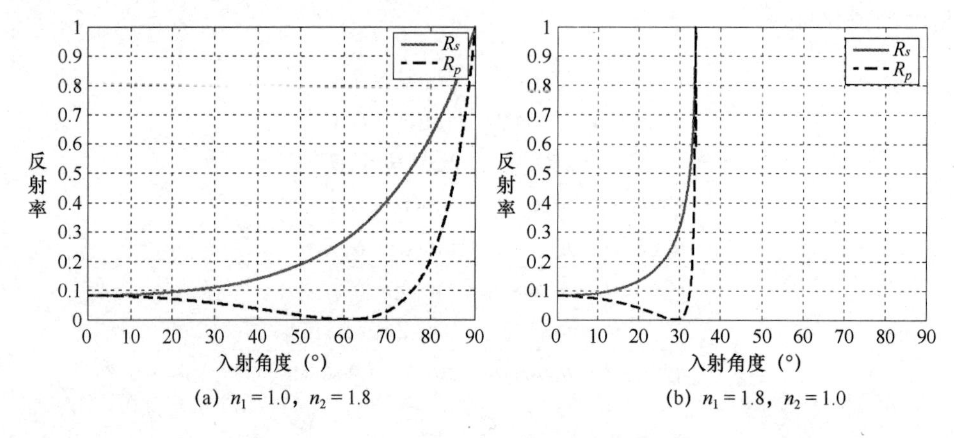

图 3.20　n_1=1.0，n_2=1.8 和 n_1=1.8，n_2=1.0 两种情况下介质反射率随激光入射角度的变化关系

根据菲涅耳原理，s 偏振态的入射光的反射率 R_s 会随着其入射角度进行如下变化：

$$R_s = \frac{[\sin(i_1 - i_2)]^2}{[\sin(i_1 + i_2)]^2} \tag{3.59}$$

其中，i_1 和 i_2 分别表示 s 偏振光的入射角和折射角。实际中可以将 M1 原地倾斜而改变其与入射共振光的夹角，这种方式的好处之一在于可以连续大范围地改变入射镜对基频光的反射率，同时腔长可以保持恒定，因而不会影响到腔膜本征模的改变（M2 连同 M1 一起旋转）；此外，由于两面凹面镜可以保持基频光零度入射，因而该腔在理论上不存在像散。将入射镜 M1 从 3° 倾斜至 60° ，对应的 780nm s 偏振基频光反射率可以连续从 81.4% 到 96.1%的范围内改变。实验结果如图 3.21 所示。

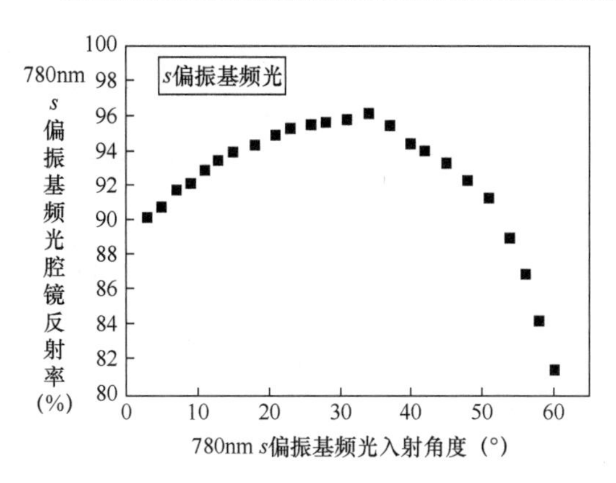

图 3.21　780nm s 偏振基频光入射腔镜反射率随入射角的变化关系

3.4.2　实验装置和实验结果

用于 520nm 和频光生成实验中的 780nm 基频光来自倍频腔，将 780nm 与 1560nm 基频光通过双色镜合束之后，共线穿过周期极化磷酸氧钛钾晶体。合适的聚焦可以让更高功率的 520nm 和频光输出，根据 Boyd 等人关于光学参量过程最佳聚焦参量的分析，实验中选择的 780nm 激光腰斑为 31μm。为保证 1560nm 和 780nm 两束基频光在晶体中有最大模体积重合，二者应当有相同的瑞利长度。由于 780nm 激光瑞利长度为 14.2mm，因而选择 1560nm 激光腰斑为 44.2μm。实验中分别采用凸透镜 L1 和 L3 对两束基频光分别聚焦，以达到理想的腔模腰斑尺寸。

实验使用的晶体为 Raicol 公司生产的周期极化磷酸氧钛钾晶体（PPKTP），极化周期为 9.1μm。晶体放置于具有良好热导性的黄铜控温炉中，采用 Peltier 元件为晶体制冷和加热，晶体为准相位匹配方式，因而先测试了晶体的温度调谐曲线，在 1560nm 和 780nm 基频光功率分别固定为 3.5W 和 510mW 的情况下，测试了晶体温度从 58.3℃到 72.7℃变化时，520nm 和频光功率生成数据点，如图 3.22 黑色圆点所示。实验测得最佳相位匹配温度为 65.8℃，温度半高带宽为 2.7℃。从实验结果中可以看到，周期极化磷酸氧钛钾晶体的温度调谐曲线与标准的 sinc^2 曲线有一定程度的偏移，右侧次级峰的高度明显高于左侧次级峰的高度，呈现出一定的不对称特性。经过多次测量，曲线线型基本不变，因而推测可能是由于晶体沿光传播方向折射率发生了变化导致这一现象。尝试利用折射率“多步拟合”理论模型对实验数据进行拟合，得到与实验数据基本吻合的结果，如图 3.22 中实线所示。

实验中，1560nm 和 780nm 基频光无源损耗分别为 2%和 3%，腔的非线性耦合系数 γ_{SFM} 为 1.2%/W，在 1560nm 和 780nm 基频光输入功率为 6.8W 和 1.5W 的情况下，根据式（3.1）、式（3.9）和式（3.10）计算，所得 780nm 激光入射腔镜对应最佳反射率约为 93%，计算结果如图 3.23 所示。

实验中将入射腔镜 M1 倾斜至与入射 780nm 倍频光成 46.3° 夹角，此时对应 780nm 激光反射率约为 93%。控制周期极化磷酸氧钛钾晶体至最佳相位匹配温度 65.8℃，在 1560nm 和 780nm 倍频光入射功率分别为 6.8W 和 1.5W 时，测量到的 520nm 和频光功率输出为 268mW，对应 780nm 激光的转换效率为 17.8%。完整实验结果如图 3.24 所示。实验中，780nm 激光输入功率大于 800mW 以后，520nm 激光增长逐渐变慢，考虑主要是由周期极化磷酸氧钛钾晶体对绿光的热吸收效应所致。

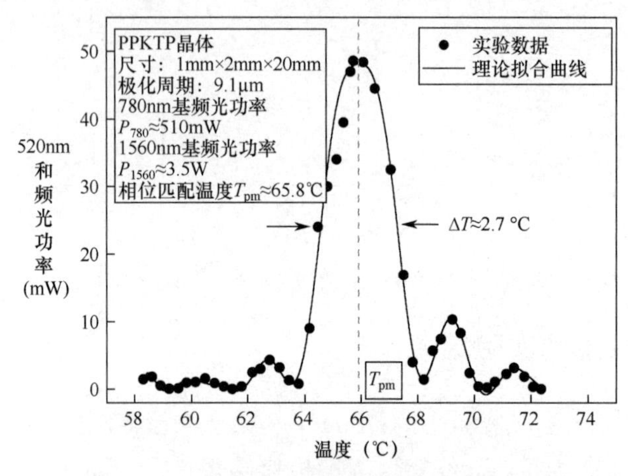

图 3.22　周期极化磷酸氧钛钾晶体温度调谐曲线

注：1560nm 和 780nm 基频光输入功率分别为 3.5W 和 510mW。

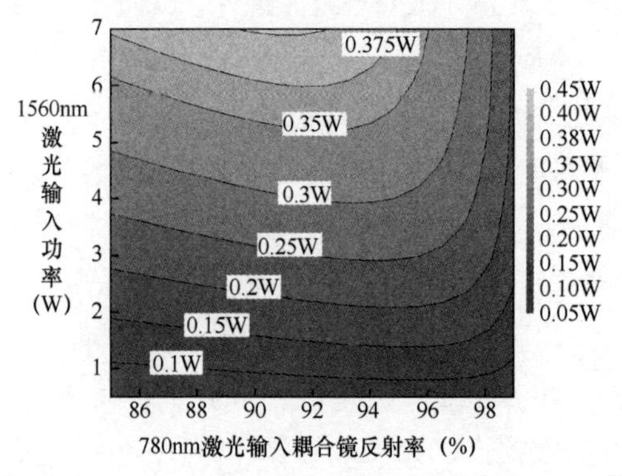

图 3.23　520nm 激光输出功率随 1560nm 入射光功率和 780nm 反射率变换的等高线图

注：本图彩色版见本书最后彩插。

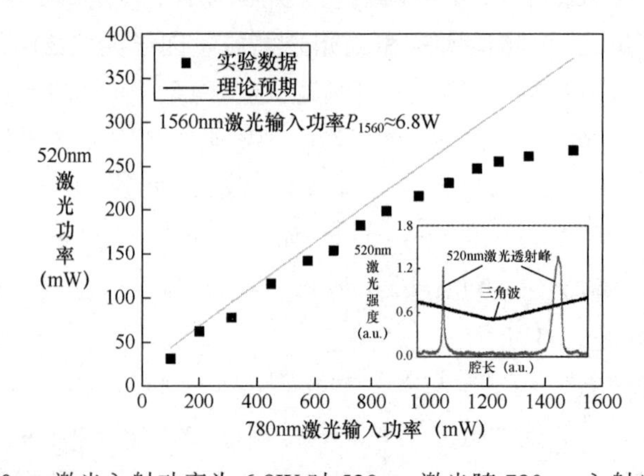

图 3.24　1560nm 激光入射功率为 6.8W 时 520nm 激光随 780nm 入射光功率的变化

采用“单刀片”法测量了生成的 520nm 激光的光束质量 M^2 因子，结果如图 3.25 中圆点和叉所示，经拟合得到光束在 x 和 y 两个方向的光束质量因子分别为 $M_x^2 = 1.21\ (\pm 0.13)$ 和 $M_y^2 = 1.20\ (\pm 0.14)$。

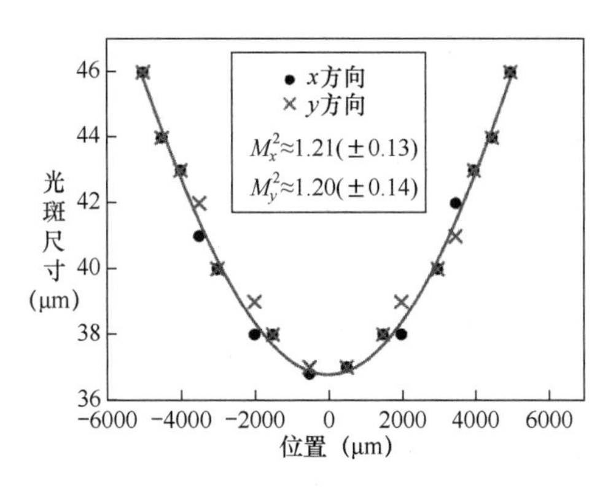

图 3.25　520nm 和频激光 x 方向和 y 方向的光束质量因子

注：实线为理论拟合曲线。

3.5　本章小结

本章采用入射腔镜反射率可调的三镜和频腔对 1560nm 基频光连续经过非线性倍频、和频过程得到了 520nm 和频光。首先在理论上分析了影响 520nm 和频绿光最终生成功率的各个因素，包括 1560nm 和 780nm 激光的无源损耗（δ_1 和 δ_2），两束基频光入射功率（P_1 和 P_2），入射腔镜对 780nm 共振光的反射率（$R_{i,2}$）。计算并找到对应实验入射基波功率输入水平下，和频腔入射腔镜对 780nm 倍频光的最佳反射率。之后利用入射腔镜反射率连续可调的优点，找到该最佳反射率对应的腔镜位置，并在 1560nm 和 780nm 激光输入功率分别为 6.8W 和 1.5W 的功率水平下，得到了 268mW 的 520nm 和频绿光；采用“单刀片法”测量所得和频光光束质量因子为 1.21（1.20），该绿光光源可以有效服务于量子光学，可用作下一章中双共振光学参量振荡（OPO）的泵浦光源。

本章参考文献

[1]　BAKER C E. Laser display technology[J]. IEEE Spectrum, 1968, 5(12): 39-50.

[2]　CHELLAPPAN K V, ERDEN E, UREY H. Laser-based displays: a review[J]. Applied Optics, 2010, 49(25): 79-98.

[3] HIRANO Y, YAMMAMOTO S, AKINO Y, et al. High performance micro green laser for laser TV[C]. Washington DC: Optical Society of America, 2009.

[4] JANSSENS P and MALFAIT K. Future prospects of high-end laser projectors [C]. Proceedings of the SPIE, 2009.

[5] STEEGMULLER U, KUHNELT M, UNOLD H, et al. Green laser modules to fit laser projection out of your pocket[J]. Proceeding of the SPIE 2008, 6871: 687117.

[6] OU-YANG M, HUANG S W. Design considerations between color gamut and brightness for multi-primary color displays [J]. Journal of Display Technology, 2007, 3(1): 71-82.

[7] LIU X Y, ZHANG W J. Recent developments in biomedicine fields for laser induced breakdown spectroscopy[J]. Journal of Biomedical Science and Engineering, 2008, 1(3): 147.

[8] KACHYNSKI A V, PLISS A, KUZMIN A N, et al. Photodynamic therapy by in situ nonlinear photon conversion [J]. Nature Photonics, 2014, 8(6): 455-461.

[9] FENN J B, MANN M, MENG C K, et al. Electrospray ionization for mass spectrometry of large biomolecules [J]. Science, 1989, 246(4926): 64-71.

[10] PIELES U, ZURCHER W, SCHAR M, et al. Matrix-assisted laser desorption ionization time-of-flight mass spectrometry: a powerful tool for the mass and sequence analysis of natural and modified oligonucleotides [J]. Nucleic Acids Research, 1993, 21(14): 3191-3196.

[11] MERCHANT M, WEINBERGER S R. Recent advancements in surface-enhanced laser desorption/ionization-time of flight-mass spectrometry [J]. Electrophoresis, 2000, 21(6): 1164-1177.

[12] KWIATEK W M, DREWNIAK T, LEKKA M, et al. Investigation of trace elements in cancer kidney tissues by SRIXE and PIXE [J]. Nuclear Instruments and Methods in Physics Research Section B: Beam Interactions with Materials and Atoms, 1996, 109: 284-288.

[13] WIKI M, KUNZ R E. Wavelength-interrogated optical sensor for biochemical applications [J]. Optics Letters, 2000, 25(7): 463-465.

[14] COTTIER K, WIKI M, VOIRIN G, et al. Label-free highly sensitive detection of (small) molecules by wavelength interrogation of integrated optical chips[J]. Sensors and Actuators B: Chemical, 2003, 91(1-3): 241-251.

[15] DAVIS K B, MEWES M O, ANDREWS M R, et al. Bose-Einstein condensation in a gas of sodium atoms[J]. Physical Review Letters, 1995, 75(22): 3969.

[16] ROBINSON M P, TOLRA B L, NOEL M W, et al. Spontaneous evolution of Rydberg atoms into an ultracold plasma [J]. Physical Review Letters, 2000, 85(21): 4466.

[17] LIU C, GUO X, BAI Z, et al. High-efficiency continuously tunable single-frequency doubly resonant optical parametric oscillator [J]. Applied Optics, 2011, 50(10): 1477-1481.

[18] Li Y, GUO X, BAI Z, et al. Generation of two-color continuous variable quantum entanglement at 0.8 and 1.5 μm[J]. Applied Physics Letters, 2010, 97(3): 031107.

[19] GUO X, ZHAO J, Li Y. Robust generation of bright two-color entangled optical beams from a phase-insensitive optical parametric amplifier[J]. Applied Physics Letters, 2012, 100(9): 091112.

[20] GUO X, XIE C, Li Y. Generation and homodyne detection of continuous-variable entangled optical

beams with a large wavelength difference [J]. Physical Review A, 2011, 84(2): 020301.

[21] JIA X, YAN Z, DUAN Z, et al. Experimental realization of three-color entanglement at optical fiber communication and atomic storage wavelengths [J]. Physical Review Letters, 2012, 109(25): 253604.

[22] SHAPIRO J H. Architectures for long-distance quantum teleportation [J]. New Journal of Physics, 2002, 4(1): 47.

[23] RAZAVI M, SHAPIRO J H. Long-distance quantum communication with neutral atoms [J]. Physical Review A, 2006, 73(4): 042303.

[24] LLOYD S, SHAHRIAR M S, SHAPIRO J H, et al. Long distance, unconditional teleportation of atomic states via complete Bell state measurements [J]. Physical Review Letters, 2001, 87(16): 167903.

[25] PONTECORVO E, KAPETANAKI S M, BADIOLI M, et al. Femtosecond stimulated Raman spectrometer in the 320-520nm range [J]. Optics Express, 2011, 19: 1107-1112.

[26] ROTHHARDT J, EIDAM T, HADRICH S, et al. 135 W average-power femtosecond pulses at 520nm from a frequency-doubled fiber laser system [J]. Optics Letters, 2011, 36: 316-318.

[27] BRUNNER F, INNERHOFER E, MARCHESE S V, et al. Powerful red-green-blue laser source pumped with a mode-locked thin disk laser [J]. Optics Letters, 2004, 29: 1921-1923.

[28] XIE S, BO Y, XU J, et al. A 7.5 W quasi-continuous-wave sodium D_2 laser generated from single-pass sum-frequency generation in LBO crystal [J]. Applied Physics B, 2011, 102: 781-787.

[29] MIMOUN E, SARLO L D, ZONDY, et al. Sum-frequency generation of 589nm light with near-unit efficiency [J]. Optics Express, 2008, 16: 18684-18691.

[30] 闫晓娟. 双波长外腔共振和频产生的理论与实验研究[D]. 太原：山西大学，2012.

[31] KARAMEHMEDOVIC E, PEDERSEN C, ANDERSEN M T, et al. Efficient visible light generation by mixing of a solid-state laser and a tapered diode lase r[J]. Optics Express, 2007, 15(19): 12240-12245.

[32] KUMAGAI H, MIDORIKAWA K, IWANE T, et al. Efficient sum-frequency generation of continuous-wave single-frequency coherent light at 252nm with dual wavelength enhancement [J]. Optics Letters, 2003, 28: 1969-1971.

[33] SAKUMA J, ASAKAWA Y, IMAHOKO T, et al. Generation of all-solid-state, high-power continuous-wave 213-nm light based on sum-frequency mixing in $CsLiB_6O_{10}$ [J]. Optics Letters, 2004, 29: 1096-1098.

[34] VASILYEV S, NEVSKY A, ERNSTING I, et al. Compact all-solid-state continuous-wave single-frequency UV source with frequency stabilization for laser cooling of Be^+ ions [J]. Applied Physics B, 2011, 103: 27-33.

[35] MI X Y. CW green laser at 520 nm based on sum-frequency mixing of diode pumped Yb:YAG laser [J]. Laser Physics, 2012, 22: 74-77.

[36] MOUTZOURIS K, SOTIER F, ADLER F, et al. Highly efficient second, third and fourth harmonic generation from a two-branch femtosecond erbium fiber source[J]. Optics Express, 2006, 14: 1905-1912.

[37] JANOUSEK J, JOHANSSON S, LICHTENBERG P T, et al. Efficient all solid-state continuous-wave yellow orange light source [J]. Optics Express, 2005, 13: 1188-1192.

[38] AKIHIRO MORITA. Theory of sum frequency generation spectroscopy [M]. Singapore: Springer Press, 2018.

[39] MCQUARRIE D A, SIMON J D. Physical chemistry: a molecular approach[M]. Sausalito, CA: University Science Books, 1997.

[40] NEUFELD S, BOCCHINI A, GERSTMANN U, et al. Potassium titanyl phosphate (KTP) quasiparticle energies and optical response [J]. Journal of Physics: Materials, 2019, 2(4): 045003.

[41] WELL M, KUMARAKRISHNAN A. , Laser-frequency stabilization using a lock-in amplifier [J]. Canadian Journal of Physics, 2002, 80(12): 1449-1458.

[42] BLACK E D. An introduction to Pound-Drever-Hall laser frequency stabilization [J]. American Journal of Physics, 2001, 69(1): 79-87.

[43] HANSCH T W, COUILLAND B. Laser frequency stabilization by polarization spectroscopy of a reflecting reference cavity [J]. Optics Communications, 1980, 35(3): 441-444.

[44] KANEDA Y, KUBOTA S. Theoretical treatment, simulation, and experiments of doubly resonant sum-frequency mixing in an external resonator[J]. Applied Optics, 1997, 36(30): 7766-7775.

[45] BOYD G D, KLEINMAN D A. Parametric interaction of focused Gaussian light beams[J]. Journal of Applied Physics, 1968, 39(8): 3597-3639.

[46] NASH F R, BOYD G D, SARGENT M, et al. Effect of optical inhomogeneities on phase matching in nonlinear crystals [J]. Journal of Applied Physics, 1970, 41(6): 2564-2576.

[47] GUO S L, GE Y L, HE J, et al. Singly resonant sum-frequency generation of 520-nm laser via a variable input-coupling transmission cavity [J]. Journal of Modern Optics, 2015, 62(19): 1583-1590.

第4章

520nm 激光泵浦的 1560nm+780nm 双共振光学参量振荡器

4.1 引言

过去 50 年里，伴随泵浦激光源的发展、新型非线性材料的涌现及新型腔型的设计，连续光学参量振荡器（Optical Parameter Oscillator，OPO）作为一种获得连续可调的高效相干光源生成装置得到了人们广泛的研究。目前，OPO 装置已经实现了商用，其输出波长覆盖了可见光、近红外光、中红外光及部分紫外光波段。OPO 具有极高的输出光谱纯度，使得其尤其适合应用于高分辨光谱学中，如 Gibson 等人将 30mW 低阈值功率的连续可调谐 OPO 应用于多普勒极限的铯原子光谱；同时，OPO 可用于高灵敏度分子气体探测。低阈值、高转换效率的输出特性也促进了双共振光学参量振荡器（DROPO）在量子光学领域中的重要应用，因为其下转换生成的信号光和闲置光之间存在强关联特性。

当前，由 DROPO 生成的非简并下转换频率纠缠光束引起人们极大的研究兴趣。光场纠缠态是许多量子通信和量子信息处理的基础光源，它可以使量子通信中许多量子信息方案变得方便可行。比如，以碱金属 Rb、Cs 作为量子寄存器，分别对应于碱金属原子跃迁线 0.8μm 附近和光纤低损耗（0.17dB/km）传输窗口 1.56μm 附近的双色纠缠光场，就可以用于连接量子网络中的不同量子存储节点。

OPO 相关理论由 Kroll 和 Armstrong 等人于 1960 年提出。随后，由 Giordmaine 和 Miller 一起完成实验。在该实验中，他们以 529nm 泵浦光源作用于 $LiNbO_3$ 晶体，获得了从 970nm 到 1150nm 大范围连续可调谐的下转换光场输出，实现了从可见光到红外光谱区域的连续输出，展示了连续 OPO 强大的应用前景。1968 年，Smith 等人采用 $Ba_2NaNb_5O_{15}$ 作为非线性媒介，经由 1064nm YALG:Nd 激光器倍频所得 531nm 绿光作为激光泵浦源，在 300mW 泵浦光输入下，获得 1%的转换效率，在 97～103℃范围内改变晶体的温度，可实现下转换光场可调波长范围为 980～1160nm。受限于 OPO 阈值、严苛的参量光匹配实验条件，尤其是合适非线性材料的缺乏等问题，OPO 进一步的研究发展较为缓慢，直到 20 世纪 90 年代，准相位匹配晶体材料的迅猛发展，使人们对于 OPO 这个研究领域的热情复苏。准相位匹配的概念由 Armstrong 等人，以及 Franken 和 Ward 分别独立提出，主要思想是通过周期地反转晶体非线性极化系数，以增加光波在非线性媒介中互作用的长度。相对于传统双折射晶体而言，准相位匹配技术不能实现完全的相位匹配，但是不会降低非线性过程最终的转换效率，因为准相位匹配技术可以利用晶体最大非线性系数 d_{33}；该技术的另一个优点在于无走离效应，由于互作用的基波谐波之间不会随着晶体中传播距离增长而发生分离，故而其可以实现各个光波之间最大限度的空间重合，即相当于增大了晶体的可利用相干长度。

为了进一步减低 OPO 阈值，人们采用了双共振光学参量振荡器（DROPO）运转方式，即谐振腔和下转换光场的信号光和闲置光同时保持共振。相对于单共振光学参量振荡器（SROPO），其阈值可以降低两个甚至三个数量级。采用半导体激光泵浦的高输出功率固态激光器，结合整块腔结构的设计，已经可以输出高转换效率且兼并低阈值的 OPO 器件。1995 年，Breitenbach 等人采用整块掺氧化镁周期极化铌酸锂晶体作为 DROPO 整体腔，得益于该结构极低的光学损耗和稳定的机械特性，它们的 DROPO 阈值降低至 28mW，在 4 倍阈值泵浦功率输入水平下，获得了 105mW 信号光和闲置光的输出，实现了高达 81%的非线性转化效率；但是整个 OPO 腔连续输出功率被限定在 100mW 的量级，并且受 OPO 腔模稳定性条件限制，输出光场无跳模连续调谐范围仅为 1GHz。实验中已采用的扩展调谐范围的一种方法为采用双腔结构。1994 年，Colville 等人采用 II 型相位匹配的 $LiNbO_3$ 晶体作为非线性晶体，所设计的两个 OPO 腔共用一块晶体和一面输入耦合腔镜，波长为 364nm 的氩离子激光器作为共同的泵浦光源，通过粗调谐温度（20～85℃），信号光和闲置光连续波长调谐范围分别可达 494～502nm 和 1.32～1.38μm。但是该方案只适合于 II 型相位匹配的 OPO，而且需要仔细寻找低损耗的内腔元件；人们用到的另一个方法是采用二次谐波输出做 OPO 的泵浦光源，即倍频器和 OPO 为同一个腔，以此降低系统复杂性和系统损耗。在实验中，采用两镜驻波腔和一块周期极化磷酸氧钛钾晶体作为 DROPO 下转化腔，采用这种分离腔的结构可以方便地调节下转换光场的输出频率特性。在 520nm 单频绿光泵浦下，获得 93mW 的 1560nm 信号光和 44mW 的 780nm 闲置光，信号光和闲置光波长调谐范围分别为 44nm 和 11nm，通过连续调节泵浦光输入频率，可以得到闲置光连续调谐范围为 1.6GHz。此外，由于 DROPO 实验系统的 520nm 泵浦光由 1560nm 和 780nm 两束基频光经和频而来（第 3 章已详细介绍），因而，该方案可以直接提供本地振荡光用于下一步实验中平衡零拍法探测 DROPO 下转换光场的量子纠缠特性。

4.2　DROPO 过程的理论分析

4.2.1　DROPO 的阈值

将非线性媒介放入谐振腔中，并保持谐振腔与信号光和闲置光同时共振，在频率为 ω_p 的泵浦光与非线性媒介互作用的过程中，当参量过程的增益超过腔的损耗时，就可以在腔噪声中实现稳定的频率为 ω_s 的信号光和频率为 ω_i 的闲置光的输出，这就是双共振光学参量振荡器（DROPO）的工作原理，如图 4.1 所示。

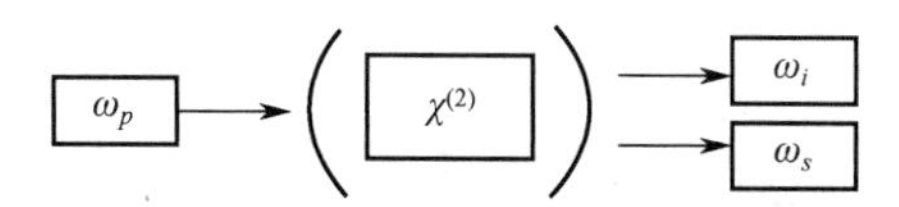

图 4.1　双共振光学参量振荡器的工作原理示意图

对于 OPO 而言，其泵浦光存在一个阈值功率可以使信号光和闲置光在腔内实现稳定阈值的功率输出。从物理原理上来讲，OPO 的增益来源于从泵浦光输入到媒介的功率：泵浦光注入非线性媒介的功率越高，信号光和闲置光的增益也越大；在低于泵浦阈值输入功率的情况下，信号光和闲置光在腔内循环一周所带来的各项损耗（包括输出腔镜的损耗，以及晶体的吸收和散射损耗），将超过此时泵浦注入带来的增益，因而无法实现稳定的功率输出。单共振（SROPO）状态中，谐振腔仅与信号光和闲置光其中之一共振，而双共振状态中，谐振腔则同时与两个光场保持共振。因而，DROPO 对实验条件的要求更苛刻一些，稳定性比 SROPO 也会低一些，但是 DROPO 可以拥有更低的阈值，同时，因为下转换光在腔内都得到共振，因而可以获得更窄线宽的输出光场。

DROPO 的发生过程可以结合非线性媒介分两个物理步骤来理解。第一步是高频光子的湮灭（泵浦光子湮灭），同时非线性媒介中的一个分子有基态跃迁到一个不稳定中间态（虚能级）；由于处于中间态的分子极不稳定，会极快地向稳态能级（基态）跃迁，在向下跃迁过程中，释放出两个低能光子（信号光和闲置光），这可以理解为 OPO 发生过程的第二步。整个 OPO 发生过程能级示意图如图 4.2 所示。

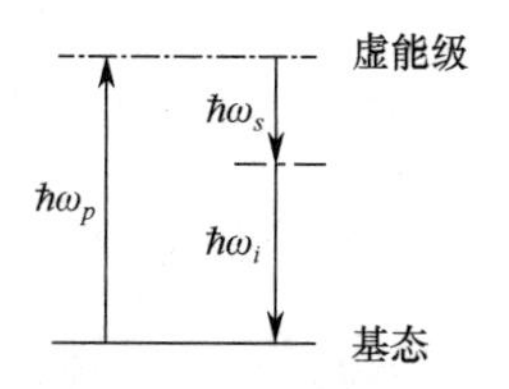

图 4.2　OPO 发生过程能级示意图

因为 DROPO 是建立在噪声基础上的稳定的光学参量增益输出装置，只有当光学参量增益超过光学参量损耗时才有稳定的运转，因而泵浦光阈值对于 OPO 是一个极其重要的物理量，本节首先研究 DROPO 的阈值问题。同样，还是从泵浦光、信号光和闲置光三个光场的运动方程开始，在平面波近似下，沿 z 方向传播的频率为 ω 的光波电场的表达式为

$$E(\omega,t)=\frac{1}{2}E_i\mathrm{e}^{\mathrm{i}(\boldsymbol{k}_i z-\omega_i t)}+c.c. \tag{4.1}$$

式中，E_i、$\boldsymbol{k}_i$ 和 ω_i 分别是闲置光场的电场振幅、波矢量和角频率，$c.c.$ 表示常数量。光波电场 $E(\omega,t)$ 的振幅为复数形式，如果将其以实数振幅形式表示，并假设平面波光场初始相位为零，则在慢变场包络近似下，可以有如下的三波耦合波方程组：

$$\begin{aligned}
\frac{\mathrm{d}E_s}{\mathrm{d}z}&=\mathrm{i}\frac{\omega_s d_{\mathrm{eff}}}{\mathrm{c}n_s}E_p E_i^*\exp(-\mathrm{i}\Delta\boldsymbol{k}z)\\
\frac{\mathrm{d}E_i}{dz}&=\mathrm{i}\frac{\omega_i d_{\mathrm{eff}}}{\mathrm{c}n_i}E_p E_s^*\exp(-\mathrm{i}\Delta\boldsymbol{k}z)\\
\frac{\mathrm{d}E_p}{\mathrm{d}z}&=\mathrm{i}\frac{\omega_p d_{\mathrm{eff}}}{\mathrm{c}n_p}E_p E_s^*\exp(-\mathrm{i}\Delta\boldsymbol{k}z)
\end{aligned} \tag{4.2}$$

在准相位匹配过程中，$\Delta\boldsymbol{k}=\boldsymbol{k}_p-\boldsymbol{k}_s-\boldsymbol{k}_i-\boldsymbol{k}_m$，$\boldsymbol{k}_p$、$\boldsymbol{k}_s$、$\boldsymbol{k}_i$、$\boldsymbol{k}_m$ 分别对应于泵浦光、信号光、波矢量以及周期极化晶体的倒格矢量，d_{eff} 表示周期极化晶体的有效非线性系数，c 表示光速，n_p、n_s、n_i 分别表示泵浦光、信号光和闲置光在非线性媒介中的折射率，ω_p、ω_s、ω_i 分别表示泵浦光、信号光和闲置光频率，E_p、E_s、E_i 分别表示泵浦光、信号光和闲置光电场振幅。

为叙述方便，引入一个归一化的变量 $A_m(z)$，$\left|A_m(z)\right|^2$ 表示每个光场单位时间内的光子数（其中，$m=s, i, p$）。这样，引入新变量后，上述耦合波方程组就可以写为

$$\begin{aligned}
\frac{\mathrm{d}A_s}{\mathrm{d}z}&=\mathit{\Gamma} A_p A_i^*\exp(\mathrm{i}\Delta\boldsymbol{k}z)\\
\frac{\mathrm{d}A_i}{\mathrm{d}z}&=\mathit{\Gamma} A_p A_s^*\exp(\mathrm{i}\Delta\boldsymbol{k}z)\\
\frac{\mathrm{d}A_p}{\mathrm{d}z}&=-\mathit{\Gamma} A_p A_s\exp(-\mathrm{i}\Delta\boldsymbol{k}z)
\end{aligned} \tag{4.3}$$

式中，$\mathit{\Gamma}$ 表示参量增益因子，A_s、A_i 和 A_p 分别表示信号光、闲置光和泵浦光对应归一化光场振幅。根据 Boyd 和 Kleinmann 的分析，最佳转换效率发生在 $\frac{1}{\omega_p^2}=\frac{1}{\omega_s^2}+\frac{1}{\omega_i^2}$ 的情况下，在这种情况下，对于一阶准相位匹配（极化阶数为 1），$\mathit{\Gamma}$ 可以表示为

$$\mathit{\Gamma}=[\frac{64hd_{\mathrm{eff}}^2}{\pi\varepsilon_0 n_p n_s n_i\lambda_p\lambda_s\lambda_i(\omega_s^2+\omega_i^2)}]^{\frac{1}{2}} \tag{4.4}$$

式中，h 表示 B-K 聚焦因子，ε_0 表示真空介电常数，λ_p、λ_i、λ_s 分别表示泵浦光、闲置光和信号光波长，对式（4.3）从 $z=0$ 到 l 做积分，且假设在整个积分长度 l 内光场振幅没有发生明显衰减，可以得到下列方程组：

$$\begin{aligned} A_p(l)-A_p(0)&=-l\chi^* A_s(0)A_i(0) \\ A_s(l)-A_s(0)&=l\chi A_p(0)A_i^*(0) \\ A_i(l)-A_i(0)&=l\chi A_p(0)A_s^*(0) \end{aligned} \tag{4.5}$$

式中，χ表示在整个 OPO 三波互作用媒介长度 l 内含有相位匹配的光学参量的增益系数，

$$\chi=\Gamma l\exp(-\mathrm{i}\Delta\boldsymbol{k}l/2)\mathrm{sinc}(\Delta\boldsymbol{k}l/2) \tag{4.6}$$

在 OPO 中，χ是一个非常重要的物理量，因为其量化了 OPO 腔中各光学参量的增益，后续的推导中都将用到这个表示增益的量。在实际中，人们往往对泵浦光束进行适当聚焦以提高参量光在非线性互作用过程中的转换效率，结合 Boyd 和 Kleinmann 所提出的无量纲函数 h（B-K 聚焦因子），考虑泵浦光聚焦的影响，对于χ的模方形式，可以表示为

$$|\chi|^2=\frac{64hd_{\mathrm{eff}}^2l^2h(\delta,\beta,\xi)}{\pi\varepsilon_0 n_p n_s n_i\lambda_p\lambda_s\lambda_i(\omega_s^2+\omega_i^2)}\cdot\mathrm{sinc}^2(\Delta\boldsymbol{k}l/2) \tag{4.7}$$

本书 2.2 节已对 h_m 函数中的各个物理量做过详细介绍，这里不再赘述。当在 OPO 腔内共振光场的增益等于其对应的腔损耗时，OPO 刚好可以输出下转换光场，而此时对应的泵浦光功率则为“阈值功率”。此时可得到以下耦合波方程：

$$\delta_p A_p=T_p e_p-\chi^* A_s A_i \tag{4.8}$$

$$\delta_s A_s=\chi A_p A_i^* \tag{4.9}$$

$$\delta_i A_i=\chi A_p A_s^* \tag{4.10}$$

式中，δ_p、δ_s 和δ_i 分别表示泵浦光、信号光和闲置光在腔内循环一周的损耗（暂且假设泵浦光也在腔内共振），δ_m 可以表示为

$$\delta_m=1-r_m(1-\alpha_m)\quad(m=s,p,i) \tag{4.11}$$

式中，α_m 表示光场振幅由于晶体吸收参量光所导致的参量光损耗，r_m 表示腔镜镜片所带来的参量光损耗（包括镜片对参量光的散射、吸收等），e_p 表示腔外入射泵浦光场的振幅，T_p 表示入射耦合腔镜对泵浦光的透射率。

以式（4.10）乘以式（4.9）的共轭方程，可以得到归一化泵浦光场振幅模方：

$$|A_p|^2=\frac{\delta_s\delta_i}{|\chi|^2} \tag{4.12}$$

同时，利用式（4.8），结合阈值处条件（$|A_s|^2,|A_i|^2\ll|A_p|^2$），可以得到：

$$\left|e_{p,\mathrm{th}}\right|^2=\frac{\delta_p^2\delta_i\delta_s}{T_p^2\left|\chi\right|^2} \tag{4.13}$$

式中，$\left|e_{p,\mathrm{th}}\right|^2$ 是以每秒光子数目为单位表示的阈值功率，如果以 W 为单位则阈值功率可以写成：

$$P_{\mathrm{th}}=\frac{hc}{\lambda_p}\left|e_{p,\mathrm{th}}\right|^2=\frac{hc}{\lambda_p}\frac{\delta_p^2\delta_i\delta_s}{T_p^2\left|\chi\right|^2} \tag{4.14}$$

以上分析是基于泵浦光与谐振腔共振的情形下进行的，而对于泵浦光是单次穿过晶体且全部透射输入耦合镜的情况，可以设定δ_p=1，T_p=1，这种情况下阈值功率可以表示为

$$P_{\mathrm{th}}=\frac{hc}{\lambda_p}\frac{\delta_i\delta_s}{\left|\chi\right|^2} \tag{4.15}$$

在信号光、闲置光损耗均很小的情况下（δ_s, $\delta_i \ll 1$），这两束光在腔内循环一周的损耗近似为$\alpha_s \approx 2\delta_s, \alpha_i \approx 2\delta_i$。进一步地，将式（4.7）代入式（4.15）中，则有：

$$P_{\mathrm{th}}=\frac{c\pi\varepsilon_0 n_p n_s n_i \lambda_s \lambda_i(\omega_s^2+\omega_i^2)}{64hd_{\mathrm{eff}}^2 l^2 h_m(B,\xi)}\cdot \mathrm{sinc}^{-2}(\Delta \boldsymbol{k}l/2) \tag{4.16}$$

从上述阈值功率表达式中可以看到：泵浦光单次穿过晶体的 OPO 运转方式中，在无走离效应的三波互作用非线性介质中（如准相位匹配晶体）会有一个更高的转化效率，而且同时拥有更高的非线性增益$|\chi|^2$；相对于角度相位匹配而言，准相位匹配方式将获得一个更低的阈值功率，这也是实验中选择周期极化磷酸氧钛钾作为非线性晶体的考虑之一。

4.2.2 阈值以上 DROPO 信号光和闲置光的输出功率

对于阈值以上的三波耦合波方程依然可以由式（4.8）～式（4.10）来表示，如果将式（4.10）代入式（4.8）中，就可以得到关于 A_p 的表达式：

$$A_p\left(1+\frac{\left|\chi\right|^2 A_s}{\delta_p\delta_i}\right)=\frac{T_p e_p}{\delta_p} \tag{4.17}$$

方程两边同时平方就可以得到泵浦光的振幅模方：

$$\left|A_p\right|^2\left(1+\frac{\left|\chi\right|^2 A_s}{\delta_p\delta_i}\right)^2=\frac{T_p^2\left|e_p\right|^2}{\delta_p^2} \tag{4.18}$$

由于形成振荡的条件是信号光和闲置光的增益等于各自对应的损耗，并且腔内的泵浦光功率刚好为阈值功率大小，也就是说：

$$\left|A_p\right|^2=\left|A_{p,\mathrm{th}}\right|^2=\frac{\delta_s\delta_i}{\left|\chi\right|^2} \tag{4.19}$$

将式（4.19）代入式（4.18）中，可以得到：

$$(1+\frac{\left|\chi\right|^2\left|A_s\right|^2}{\delta_p\delta_i})^2=\frac{\left|\chi\right|^2T_p^2\left|e_p\right|^2}{\delta_p^2\delta_s\delta_i}=\frac{\left|e_p\right|^2}{\left|e_{p,\mathrm{th}}\right|^2} \tag{4.20}$$

注意，式（4.20）中$|e_p|^2/|e_{p,\mathrm{th}}|^2$仅仅是腔外入射泵浦功率和泵浦阈值功率的比值，而腔内的信号光实际可以表示为（同样以每秒光子数为单位）

$$\left|A_s\right|^2=\frac{\delta_p\delta_i}{\left|\chi\right|^2}(\sqrt{\frac{P}{P_{\mathrm{th}}}}-1) \tag{4.21}$$

同理，腔内闲置光的输出功率可以表示为

$$\left|A_i\right|^2=\frac{\delta_p\delta_s}{\left|\chi\right|^2}(\sqrt{\frac{P}{P_{\mathrm{th}}}}-1) \tag{4.22}$$

假设 DROPO 输出腔镜对于信号光和闲置光的透射率分别为 T_s 和 T_p，则腔外的信号光和闲置光输出功率分别为

$$\left|A_s\right|_{\mathrm{out}}^2=T_s\frac{\delta_p\delta_i}{\left|\chi\right|^2}(\sqrt{\frac{P}{P_{\mathrm{th}}}}-1) \tag{4.23}$$

$$\left|A_i\right|_{\mathrm{out}}^2=T_i\frac{\delta_p\delta_s}{\left|\chi\right|^2}(\sqrt{\frac{P}{P_{\mathrm{th}}}}-1) \tag{4.24}$$

利用式（4.7），当 DROPO 实现理想相位匹配时（$\Delta\boldsymbol{k}=0$），以 W 为单位的信号光和闲置光输出功率分别为

$$P_{s,\mathrm{out}}=\frac{\lambda_p}{\lambda_s}\frac{{T_p}^2}{\delta_p\delta_s}T_sP_{\mathrm{th}}(\sqrt{\frac{P}{P_{\mathrm{th}}}}-1) \tag{4.25}$$

$$P_{i,\mathrm{out}}=\frac{\lambda_p}{\lambda_i}\frac{{T_p}^2}{\delta_p\delta_i}T_iP_{\mathrm{th}}(\sqrt{\frac{P}{P_{\mathrm{th}}}}-1) \tag{4.26}$$

假设泵浦光为单次穿过晶体，并且全部耦合入 DROPO 腔内，那么$\delta_p=1$，$T_p=1$，同时考虑$\alpha_s\approx2\delta_s$, $\alpha_i\approx2\delta_i$，这样信号光和闲置光的输出功率分别为

$$P_{s,\mathrm{out}}=\frac{2\lambda_p}{\lambda_s}\frac{T_s}{\delta_s}P_{\mathrm{th}}(\sqrt{\frac{P}{P_{\mathrm{th}}}}-1) \tag{4.27}$$

$$P_{i,\mathrm{out}}=\frac{2\lambda_p}{\lambda_i}\frac{T_i}{\delta_i}P_{\mathrm{th}}(\sqrt{\frac{P}{P_{\mathrm{th}}}}-1) \tag{4.28}$$

4.2.3 DROPO 下转换光场的调谐

1．腔长的调谐和温度调谐

由于 DROPO 要求信号光和闲置光在腔内能够同时共振，假设一个包含晶体长度 $L_c/2$ 的两镜驻波腔长为（L_c+L_a）/2，两个下转换光分别存在如下相位关系：

$$\frac{\omega_s}{c}\left[L_a+n_0\left(\omega_s,T\right)L_c\right]=2\pi N_s+\phi_s \tag{4.29}$$

$$\frac{\omega_i}{c}\left[L_a+n_0\left(\omega_i,T\right)L_c\right]=2\pi N_i+\phi_i \tag{4.30}$$

式中，$\phi_s(\phi_i)$表示由于腔镜镜面对信号光（闲置光）多次反射所带来的各自光场的附加相位，$N_s(N_i)$则表示信号光（闲置光）的纵模数，n_0 表示晶体的折射率，c 表示光速，T 表示温度。如果忽略晶体自身的热膨胀及空气色散的影响，而假设谐振腔腔长在空气中只发生了轻微的变化 ΔL_a，在确定的泵浦光频率下，结合式（4.29）和式（4.30），可得谐振腔腔长与闲置光和信号光频率之间的依赖关系为

$$L_a\Delta\omega_s+\omega_s\Delta L_a+\Lambda\omega_s n_0\left(\omega_s,T\right)L_c+\omega_s L_c\frac{\Delta n_0\left(\omega_s,T\right)}{\delta\omega_s}\Delta\omega_s=2\pi c\Delta N_s \tag{4.31}$$

$$L_a\Delta\omega_i+\omega_i\Delta L_a+\Delta\omega_i n_0\left(\omega_i,T\right)L_c+\omega_i L_c\frac{\Delta n_0\left(\omega_i,T\right)}{\Delta\omega_i}\Delta\omega_i=2\pi c\Delta N_i \tag{4.32}$$

由于双共振光学参量振荡过程中信号光和闲置光要求与谐振腔同时保持共振状态，所以

$$\Delta\omega_s=-\Delta\omega_i\text{，}\ \Delta N_s=-\Delta N_i \tag{4.33}$$

联立式（4.31）、式（4.32）和式（4.33），可以得到腔长改变量 ΔL_a 和信号光频率改变量 $\Delta\omega_s$、信号光频率改变量 $\Delta\omega_i$ 与晶体折射率改变量 Δn_0 的关系：

$$\begin{aligned}&\omega_p\Delta L_a+L_c\Delta\omega_s\left[n_0\left(\omega_s,T\right)-n_0\left(\omega_i,T\right)\right]+\\&L_c\Delta\omega_s\left[\omega_s\left(\frac{\Delta n_0\left(\omega_s,T\right)}{\Delta\omega_s}+\frac{\Delta n_0\left(\omega_i,T\right)}{\Delta\omega_i}\right)-\omega_p\frac{\Delta n_0\left(\omega_i,T\right)}{\Delta\omega_i}\right]=0\end{aligned} \tag{4.34}$$

由上式可见，伴随 OPO 腔长的变化，信号光频率 ω_s 及晶体的温度 n_0 分别作为独立变量而存在紧密的依存关系。实验中，可以控制晶体温度至恒定值处，进而通过扫描腔长而实现信号光（闲置光）输出频率的改变。

同理，由于晶体折射率可表示为晶体温度和参量光波长的函数，也可以通过调谐晶体的温度，进而实现对下转换光的波长调谐。在 2000 年，Boulanger 就给出了关于磷酸氧钛钾晶体折射率随波长和温度的变化关系：

$$n_k^{\,2}(\lambda,T)=a_k+\beta_k\left(T^2-400\right)+\frac{b_k+\delta_k\left(T^2-400\right)}{\lambda^2-c_k+\phi_k\left(T^2-400\right)}-\left[d_k+\rho_k\left(T^2-400\right)\right]\lambda^2 \quad (4.35)$$

$$(k=x,y,z)$$

式中，角标 k 表示晶体所在 x、y、z 的三个晶轴方向；T 表示晶体温度，单位为℃；λ 表示入射至晶体的波长，单位为μm；其余各参量及参量值如表 4.1 所示。式（4.35）对于晶体温度在 22～200℃范围内均适用。

表 4.1　磷酸氧钛钾晶体色散公式——式（4.35）中各个参量值

参　量	参量值		
	x 轴方向	y 轴方向	z 轴方向
a_k	3.0065	3.0333	3.3134
b_k	0.03901	0.04154	0.05694
c_k	0.04251	0.04547	0.05657
d_k	0.01327	0.01408	0.01682
$\beta_k(\times10^{-7})$	−53580	−2.7261	−1.1327
$\delta_k(\times10^{-7})$	2.8330	1.7896	1.6730
$\phi_k(\times10^{-7})$	7.5693	5.3168	−0.1601
$\rho_k(\times10^{-7})$	−3.9820	−3.4988	0.52833

2．泵浦光频率的调谐

同样忽略晶体的热膨胀效应和空气的色散，当晶体温度发生微改变 ΔT，同时腔长在空气中发生微改变 ΔL_a 时，由信号光在腔内发生共振的条件式（4.29）可得：

$$\frac{\Delta L_a}{L(\omega_s)}=-\frac{\Delta\omega_s}{\omega_s}-\frac{L_c}{L(\omega_s)}\frac{\partial n_0(\omega_s)}{\partial T}\Delta T \quad (4.36)$$

式中，$L(\omega)=L_a+L_c\left(n_0(\omega)+\omega\Delta n_0/\Delta\omega\right)$，表示由于频率改变导致系统腔长和晶体改变的总和。在一定的泵浦光输入频率下，闲置光和信号光频率的变化同样要满足能量守恒定理，二者存在此消彼长的总体守恒关系。同理，由闲置光在腔内发生共振的条件可得：

$$\frac{\Delta L_a}{L(\omega_i)}=-\frac{\Delta\omega_i}{\omega_i}-\frac{L_c}{L(\omega_i)}\frac{\partial n_0(\omega_i)}{\partial T}\Delta T \quad (4.37)$$

由于在整个非线性过程中三波互作用遵循能量守恒，即 $\Delta\omega_p=\Delta\omega_s+\Delta\omega_i$，因而可得下式：

$$\left(\frac{\omega_s}{L(\omega_s)}+\frac{\omega_i}{L(\omega_i)}\right)\Delta L_a=-\Delta\omega_p-L_c\left(\frac{\omega_s}{L(\omega_s)}\frac{\partial n_0(\omega_s)}{\partial T}+\frac{\omega_i}{L(\omega_i)}\frac{\partial n_0(\omega_i)}{\partial T}\right)\Delta T \quad (4.38)$$

由式（4.36）可得：

$$\Delta L_a=-\frac{L(\omega_s)}{\omega_s}\Delta\omega_s-L_c\frac{\partial n_0(\omega_s)}{\partial T}\Delta T \quad (4.39)$$

将式（4.39）代入式（4.38）中，则有

$$\left(\frac{L(\omega_s)}{\omega_s}+\frac{L(\omega_i)}{\omega_i}\right)\Delta\omega_s=\frac{L(\omega_i)}{\omega_i}\Delta\omega_p-L_c\left(\frac{\partial n_0(\omega_s)}{\partial T}-\frac{\partial n_0(\omega_i)}{\partial T}\right)\Delta T \tag{4.40}$$

式（4.40）表示信号光频率随泵浦光频率改变的关系。同理，对于闲置光同样有下式成立：

$$\left(\frac{L(\omega_s)}{\omega_s}+\frac{L(\omega_i)}{\omega_i}\right)\Delta\omega_i=\frac{L(\omega_s)}{\omega_s}\Delta\omega_p+L_c\left(\frac{\partial n_0(\omega_s)}{\partial T}-\frac{\partial n_0(\omega_i)}{\partial T}\right)\Delta T \tag{4.41}$$

假设调节泵浦光频率时，晶体温度保持恒定（$\Delta T=0$），则式（4.40）和式（4.41）可以分别简化为

$$\left(\frac{L(\omega_s)}{\omega_s}+\frac{L(\omega_i)}{\omega_i}\right)\Delta\omega_s=\frac{L(\omega_i)}{\omega_i}\Delta\omega_p \tag{4.42}$$

$$\left(\frac{L(\omega_s)}{\omega_s}+\frac{L(\omega_i)}{\omega_i}\right)\Delta\omega_i=\frac{L(\omega_s)}{\omega_s}\Delta\omega_p \tag{4.43}$$

对比式（4.42）和式（4.43）可得

$$\frac{\Delta\omega_s}{\Delta\omega_i}=\frac{\omega_s}{\omega_i}\frac{L(\omega_i)}{L(\omega_s)} \tag{4.44}$$

上述公式中信号光和闲置光的有效非线性作用长度可以分别表示为

$$L(\omega_s)=L_a+L_c\left[n_0(\omega_s)+\omega_s\partial n_0/\partial\omega_s\right],\quad L(\omega_i)=L_a+L_c\left[n_0(\omega_i)+\omega_i\partial n_0/\partial\omega_i\right] \tag{4.45}$$

在近简并条件下，$\omega_s\approx\omega_i\approx\dfrac{\omega_p}{2}$，则式（4.44）可以表示为

$$[\omega_i\Delta\omega_s-\omega_s\Delta\omega_i][L_a+L_c n_0(\omega_i)]=0 \tag{4.46}$$

由式（4.46）可得

$$\omega_i\Delta\omega_s-\omega_s\Delta\omega_i=0 \tag{4.47}$$

结合 $\Delta\omega_p=\Delta\omega_s+\Delta\omega_i$，可以得到信号光和闲置光的频率随泵浦光频率的变化情况，分别如下：

$$\begin{aligned}\Delta\omega_s&\approx\frac{\omega_s}{\omega_p}\Delta\omega_p\\ \Delta\omega_i&\approx\frac{\omega_i}{\omega_p}\Delta\omega_p\end{aligned} \tag{4.48}$$

由式（4.48）可见，信号光和闲置光的调谐频率正比于泵浦光的调谐频率。这就为在实际中通过调谐泵浦光的频率来改变信号光和闲置光的频率提供了理论依据。

4.3　实验装置和实验结果

图 4.3 为产生双共振光学参量振荡的实验装置示意图。实验中所需泵浦光源为单共振和频过程生成的 520nm 和频光。单共振和频装置在第 3 章中已有详细介绍，此处不再赘述。实验中采用 M1 和 M2 两面平凹镜片组成驻波谐振腔，二者的曲率半径均为 30mm。其中 M1 为入射腔镜，表面镀有 520nm 的高透膜和 1560nm 与 780nm 的高反膜；M2 表面镀有 520nm 的高反膜，并对 1560nm 和 80nm 两个波段有一定的透射率（约为 5.5%）。在 M2 背面粘贴有可伸缩的压电陶瓷（PZT），用来控制 OPO 的腔长。所用到的非线性晶体为周期极化磷酸氧钛钾（Raicol Crystals Ltd 制作）晶体，其尺寸为 1mm×2mm×20mm，极化周期为Λ=9.1μm。为了降低晶体在光学参量作用过程中所带来的内腔损耗，晶体的前后两个通光端面上均镀有 1560nm、780nm 和 520nm 的三色减反膜（减反率 AR<0.1%）。采用黄铜作为晶体的控温炉，控温炉下紧贴尺寸为 3cm×3cm 的帕尔贴元件用于实现控温炉即时的加热和冷却。使用聚砜材料包裹黄铜控温炉，从而保证整个晶体在光传播方向上控温的稳定性。采用 AD590 热敏传感器作为温度探测元件，实验中晶体最终控温精度可以达到 0.01℃。腔前放置透镜用于聚焦泵浦光功率至周期极化磷酸氧钛钾晶体中心，以达到尽量高的泵浦转换效率。在 OPO 输出腔镜后放置 1560nm 和 780nm 的双色镜（HT@1560nm 和 HR@780nm），可将生成的两束下转换光场分开。

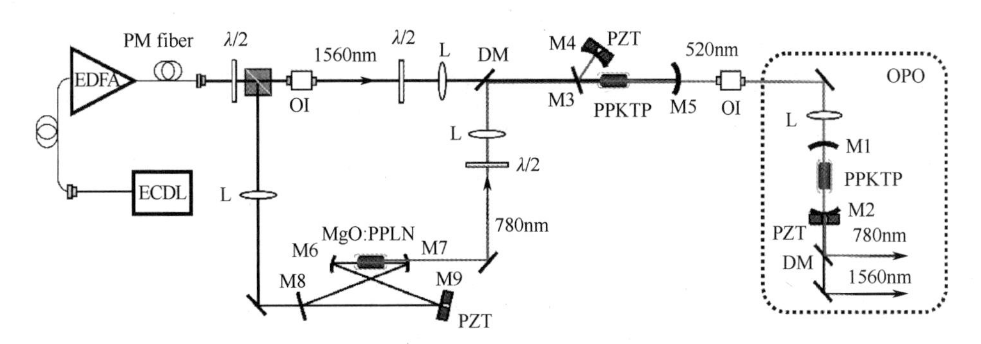

图 4.3　产生双共振光学参量振荡的实验装置示意图

注：ECDL—光栅外腔反馈式半导体激光器；EDFA—掺铒光纤放大器；OI—光隔离器；PM fiber—保偏光纤；λ/2—半波片；L—模式匹配透镜；M1～M9—腔镜；PZT—压电陶瓷；DM—双色镜。

锁定 OPO 腔长与信号光和闲置光模式对共振，同时控制周期极化磷酸氧钛钾晶体的温度就可以实现下转换光场稳定的输出。实验中，采用锁相放大器作为信号调制解调器，并将所得调制信号和解调信号（微分信号）通过信号加法器一并反馈到 M2 腔镜的压电陶瓷（PZT）上。当晶体温度为 65.4℃，泵浦光功率最高输入功率至 242mW 时，所得信号光（1560.5nm）和闲置光（780.3nm）输出功率分别为 93.3mW 和 44.6mW，对应下转换光场总的非线性转换效率可达 57%。在整个泵浦光输入功率范围内没有看到跳模的现象。图 4.4 为双共振光学参量下转换光（信号光和闲置光）输出功率随泵浦光输入功率的变化。

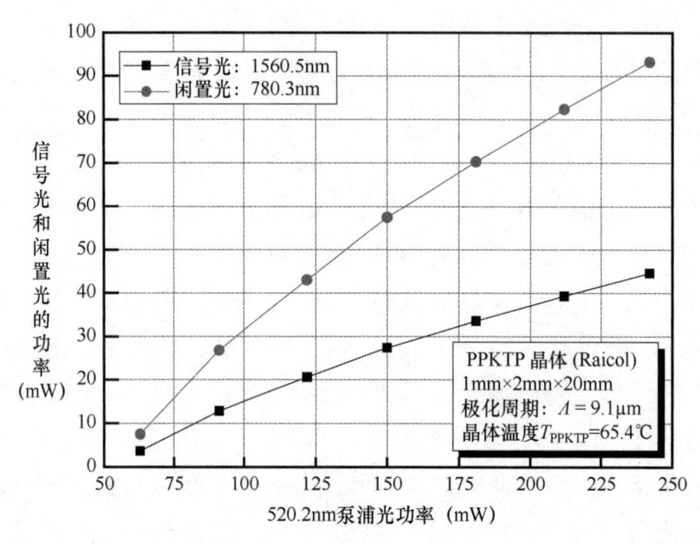

图 4.4 双共振光学参量下转换光（信号光和闲置光）输出功率随泵浦光输入功率的变化

OPO 过程需要同时满足能量守恒和动量守恒关系：

$$\omega_p = \omega_s + \omega_i \tag{4.49}$$

$$\Delta \boldsymbol{k} = \boldsymbol{k}_p - \boldsymbol{k}_s - \boldsymbol{k}_i - \frac{2\pi}{\Lambda} \tag{4.50}$$

在固定的晶体温度下，满足能量守恒和动量守恒的下转换光子对会率先起振并获得最大腔增益。这样，控制晶体在不同温度下，可以实现不同组合频率的下转换光模式对输出，进而实现输出光波长的粗调谐。实验中，在 26.5～80.2℃的温度调谐范围内改变晶体的温度。采用波长计（Advantest TQ8325）记录每个调谐温度（步长为 5℃）对应下的信号光和闲置光输出波长。测量到 DROPO 输出的下转换信号光粗调范围为 1529.81～1573.83nm（波长差约为 44nm），闲置光粗调范围为 788.26～777.20nm（波长差约为 11nm）。双共振光学参量振荡器下转换光在不同晶体温度下的输出波长调谐特性关系如图 4.5 所示，图中实心圆点和实心方块分别代表信号光和闲置光所测波长，实线为理论拟合。理论拟合可以通过磷酸氧钛钾晶体色散方程式（4.35）和相位匹配条件式（4.50）完成。

在高精密光谱应用领域中，除波长可以大范围实现粗调谐外，还常常需要精细调谐。而通过直接改变晶体温度或腔长的方法很难达到高精度调谐要求，也无法同时保证稳定的信号光和闲置光输出功率。这时，连续调谐泵浦光功率就成了一个极好的实现方式，根据 4.2 节中泵浦光频率调谐理论分析，在控制晶体温度和腔长恒定的情况下，可以通过扫描泵浦光输出频率而实现下转换光场的频率连续调谐。实验中，首先对 1560nm 种子激光器的频率进行调谐，给激光器压电陶瓷施加周期性扫频三角波，同时采用法布里–珀罗干涉仪监视 OPO 入射 520nm 泵浦光频率的变化。该干涉仪自由光谱区为 750MHz，精细度为 960。实验结果如图 4.6 所示，从图中可以看到，在三角波扫描状态下，520nm 泵浦光至少可以实现 1.8GHz 频率范围的连续调节。

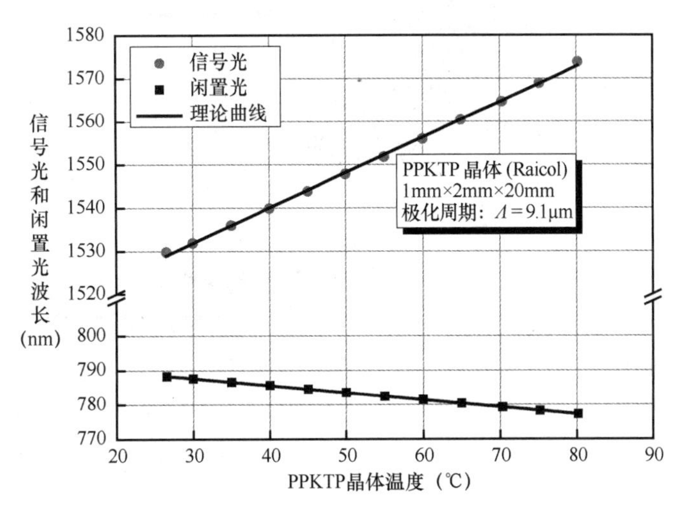

图 4.5　双共振光学参量振荡器下转换光场在不同晶体温度下的输出波长调谐特性关系

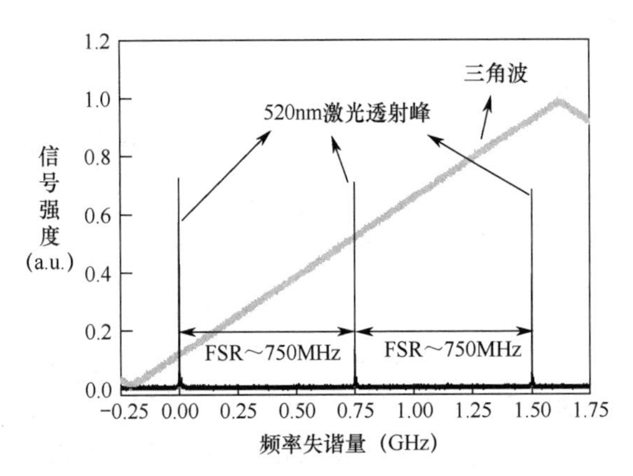

图 4.6　采用法布里–珀罗干涉仪监视 520nm 泵浦光连续频率调谐范围

注：干涉仪的自由光谱区为 750MHz。

进一步地，将该调制频率后的泵浦光注入双共振光学参量振荡器（DROPO）中，并控制周期极化磷酸氧钛钾晶体的温度（65.4℃），此时对应生成下转换闲置光波长位于铷原子 D_2 跃迁线附近（780.24nm）。这样通过调谐种子激光器 ECDL 的激光频率就可以获得 780nm 下转换光的饱和吸收谱，如图 4.7 所示。从实验结果可以看到，通过连续调谐 520nm 泵浦光源的频率，至少可以实现闲置光（780.24nm 附近）1.6GHz 范围内的连续频率调谐。520nm 泵浦光源的频率调谐主要通过调谐 1560nm 种子激光器的压电陶瓷实现，下转换光连续频率调谐范围的进一步扩大主要受限于实验装置中倍频腔（产生 780nm 激光）及和频腔（产生 520nm 激光）各自压电陶瓷最大的可伸长量。从理论上讲，种子激光器至少可以实现超过 10GHz 的连续频率调谐。

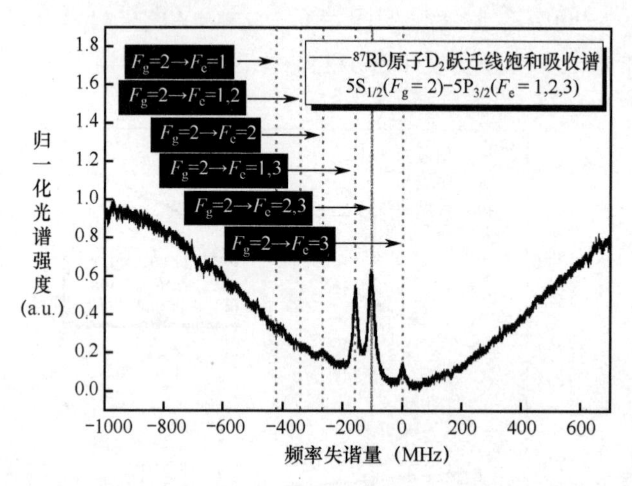

图 4.7　扫描种子激光器频率所得 780nm 下转换光场对应于 ^{87}Rb 原子 D_2 跃迁线饱和吸收谱

注：F_g 和 F_e 分别表示 ^{87}Rb 原子基态和激发态，^{87}Rb 基态和激发态对应各超精细能级结构示意图详见图 2.55。

4.4　本章小结

本章主要对连续可调谐双共振光学参量振荡器（DROPO）进行了理论和实验研究。理论部分，对 DROPO 的关键参量——泵浦阈值、下转换光场输出功率及影响下转换光场频率调谐的物理量（包括谐振腔腔长、非线性晶体温度和入射泵浦光频率）进行了理论分析。之后，采用高效周期极化磷酸氧钛钾晶体作为非线性参量作用晶体，当 520nm 泵浦功率为 242mW 时，所得信号光（1560.5nm）和闲置光（780.3nm）输出功率分别为 93.3mW 和 44.6mW，对应总的非线性光光转化效率为 57%。通过调谐周期极化磷酸氧钛钾晶体的温度，可以实现信号光和闲置光波长粗调谐范围分别达 44nm 和 11nm；控制晶体温度为 65.4℃，通过连续调节泵浦光输入频率，采用室温下铷原子气室做连续频率调谐范围鉴定，可以得到闲置光连续调谐范围为 1.6GHz。

本章参考文献

[1] KANE T J， BYER R L. Monolithic, unidirectional single-mode Nd:YAG ring laser [J]. Optics Letters,

1985, 10: 65-67.

[2] FREITAG I, TUNNERMANN A, WELLING H, et al. Power scaling of diode-pumped monolithic Nd:YAG lasers to output powers of several watts [J]. Optics Communications, 1995, 115: 511-515.

[3] BRYAN D A, RICE R R, GERSON R, et al. Magnesium-doped lithium niobate for higher optical power applications [J]. Optical Engineering, 1985, 24: 138-143.

[4] REID D T, PENMAN Z, EBRAHIMZADEH M, et al. Broadly tunable infrared femtosecond optical parametric oscillator based on periodically poled $RbTiOAsO_4$ [J]. Optics Letters, 1997, 22:1397-1399.

[5] KITAOKA Y, MIZUUCHI K, YAMAMOTO K, et al. Intracavity second-harmonic generation with a periodically domain-inverted $LiTaO_3$ device [J]. Optics Letters, 1996, 21:1972-1974.

[6] ARIE A, ROSENMAN G, KORENFELD A, et al. Efficient resonant frequency doubling of a cw Nd:YAG laser in bulk periodically poled $KTiOPO_4$ [J]. Optics Letters, 1998, 23: 28-30.

[7] DEBUISSCHERT T, SIZMANN A, GIACOBINO E, et al. Type-II continuous-wave optical parametric oscillators: oscillation and frequency-tuning characteristics [J]. Journal of the Optical Society of America B, 1993, 10:1668-1680.

[8] KOZLOVSKY W J, NABORS C D, ECKARDT R C, et al. Monolithic MgO:$LiNbO_3$ doubly resonant optical parametric oscillator pumped by a frequency-doubled diode-laser-pumped Nd:YAG laser [J]. Optics Letters, 1989, 14: 66-68.

[9] SCHILLER S, BYER R L. Quadruply resonant optical parametric oscillation in a monolithic total-internal-reflection resonator [J]. Journal of the Optical Society of America B, 1993, 10:1696-1707.

[10] GIBSON G M, DUNN M H, PADGETT M J. Application of a continuously tunable, cw optical parametric oscillator for high-resolution spectroscopy [J]. Optics Letters, 1998, 23:40-42.

[11] ARSLANOV D D, SPUNEI M, MANDON J, et al. Continuous-wave optical parametric oscillator based infrared spectroscopy for sensitive molecular gas sensing [J]. Laser Photonics Reviews, 2013, 7: 188-206.

[12] WU L A, KIMBLE H J, HALL J L, et al. Generation of squeezed states by parametric down conversion [J]. Physics Review Letters, 1986, 57: 2520-2523.

[13] SNYDER J J, GIACOBINO E, FABRE C, et al. Sub-shot-noise measurements using the beat note between quantum-correlated photon beams [J]. Journal of the Optical Society of America B, 1990, 7:2132-2136.

[14] REID M D, DRUMMOND P D. Quantum correlations of phase in nondegenerate parametric oscillation [J]. Physics Review Letters, 1988, 60:2731-2733.

[15] BRAUNSTEIN S L, LOOCK P V. Quantum information with continuous variables [J]. Reviews of Modern Physics, 2005, 77: 513-577.

[16] HONDA K, AKAMATSU D, ARIKAWA M, et al. Storage and retrieval of a squeezed vacuum [J]. Physics Review Letters, 2008, 100: 093601.

[17] LI M J, NOLAN D A. Optical transmission fiber design evolution [J]. Journal of Lightwave Technology, 2008, 26:1079-1092.

[18] LI Y M, GUO X M, WANG X Y, et al. Observation of two-color continuous variable quantum

correlation at 0.8 and 1.5 μm [J]. Journal of the Optical Society of America B, 2010, 27: 842-843.
[19] LI Y M, GUO X M, BAI Z L, et al. Generation of two-color continuous variable quantum entanglement at 0.8 and 1.5 μm [J]. Applied physics Letters, 2010, 97:030017.
[20] GUO X M, XIE C D, LI Y M. Generation and homodyne detection of continuous-variable entangled optical beams with a large wavelength difference [J]. Physics Review A, 2011, 84: 020301.
[21] GUO X M, ZHZO J J, LI Y M. Robust generation of bright two-color entangled optical beams from a phase-insensitive optical parametric amplifier [J]. Applied Physics Letters, 2012, 100: 091112.
[22] JIA X J, YAN Z H, DUAN Z Y, et al. Experimental realization of three-color entanglement at optical fiber communication and atomic storage wavelengths [J]. Physics Review Letters, 2012, 109: 253604.
[23] SAMBLOWSKI A, LAUKÖTTER C E, GROSSE N, et al. Two color entanglement [J]. American Institute of Physics Conference Proceedings, 2011, 1363: 212-219.
[24] KROLL N M. Parametric amplification in spatially extended media and application to the design of tuneable oscillators at optical frequencies [J]. Physics Review, 1962, 127: 1207-1211.
[25] ARMSTRONG J A, BLOEMBERGER N, DUCUING J, et al. Interactions between light waves in a nonlinear dielectric [J]. Physics Review, 1962, 127: 1918-1939.
[26] GIORDMAINE J A, MILLER R C. Tunable coherent parametric oscillation in $LiNbO_3$ at optical frequencies [J]. Physics Review Letters, 1965, 14: 973-976.
[27] SMITH R G, GEUSIC J, LEVINSTEIN H, et al. Continuous optical parametric oscillation in $Ba_2NaNb_5O_{15}$ [J]. Applied Physics Letters, 1968, 12: 308-310.
[28] SMITH R. A Study of factors affecting the performance of a continuously pumped doubly resonant optical parametric oscillator [J]. IEEE Journal of Quantum Electronics, 1973, 9: 530-541.
[29] HUM D S, FEJER M M. Quasi-phase matching [J]. Comptes Rendus Physique, 2007, 8:180-198.
[30] FRANKEN P A, WARD J F. Optical harmonics and nonlinear phenomena [J]. Reviews of Modern Physics, 1963, 35: 23-39.
[31] YANG S T, ECKARDT R C, BYER R L. Power and spectral characteristics of continuous-wave parametric oscillators: the doubly to singly resonant transition [J]. Journal of the Optical Society of America B, 1993, 10:1684-1695.
[32] BREITENBACH G, SCHILLER S, MLYNEK J. 81% conversion efficiency in frequency-stable continuous-wave parametric oscillation [J]. Journal of the Optical Society of America B, 1995, 12:2095-2101.
[33] ECKARDT R C, NABORS C D, KOZLOVSKY W J, et al. Optical parametric oscillator frequency tuning and control [J]. Journal of the Optical Society of America B, 1991, 8: 646-667.
[34] COLVILLE F G, PADGETT M J, DUNN M H. Continuous-wave, dual-cavity, doubly resonant, optical parametric oscillator [J]. Applied Physics Letters, 1994, 64:1490-1492.
[35] SCHILLER S, BREITENBACH G, PASCHOTTA R, et al. Subharmonic-pumped continuous-wave parametric oscillator [J]. Applied Physics Letters, 1996, 68: 3374-3376.
[36] WHITE A G, LAM P K, TAUBMAN M S, et al. Classical and quantum signatures of competing $\chi^{(2)}$ nonlinearities [J]. Physics Review A, 1997, 55: 4511-4515.

[37] BOYD G D, KLEINMAN D A. Parametric interaction of focused Gaussian light beams [J]. Journal of Applied Physics, 1968, 39(8): 3597-3639.

[38] TAHTAMOUNI R A, BENCHEIKH K, STORZ R, et al. Long-term stable operation and absolute frequency stabilization of a doubly resonant parametric oscillator [J]. Applied Physics B, 1998, 66: 733-739.

[39] BOULANGER B, FEVE J P, GUILLIEN Y. Thermo-optical effect and saturation of nonlinear absorption induced by gray tracking in a 532-nm-pumped KTP optical parametric oscillator [J]. Optics Letters, 2000, 25: 484-486.

[40] 郭善龙，葛玉隆，张孔，等. 520nm 泵浦 780nm+1560nm 双共振光学参量振荡器 [J]. 量子光学学报, 2015, 21(1): 93-98.

[41] 郭善龙. 基于周期极化晶体的 1560nm 激光 SHG 和 THG 及 OPO 研究 [D] .太原：山西大学，2015.

第 5 章

光通信波段激光测速的应用

5.1 基于共焦法布里–珀罗腔的双频激光多普勒测速

5.1.1 激光多普勒测速的背景和意义

激光多普勒测速仪（Laser Doppler Velocimeter，LDV）是基于激光多普勒效应测量流体运动速度（流体激光多普勒测速）或固体运动速度（固体激光多普勒测速）的一种非接触测量仪器。它通过流体中的示踪粒子或固体表面的散射粒子对入射激光进行散射，进而采集得到流体或固体表面的运动速度。其主要优点在于无损测量、空间分辨率高和动态响应快速。随着激光技术、电子技术及计算机技术的发展，激光多普勒测速已经被广泛用于军事、航空、计量、医学、机械、冶金等关系到国计民生的重要领域。

1964 年，叶（Y. Yeh）和柯明斯（H. Z. Cummins）首次在实验中观察到水流中粒子的散射光存在多普勒频移效应，拉开了激光多普勒测速的序幕。在此基础上，美国物理学家 Goldstein 等人提出了标准的双光束系统，使得激光多普勒测速在光子光谱相关技术的应用领域逐渐丰富，包括激光多普勒技术在显微镜系统中的应用和频谱分析仪中的使用，尤其是与医学诊断相关的测量。紧接着，Barker 等人率先提出“任意反射面速度干涉仪”（VISAR），用于非接触、高速运动目标的瞬态速度测量研究。20 世纪 80 年代以来，随着大量实际工程、机械测试的需要，激光多普勒测速逐步进入了实际应用的新阶段。世界上许多国家已经有成熟的流体和固体激光多普勒测速产品。例如，美国的 TSI 公司生产的相位多普勒粒子测量仪，可用于流体力学速度场测量；德国 Polytec 公司研制的 LSV3000 型激光多普勒测速仪专门为钢铁、塑料、玻璃等工业领域所设计。

国内对激光多普勒测速的研究工作开展较早。早在 1966 年 4 月，中国科学院长春光机所就成功研制出遥控脉冲式激光多普勒测速仪。基于不同的应用背景，国内多所高校都对激光多普勒技术进行了理论和实验研究。清华大学沈熊教授团队研制成我国第一台三维频移激光多普勒测速系统，成功应用于小浪底水库泄洪洞模型实验。天津大学钟莹教授团队设计了差动激光多普勒测速系统，用于检测微机电系统器件的运动；国防科技大学龙兴武等人提出了利用分层式激光测速方法对实验数据进行采集，并搭建了车载自主导航激光多普勒测速仪。

光纤通信市场的蓬勃发展和光纤集成器件的不断成熟，为激光多普勒测速技术带来了新的发展契机。光通信波段光源的激光多普勒测速的主要优势包括：① 用于光通信波段的雪崩光电探测器（APD）对可见光不敏感，因此可以工作于日常光照条件下，不必额外建设暗室，适用于实时实地的工程应用。② 光通信波段对应的光纤器件技术非常成熟，应用广泛，光纤器件天然的便携性和质量高保真性能同样为实际生产生活提供了便利。

中国工程物理研究院王德田等人采用全光纤差拍多普勒测速仪对压电陶瓷振动进行了测量，扩展了光纤激光多普勒测速技术的应用。由于流体激光多普勒测速在测速方面发展较早，技术相对成熟，因而率先在工程中得到广泛应用；相较而言，固体激光多普勒测速整体发展稍显滞后，尤其在“高速测量”和“稳定测量”这两个领域体现明显。目前，国内用于工业测量的固体激光多普勒测速产品大量从国外进口，这些激光多普勒测速产品不仅价格昂贵，同时日常维护也不方便。因此，研发具有我国自主知识产权的稳定高测速固体激光多普勒测速产品，不但可以打破国外技术垄断、节约资金，而且在国内也有很好的市场前景。

5.1.2　单频激光多普勒测速原理

不论是牛顿力学框架下还是相对论意义下，光的频率都可能在不同参考系之间有所不同。由于观察者和光源之间相对运动，造成观察者所测得的光的频率与光源的频率不一致，这个现象被称为光的多普勒效应。由于光速不变原理，在相对论框架下讨论光的多普勒效应反而更为简单。

1．光的多普勒效应

由于在任何参考系中，光的速度都是一样的，所以依据光的波长可以得到光的频率：

$$f=\frac{1}{\lambda} \tag{5.1}$$

式中，f 是光的频率，λ 是光的波长，1 是归一化后的光速。将光速做归一化处理是为了后续多普勒频移表达更直观。

假设光源所在的参考系为 K_1，观察者所在的参考系为 K_2，而 K_2 相对于 K_1 的运动速度为 $\boldsymbol{v}=(v,0,0)^{\mathrm{T}}$。设光的频率在 K_1 中为 f，在 K_2 中为 f'，那么光的波长在 K_1 中为 $\lambda=1/f$，在 K_2 中为 $\lambda'=1/f'$。

1）一维情况

设在 K_1 参考系中，观察者和光的运动方向是一致的。取 K_1 中光的两个相邻的波峰，作为两个以光速运动的点。为简化讨论，不妨设其中一个点的世界线表示为

$$\begin{pmatrix} t_1 \\ t_2 \\ 0 \\ 0 \end{pmatrix} \tag{5.2}$$

另一个点的世界线表示为

$$\begin{pmatrix} t_1 \\ t_2+\lambda \\ 0 \\ 0 \end{pmatrix} \tag{5.3}$$

代入洛伦兹变换，则可得在 K_2 中两波峰的世界线分别为

$$\begin{pmatrix} \dfrac{t_1 - vt_1}{\sqrt{1-v^2}} \\ \dfrac{t_1 - vt_1}{\sqrt{1-v^2}} \\ 0 \\ 0 \end{pmatrix} \tag{5.4}$$

$$\begin{pmatrix} \dfrac{t_2 - v(t_2+\lambda)}{\sqrt{1-v^2}} \\ \dfrac{(t_2+\lambda) - vt_2}{\sqrt{1-v^2}} \\ 0 \\ 0 \end{pmatrix} = \begin{pmatrix} \dfrac{t_2 - vt_2 - v\lambda}{\sqrt{1-v^2}} \\ \dfrac{t_2 - vt_2 + \lambda}{\sqrt{1-v^2}} \\ 0 \\ 0 \end{pmatrix} \tag{5.5}$$

在各参考系中计算波长时，需要计算对应参考系中同一时间下两波峰的空间坐标的差。对于 K_1 “同一时间”意味着 $t_1=t_2$；对于 K_2，“同一时间”意味着 $t_1 - vt_1 = t_2 - v(t_2+\lambda)$。将“同一时间”条件分别代入两个参考系中两个点的世界线，消去 t_1 计算后发现，两波峰在 K_1 中的距离始终是 λ，而在 K_2 中的距离始终是 $\dfrac{(1+v)\lambda}{\sqrt{1-v^2}}$。由于已经设定这束光在 K_2 中的波长是 λ'，因此有

$$\lambda' = \frac{(1+v)\lambda}{\sqrt{1-v^2}} = \frac{\sqrt{1+v}}{\sqrt{1-v}}\lambda \tag{5.6}$$

因此，在 K_2 中，光的频率变为

$$f' = \frac{1}{\lambda'} = \frac{\sqrt{1-v}}{\sqrt{1+v}\lambda} = \frac{\sqrt{1-v}}{\sqrt{1+v}} f \tag{5.7}$$

以上为一维情况下光多普勒效应的分析。

2）三维情况

在三维情况下，要考虑在 K_1 坐标系下光的传播方向和 K_2 的运动方向不一致的情况。只要在垂直于 x 轴的方向上，y 轴和 z 轴的方向都可以任意选取，因此不妨设在 K_1 看来，光的传播方向在 x–y 平面的第一象限，与 x 轴夹角为 θ。类似于一维情况，取相邻两个波峰，考虑它们在 K_1 中的世界线：

$$\begin{pmatrix} t_1 \\ t_1\cos\theta \\ t_1\sin\theta \\ 0 \end{pmatrix} \tag{5.8}$$

$$\begin{pmatrix} t_2 \\ (t_2+\lambda)\cos\theta \\ (t_2+\lambda)\sin\theta \\ 0 \end{pmatrix} \tag{5.9}$$

将上述二者代入洛伦兹变换中，可得到其在 K_2 中的世界线：

$$\begin{pmatrix} \dfrac{t_1 - vt_1\cos\theta}{\sqrt{1-v^2}} \\ \dfrac{t_1\cos\theta - vt_1}{\sqrt{1-v^2}} \\ t_1\sin\theta \\ 0 \end{pmatrix} \tag{5.10}$$

$$\begin{pmatrix} \dfrac{t_2 - v(t_2+\lambda)\cos\theta}{\sqrt{1-v^2}} \\ \dfrac{(t_2+\lambda)\cos\theta - vt_2}{\sqrt{1-v^2}} \\ (t_2+\lambda)\sin\theta \\ 0 \end{pmatrix} \tag{5.11}$$

在 K_2 中，“同一时间”条件为 $t_1-vt_1\cos\theta=t_2-v(t_2+\lambda)\cos\theta$。类似于一维情况，代入“同一时间”条件，利用该条件并求两波峰的空间坐标之差，所得到的差是一个向量

$$\lambda\begin{pmatrix} 0 \\ \dfrac{\cos\theta\sqrt{1-v^2}}{1-v\cos\theta} \\ \dfrac{\sin\theta}{1-v\cos\theta} \\ 0 \end{pmatrix} \tag{5.12}$$

该向量的模长就是

$$\lambda'=\lambda\frac{\cos\theta\sqrt{1-v^2}}{1-v\cos\theta} \tag{5.13}$$

因此，在 K_2 中，光的频率为

$$f'=\frac{1}{\lambda'}=\frac{1-v\cos\theta}{\cos\theta\sqrt{1-v^2}}f \tag{5.14}$$

上式即为三维空间一般情况下的光多普勒效应。

如果 $\theta=0$，则退化为一维空间研究范畴，并且所有三维相关等式在 $\theta=0$ 时都退化为对应的一维情况。

2. 标量场和矢量场的多普勒理论模型

对于实际的激光多普勒测速而言，当波源和探测器之间存在相对运动时，探测频率会发生变化。之所以会发生这种情况，是因为波源发射的波要么被压缩（如果波源和探测器彼此靠近），要么被分散（如果它们彼此远离）。最常见的例子是当声源从身边经过时，音调的下降（由频率决定），如向乘客快速靠近的列车鸣笛声，会给听者音调变高的感觉。同样，光波也会产生多普勒效应。一直以来，人们都希望能够准确测量这个光波频率的变化。然而，一个现实的问题是光波的频率非常高，很难利用光电仪器直接测量。于是，人们找到了一种简捷且准确的方案，即使用“光拍”现象来解决。笼统地讲，“拍”是两个频率稍有不同的波叠加时产生的效果。当这两个波的相位彼此交替地靠近或分离时，它们的强度也随之交替地增加或减小。最终的结果是检测到的频率等于两个波之间的频率差。通过将多普勒频移波与原始频率的参考波混合，产生的拍频远低于两个组成波中的任何一个，因此更容易测量。由于该拍频等于两个频率之间的差，因此它正好等于多普勒效应产生的频移。

根据前文相对坐标轴的描述，当光源和探测器在同一方向上相对运动时，则对应频率变化与源和探测器的相对速度之间的关系可表示为

$$f'-f=\frac{v}{c-v}f \tag{5.15}$$

式中，f' 是光波入射频率，f 是光波由于目标运动导致改变的频率，v 是光源和探测器之间的相对速度，c 为光速。由于光速 c 远大于 v，因此上式可简化为

$$f'-f=\frac{v}{c}f \tag{5.16}$$

因此，当多普勒频移光与原始频率的参考光混合时，频移或拍频与被测速度成正比。

实际上，多普勒测速系统往往被应用于更加复杂的测试场景，光源和探测器之间不

再保持同一直线的相对运动，更多时候是二者存在某个相对运动的分量。

当激光照在运动物体上时，就会在物体表面发生漫反射现象，运动物体表面散射回来的光线相对于入射光线将会发生一个多普勒光频率偏移量，且同一直线方向上的多普勒频移与物体的运动速度成正比关系。这里可基于上述标量表达式拓展为三维多普勒运动场景，通过建立光源和探测目标之间的矢量模型来分析激光多普勒测速原理。建立如图 5.1 所示的理论测速模型。假设光源 S 发出频率为 f 的一束光并照射到运动圆盘表面 P 点。当圆盘绕圆心 O 点转动时，光探测器 R 可接收到来自 P 点的运动散射光。在此过程中，光源 S 和光探测器 R 二者固定不动，仅有圆盘运动。从光源发出激光到探测器接收光信号，依次经过静止光源到运动物体和运动物体到静止探测器两个信号发射和接收过程，且这两个过程均有多普勒相对运动导致的光频移信号。假设图中 $\boldsymbol{\mu}_1$ 表示静止光源发出激光的速度，$\boldsymbol{\omega}\cdot r$（$r$ 为圆盘半径）为 P 点转动线速度，$\boldsymbol{\mu}_2$ 表示 P 点相对于探测器 R 发出的散射光速度。

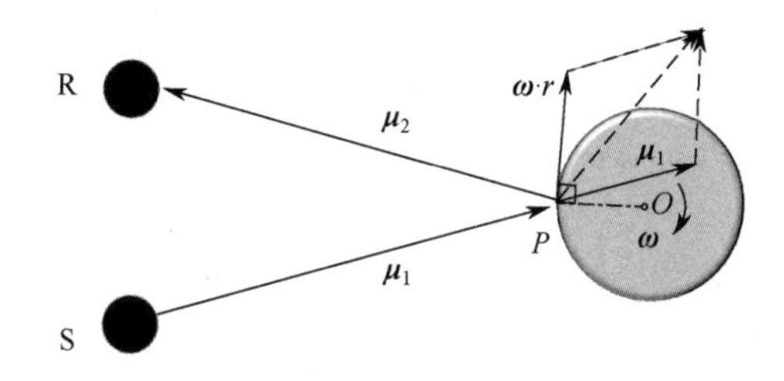

图 5.1　激光多普勒测速参考光理论模型示意图

从 S 光源发出光束到达转动点 P，根据上文理论，其对应的第一次多普勒频移为

$$f' = \frac{c - \omega r \cdot \boldsymbol{\mu}_1}{\lambda} = f\left(1 - \frac{\omega r \cdot \boldsymbol{\mu}_1}{c}\right) \tag{5.17}$$

式中，c 为光速，λ 为激光波长。

同理，从转动点 P 发出散射光到达探测器 R，对应的第二次多普勒频移为

$$f'' = \frac{f'}{1 - \dfrac{\omega r \cdot \boldsymbol{\mu}_2}{c}} = \frac{f\left(1 - \dfrac{\omega r \cdot \boldsymbol{\mu}_1}{c}\right)}{1 - \dfrac{\omega r \cdot \boldsymbol{\mu}_2}{c}} \tag{5.18}$$

由于圆盘转速远小于物体运动速度，上式可简化为

$$\Delta f = f'' - f = \frac{\omega r \cdot (\boldsymbol{\mu}_1 - \boldsymbol{\mu}_2)}{\lambda} \tag{5.19}$$

因此，通过对散射信号的多普勒频率差 Δf 进行测量，就可以根据式（5.19）计算出 P 点的运动速度。在该原理下，人们尝试了多种激光多普勒测速的方案。激光多普勒测速的方式主要包括参考光法、单光束双散射法和双光束多普勒拍频法等。

1）参考光法

由于光波频率极高（10^{14}Hz 量级），光电器件难以直接对光波频率进行测量。激光多普勒测速技术可看作一种典型的光外差技术，测量的是待测目标的速度与入射激光频率之间的物理关系，利用收集目标的反射光与原入射光混合产生的差频进一步计算出待测目标的速度；也可看作一种以入射光作为参考光的光干涉测量法，利用光束干涉得到的拍频信号与散射粒子（流体中粒子）的速度成正比的内在关系，求出目标速度。典型多普勒参考光测速实验装置示意图如图 5.2 所示。一束激光经分束镜分为两束，其中较弱功率的一束为参考光，另一束较强功率激光为探测光。探测光经运动目标散射后的散射光和参考光一同被送入光电探测器进行探测。

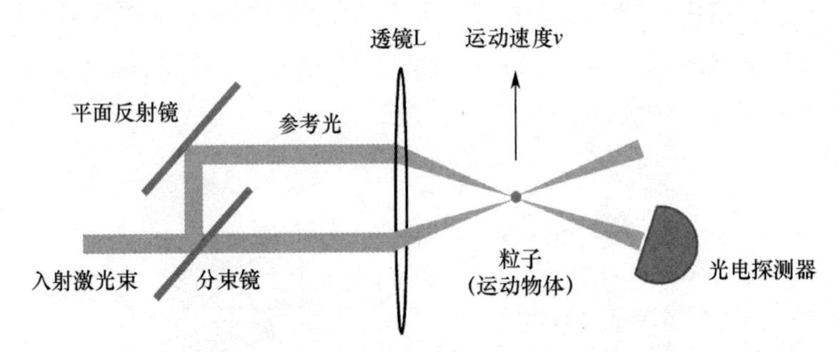

图 5.2　典型多普勒参考光测速实验装置示意图

运动物体相对于入射波和探测器在运动。相对于入射光源，它的频移比式（5.16）预测的频移翻了一倍，有

$$f' - f = \frac{2v}{c} f \tag{5.20}$$

式中，f 为入射激光频率，f' 为多普勒频移后的激光频率。

若用拍频来表示速度，令

$$f' - f = \Delta f \tag{5.21}$$

则式（5.20）简化为

$$v = \frac{c}{2} \frac{\Delta f}{f} \tag{5.22}$$

将波长为 λ 的光波传输方程 $c = f\lambda$ 代入式（5.22）中，得到待测目标沿观察视线方向的运动速度表达式：

$$v = \frac{\lambda}{2} \Delta f \tag{5.23}$$

式（5.23）是激光多普勒参考光测速的基本方程。如果运动物体朝观察方向以外的方向运动，则所测量的 v 是沿视线方向的速度分量。在实验中，通常不需要使用独立激光光源作为参考光，而使用从系统激光光源分束得到的未发生频移的参考光，如图 5.2 所示。所得参考光形成多普勒测速目标的光探头区域，处于该区域的待测目标（粗糙固体表面或流体粒子）将反射足够强度的激光用于光电探测器检测以完成测量。光探头区域的散射光形成干涉，可以遍历几乎相同的路径光频移，且不受空气扰动等因素影响。

2）单光束双散射法

该方案是将入射激光光束分两个方向对待测目标进行光散射，产生的两束散射光由光电探测器探测后，进行光外差信号处理。单光束双散射实验装置示意图如图 5.3 所示，对称的两束散射光束通过双孔光阑（其余光被阻挡），该方案的优势在于：可以接收较大交角的两束散射光且可同时测量两束光的速度分量；旋转双孔光阑角度，还可以方便地测量任意不同方向的速度分布。该方案的缺陷在于光探测效率较低。

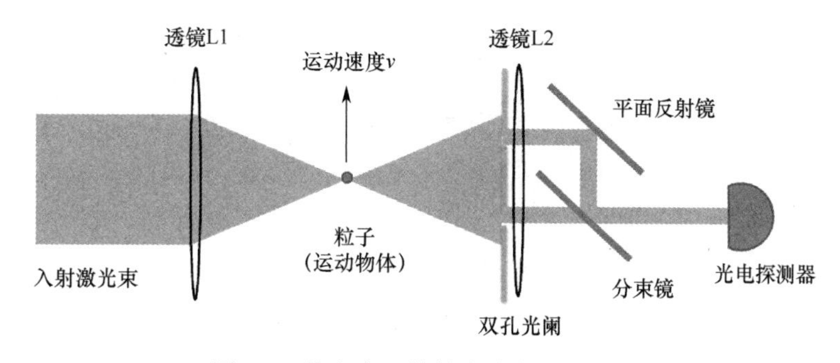

图 5.3　单光束双散射实验装置示意图

3）双光束多普勒拍频法（或双光束多普勒差分法）

双光束多普勒拍频系统如图 5.4 所示。入射激光被分成两束功率相等的激光光束。经透镜聚焦后成一定角度汇聚于一点，该汇聚点即为探测目标的测量区域，最后通过光电探测器收集处于相同方向的散射光差频信号。对于许多应用来说，把从运动物体和参考光束中散射出来的光聚集在一处是保证测速精度的关键。

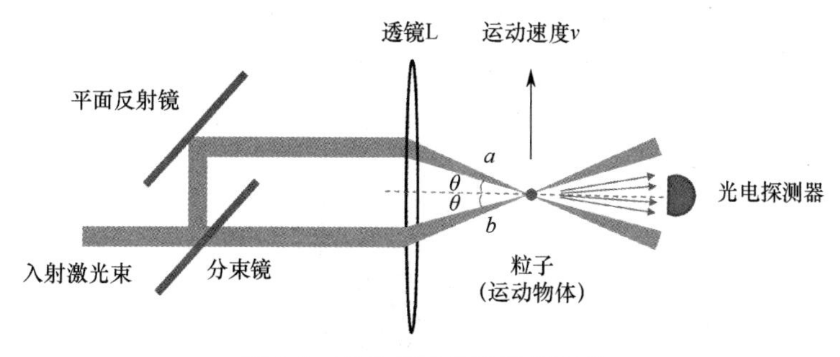

图 5.4　双光束多普勒拍频系统

假设一个散射粒子在图 5.4 所示方向上以速度 v 运动，平行于两个激光束的速度分量为 $v\sin\theta$ 和 $-v\sin\theta$。来自左上角的光束，粒子速度的分量与光线运动的方向相反，而另一束粒子速度的分量与光线运动的方向相同，所以二者在符号上相反。因此，当被粒

子散射时，光束 a 的频率会增加，对应光束 b 的频率则等幅减小。用速度分量表示的频移则为

$$\Delta f = \frac{v\sin\theta}{c} f \tag{5.24}$$

由于两束光的频移相等，但符号相反，粒子反射的两束光的频率差是这个分量速度所表示的频移的两倍：

$$\Delta f = \frac{2v\sin\theta}{c} f \tag{5.25}$$

如同参考光法测速模型，运动粒子的速度将引起散射光频移，并且每束散射光具有相同的频移，因此不会对总的探测频率差产生影响。因此，式（5.25）表示了粒子运动产生的总频率差（拍频），也就是说双光束技术是独立于视场方向的，可以采用一个高数值孔径的透镜收集运动目标的散射光，进而提高光探测效率。这与参考光模型技术方案略有不同。实际参考光实验模型，往往需要在探测器前面设置小孔，以便在同一个方向上进行测量，但是这样会导致光探测效率降低。而双光束模型则不存在这样的问题。

整理式（5.25），可得到观察点速度与探测信号拍频的关系表达式:

$$v = \frac{\lambda}{2\sin\theta}\Delta f \tag{5.26}$$

假设粒子沿两束正交入射激光束的平分线呈直线运动。如果粒子朝另一个方向运动，所测量的就是这个方向上的速度分量。换句话说，为了确定粒子的速度（或者至少是它在某个方向上的分量），需要知道两束激光与激光波长之间的夹角，并测量观测到的拍频。

上述三种实验模型的拍频信号均来源于运动目标表面散射光的波动，还可以从另一种角度来看待这种强度波动。如图 5.5 所示为双光束多普勒测速技术的干涉示意图，满足干涉条件的两束激光以 2θ角度相交而产生干涉。

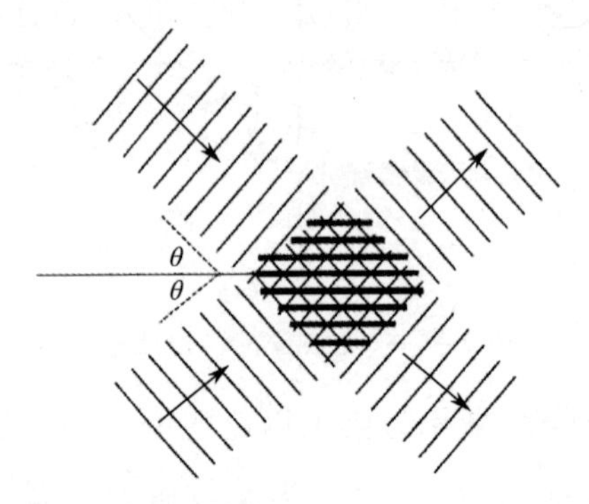

图 5.5　双光束多普勒测速技术的干涉示意图

图 5.5 中平行细实线表示光波传播的波峰，两列波重叠区域的粗水平线表示一列波波峰到另一列波波峰的位置；这两列波的波谷同样沿相同方向重叠，且波谷位于这两列波的波峰之间。由于两列波相位相同，实际三维空间中存在最大干涉光强度；在最大干涉光强度中间位置的两列波是反相的，其中一列波的波峰落在另一列波的波谷上，两列波将互相干涉抵消，因此，在这些点上会有一个强度最小值（这些点也会在图中形成平行线，或在空间中形成平行平面）。假设两列波同时传播一个周期（$1/f$ 的时间，f 为光波频率）距离后，二者均前进一个波长（λ）的距离，两列波同相位的空间位置并没有移动，并且所有等相位空间位置均固定不变，即形成不随光波传播改变的恒定空间干涉条纹图案。从图 5.5 中可以看到，这些条纹的间距相等，并且平行于两列波之间的角平分线，图中的重叠区域采用简单的三角函数运算，就可以得出以下关于光的波长 λ 和每条光束与光束的角平分线（平行于条纹）之间角度为 θ 的条纹间距 s 的表达式：

$$s = \frac{\lambda}{2\sin\theta}\Delta f \tag{5.27}$$

现假设一个粒子穿过上述重叠区域，当该粒子在明亮条纹区域时，它将把光反射到观察者（或探测器）。然而，当它处于消光区域时，由于两束光处于反相位而相互抵消，粒子就不发出散射光了。因此，当粒子通过干涉条纹时，粒子接收到的光强将随光束干涉呈现周期性的波动。这种波动即可用来方便地计算光的频率波动。如果粒子的速度（实际上是垂直于条纹的速度分量）为 v，那么它在 1s 单位时间内将移动一段距离 v。假设条纹间距为 s，则意味着它将以每单位时间（v/s）的速度通过明亮的条纹，因此光将以这个频率发生波动（或振荡）。对应光波频率为

$$\Delta f = \frac{2v\sin\theta}{\lambda} \tag{5.28}$$

将速度用频率表示，则为

$$v = \frac{\lambda}{2\sin\theta}\Delta f \tag{5.29}$$

这与式（5.26）的表达形式相同。也就是说，移动目标经过两束光干涉形成干涉区域而导致的散射光强度，和移动目标导致的激光多普勒频移具有完全一致的数学解释。但这两种方法的切入点并不相同，第一种方法把这种情况看作光的频率由于多普勒效应的影响发生变化，然后对两束不同频率的光同时进行探测，进而得到拍频信号；第二种方法则认为是两束频率相同的光束的干涉，并计算粒子通过干涉条纹的速度。可以说，两种方法是看待同一现象的两种不同方式。

3. 多普勒测速技术的特性

上述三类单频多普勒测速原理具有一般性并有着较广的适用领域。实际测速过程中还要考虑以下情形。

1）粒子密度效应的影响

假设双光束重叠区域有两个粒子，且一个粒子在明亮的条纹区域，而另一个粒子在暗条纹区域，则总光强变化难以准确探测，即探测信号调制深度降低了，这将导致检测到的拍频信号强度降低。如果光束中同时有大量的粒子，探测信号强度甚至有可能降为零。因此，当流场中粒子密度较低时，双光束探测方法会更好；而参考光法测速方案对粒子数量不很敏感，因此当粒子密度较高时，可考虑参考光法测速方案。

2）检测目标移动方向的辨认

在双光束多普勒测速技术的干涉条纹解释中可以看到，当粒子以相反的方向穿过干涉条纹图案时会和正向穿过时产生相同的信号。由于在激光多普勒测速解释（包括参考光法技术）中所测量的拍频信号仅是两个光波频率之差，并没有表征哪个方向运动导致的光频率更高或更低。因此，在这两种基本的激光多普勒测速技术中，目标移动方向都是模糊的。

有两种方法可以消除这种模糊性并确定运动方向。一种方法是改变参考光束的频率（或者在双光束多普勒拍频方案中改变一个探测光束的频率），通过拍频的增加或减小可确定运动的方向（一般情况下，需对参考光束频率进行连续调制，然后使用信号处理相关技术对调制频率信号进行解调）；另一种方法是使用偏振成直角的光束（在双光束技术中产生两组条纹）和偏振敏感探测器。

3）有限速度分布的影响——自相关函数

如果所有粒子运动速度不同，而且分布在某个平均值附近，这种情况不再是单个值的多普勒频移而是呈现一定范围内的频率展宽。来自不同速度的散射光会产生频率不同的光，这些散射光会相互叠加（也会与参考光束叠加）。大量不同频率的光自拍生成的统计频率，其均值为零而不是某个有限的频率值，即此时所探测信号为零差信号，而不是外差信号。

零差自拍信号不受运动粒子整体速度影响，其更多用来研究散射粒子的随机运动，如扩散过程中发生的随机运动。以被激光照射的含有散射粒子的流体为例，由于流体中具有不同速度运动粒子的多普勒频移叠加会产生一定频率范围内的拍频信号，因而在粒子散射光中同样可以观察到对应的光强度起伏现象，而这些光强度起伏包含相关粒子运动的信息。此类应用主要涉及生物血液（或组织液）运动分析、粒子团扩散速率分析、布朗运动等。一般情况下，可通过测量光强度起伏的自相关函数（或自协方差）来分析研究上述应用。

自相关函数是一个强度随时间变化的函数，可被看作沿时间轴相对于自身信号的移动，且每个移动值（滞后）均是原始信号和移动信号（滞后信号）的乘积。该函数是对某一特定时间的信号强度与较短时间之前记录信号值相似程度的概率度量。这一概率将随着两次测量之间时间间隔（滞后）的增加而下降，并且光强度起伏幅度越大（或光强度起伏频率越高），其下降速度也越快。自相关函数和频谱之间存在着傅里叶变换关系，它们的本质是一致的。具体测量中，光子相关光谱技术多用于零差情况（通过测量相关函数完成），而激光多普勒测速技术用于外差情况（通过测量频谱完成）。

4）相关时间

系统自相关函数下降到一个预定较低值时所经历的时间称为相关时间，是光子相关光谱技术的一个重要参数。光强度变化越快，相关时间则越短。由于光强度波动的频率（多普勒频移）与散射体的平均速度成正比，这意味着相关时间与平均速度之间存在直接关系。具体关系将取决于自相关函数的形状，它由散射体的速度分布来决定。通常情况下，平均速度与相关时间成反比。

5.1.3　基于共焦法布里-珀罗腔的双频测速方案

在传统固体激光多普勒测速方法中，单频激光干涉较为常用。它是一种对直流信号进行处理的方法。激光器功率和干涉光束强度的波动等不稳定因素，会严重影响光电流的直流信号分量，给单频激光干涉条纹的计数带来误差。

为了增大激光多普勒测速范围并提高测量稳定度，人们尝试采用双频激光多普勒测速仪（Dual-Frequency Laser Doppler Velocimeter，DFLDV）。理论上，双频激光多普勒测速仪所能测量目标的最大移动速度正比于其入射双频激光频率差，因而在“高速测速”领域中尽量寻找大频差的双频激光，以满足高测速要求。

1．双频多普勒测速精度提高的原理

下面以实验中常常用到的注入种子光双频激光多普勒测速方案为例，来介绍双频多普勒测速方案测速精度提高的原理。该类双频多普勒测速方案是以在 P1 状态下运转的种子激光注入半导体激光器作为双频光源。P1 状态是一种典型激光注入状态，该状态下获得的双频光源的特征是对主激光器不稳定锁频工作区域进行中等甚至高强度种子光注入，该状态下可获取强的单边带调制性能，避免弱注入情形下双边带调制的四波混频可能状态发生，因而适合用作双频光源。注入后的主激光器可发出参考光和信号光两束激光，以经典的参考光模型对运动目标进行探测。对应双频激光电场可以表示为

$$E_r(t) = E_1 \mathrm{e}^{\mathrm{j}[2\pi f_1 t + \phi_1(t)]} + E_2 \mathrm{e}^{\mathrm{j}[2\pi f_2 t + \phi_2(t)]} \tag{5.30}$$

式中，(E_1, E_2)、(f_1, f_2)和(ϕ_1, ϕ_2)分别为 P1 态激光的两个主峰对应的电场、频率和相位，式（5.30）中等号右边两项代表两条光束的电场叠加。目标探测光束以速度 v 相对于待测目标移动，对应包含多普勒频移的后向散射光电场可表示为

$$\begin{aligned} E_t(t) = {} & E_1 \mathrm{e}^{\mathrm{j}[2\pi(f_1 + f_{d,1})t - 2\pi f_1 \tau + \phi_1(t-\tau) + \phi_{1,\mathrm{speckle}}(t-\tau)]} \\ & + E_2 \mathrm{e}^{\mathrm{j}[2\pi(f_2 + f_{d,2})t - 2\pi f_2 \tau + \phi_2(t-\tau) + \phi_{2,\mathrm{speckle}}(t-\tau)]} \end{aligned} \tag{5.31}$$

式中，$f_{d,1} = 2vf_1/c$ 和 $f_{d,2} = 2vf_2/c$ 分别为 f_1、f_2 对应的多普勒频移，c 是光速，$\phi_{1,\mathrm{speckle}}$ 和

$\phi_{2,\text{speckle}}$是散斑噪声的相位抖动，τ为相对于参考光的时间延迟。对应的相位抖动可以表示为

$$\begin{aligned}\phi_{1,\text{speckle}}(t) &= \int \frac{2\pi \times 2\gamma(p,t)}{\lambda_1}\text{d}\omega \\ \phi_{2,\text{speckle}}(t) &= \int \frac{2\pi \times 2\gamma(p,t)}{\lambda_2}\text{d}\omega\end{aligned} \tag{5.32}$$

式中，$\gamma(p,t)$是激光在不同时刻照射到目标物体表面点的粗糙度，λ_1和λ_2分别为f_1和f_2的对应波长，ω是激光光束腰斑尺寸。理论上，通过参考光和目标光会产生六项交叉项，但是因为f_1和f_2之间的频率差f_{P1}远大于雪崩光电探测器的带宽，最终探测到对应多普勒频移信号$f_{d,1}$和$f_{d,2}$的光强度分别为

$$\begin{aligned}I_1(t) &= 2E_1^2\cos\{2\pi f_{d,1}t + [\phi_1(t-\tau)-\phi_1(t)] + \phi_{1,\text{speckle}}(t-\tau) - 2\pi f_1\tau\} \\ I_2(t) &= 2E_2^2\cos\{2\pi f_{d,2}t + [\phi_2(t-\tau)-\phi_2(t)] + \phi_{2,\text{speckle}}(t-\tau) - 2\pi f_2\tau\}\end{aligned} \tag{5.33}$$

对$I_1(t)$和$I_2(t)$进行混频，最后得到多普勒拍频信号为

$$I_{\text{mix}}(t) = 2E_1^2E_2^2\cos\{2\pi f_{d,\text{P1}}t + [\phi_{\text{P1}}(t-\tau)-\phi_{\text{P1}}(t)] + \phi_{\text{P1,speckle}}(t-\tau) - 2\pi(f_1-f_2)\tau\} \tag{5.34}$$

式中，$f_{d,\text{P1}}=2vz(f_1-f_2)/c=2vf_{\text{P1}}/c$，$\phi_{\text{P1}}=\phi_1-\phi_2$，$\phi_{\text{P1,speckle}}(t)=\phi_{1,\text{speckle}}(t)-\phi_{2,\text{speckle}}(t)$。

对于传统单频激光多普勒测速方案而言，如式（5.33）中任意一项所示，多普勒频移信号带宽将不可避免地受到光学相位噪声的影响。而光学相位噪声则主要由激光光源的相干特性决定，主要包括自然线宽和频率稳定性。在光外差速度测量方案中，多普勒频移信号的带宽主要由信号光和目标光二者时变相位噪声关联来决定，当目标与参考光束之间的路径差增大时，多普勒频移信号在不同时刻会因$\phi_1(t)$、$\phi_2(t)$的突变而展宽。对于散斑噪声，目标表面粗糙度引起［$\phi_{1,\text{speckle}}(t)$，$\phi_{2,\text{speckle}}(t)$］的随机相位变化也会使信号展宽，当目标以相对较快的横向速度移动时，散斑噪声引起的这种展宽将更加明显。随着多普勒频移信号展宽的增大，激光多普勒测速的速度分辨率会严重降低。

此外，基于式（5.34）原理工作的双频激光多普勒测速系统，可以看作采用了频率f_{P1}的微波拍频信号对待测目标进行探测。由于微波拍频信号的等价波长约是激光波长的10^4倍，因此相同目标表面粗糙度和散斑信号的相位变化所带来的测速影响将会显著减小，而且散斑噪声引起的光谱展宽可以得到较大程度的抑制。也就是说，多普勒频移、光学相位及由散斑噪声引起的相位变化都仅与微波拍频信号有关，而与光学拍频信号无关。如果利用微波调制将相位锁定在$\phi_1(t)$和$\phi_2(t)$两相位之间，还可以提高微波拍频信号的相干性和稳定性。

常见的产生激光频率差的方法有三种，分别为激光器塞曼效应法、声光调制法和频率分裂法。受限于激光器（氦氖激光器）本身的工作方式及石英晶振振荡频率的限制，塞曼效应法和声光调制法所产生的最大激光频率差分别仅有 4MHz 和 20MHz，难以满足高测速要求；频率分裂法虽然借助双折射晶体可以产生较高的频率差（GHz 量级），

但加入双折射晶体使激光器结构复杂，稳频困难，而且双折射晶体本身的温度波动也会带来激光频率漂移。因此，提高激光频率差仍然是当前双频激光多普勒测速系统面临的重大挑战之一。

2．双频激光多普勒测速的设计方案

如何提高双频激光多普勒测速的频率差一直是人们探索的热点之一。本书采用共焦法布里–珀罗腔获取激光多普勒测速双频激光频率差。为避免塞曼效应法对单台激光器频率分裂的限制，在本书方案中，采用两台独立商用光纤通信波段分布反馈式半导体激光器（Distributed Feedback Laser，DFB）作为双频多普勒方案的输入光源，利用共焦法布里–珀罗腔将两台激光器频率分别锁定在腔的两个相邻本征模透射峰上（一个自由光谱区），可以获得频率间隔达 1.25GHz 的稳定双频多普勒测速装置。理论上，该波段（中心波长为 1.56μm）双源双频多普勒测速装置在该频率差下可测得的运动目标最高速度达 975m/s。此外，此方案采用光外差法探测激光信号，因而无须锁定法布里–珀罗腔，即可有效消除由于腔的机械抖动及热不稳定而导致的两激光源频差抖动。

3．法布里–珀罗腔的工作原理及实验设计

1）多光束干涉原理

当一束光进入薄膜后，将在薄膜上下表面进行多次反射和折射，光束振幅和强度也被多次分解和再合成，最终出射光是所有反射线或所有透射线叠加的结果。

通常，法布里–珀罗腔由两个间距一定且镀有高反射膜的高反镜组成，该光学器件的制造原理属于多光束等倾干涉。如图 5.6 所示，法布里–珀罗腔由 P_1 和 P_2 组成，P_1 和 P_2 是两块彼此平行放置、内表面镀有相同性质高反膜的透明玻璃板。法布里–珀罗腔中间介质的折射率为 n，P_1、P_2 间距为 L。A_0 为入射光束的振幅，α 为入射角，β 为折射角。

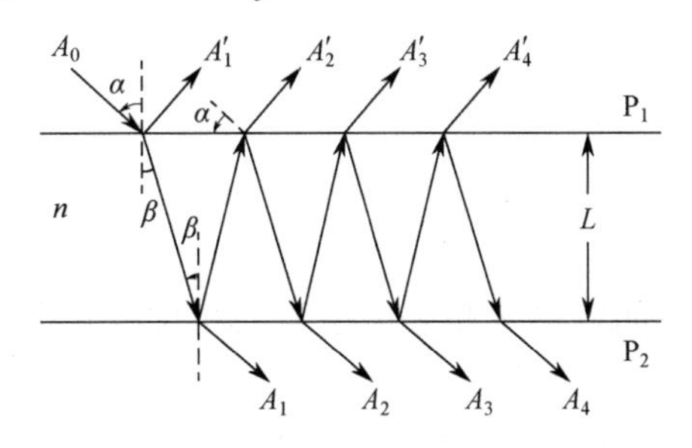

图 5.6　法布里–珀罗腔多光束干涉原理

由多光束干涉原理可知，入射光最后被分成平行的多束光。相邻两束透射光的光程差为 $\varDelta = 2L\cos\alpha$，相位差为 $\delta = \dfrac{2\pi}{\lambda}2L\cos\alpha$，若激光垂直入射法布里–珀罗腔，则 $\alpha = 0$。

设入射光电矢量的振幅为 A_0，那么光强是 $I_0 = A_0 A_0^*$，透射光总的叠加为

$$A = A_0 T(1 + R\mathrm{e}^{\mathrm{i}\delta} + R\mathrm{e}^{\mathrm{i}2\delta} + R\mathrm{e}^{\mathrm{i}3\delta} + \cdots) = \frac{A_0 T}{1 - R\mathrm{e}^{\mathrm{i}\delta}} \tag{5.35}$$

式中，R 为反射面的反射率，T 为反射面的折射率，忽略腔的损耗，$R+T=1$。

透射光强为

$$I_T=\frac{I_0}{1+\dfrac{4R}{(1-R)}\sin^2(\delta/2)} \tag{5.36}$$

反射光强为

$$I_R=\frac{I_0}{1+\dfrac{(1-R)^2}{4R\sin^2(\delta/2)}} \tag{5.37}$$

基于式（5.36），用 Mathematica 软件可作出不同腔镜反射率下法布里–珀罗腔的透射峰曲线，其纵坐标为归一化强度 I_T/I_0，横坐标为相位差 δ，如图 5.7 所示。

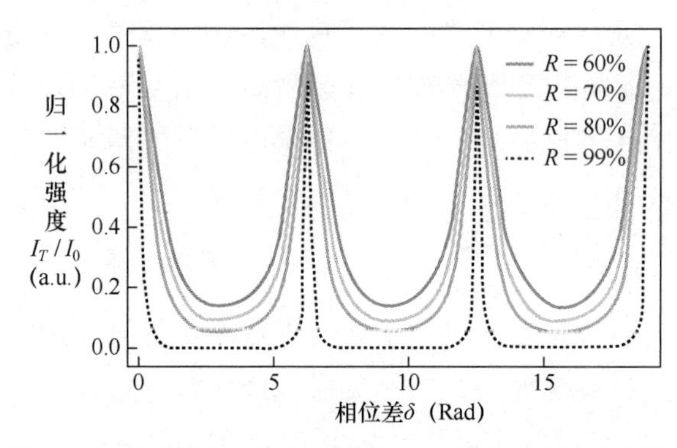

图 5.7　不同腔镜反射率下法布里–珀罗腔透射峰曲线

注：本图彩色版见本书最后彩插。

如果将图 5.7 的纵坐标倒过来从上往下看，就是 $I_R=I_0-I_T$ 随相位差 δ 变化的曲线。图 5.7 表明，I_T 和 I_R 虽然都与 R 有关，但极大值和极小值的位置仅由 δ 决定，与 R 无关。I_T 的极大值在 $\delta=2k\pi$（k 为整数）处，极小值在 $\delta=2(k+1)\pi$ 处；I_R 的极大值和极小值位置刚好对调。随着 R 的增大，透射光强的极大值（或者说反射光强的极小值）的锐度越来越大。R 的增大意味着多光束叠加过程中后面光束的作用越来越不可忽略，即加入干涉效应的光束数目越来越多，其后果是使干涉条纹的锐度变大，这一特征是多光束干涉的普遍规律。

在法布里–珀罗腔透射强度分布图中，两相邻透射峰所对应的中心频率间的差值就是一个自由光谱区的频差，当透射峰的峰值强度下降到总强度值的二分之一时，与之相对应的频率间的差值，就是腔的线宽 $\Delta\nu$。

2）共焦法布里–珀罗腔的设计

两镜共焦法布里–珀罗腔可用于激光频率的精准锁定，是激光锁频系列工作中的常用技术方案。光学谐振腔本身具有确定的腔线宽，并起到筛选入射激光频率的作用。光学谐振腔一般可以分为行波腔和驻波腔，行波腔典型代表有三镜腔、四镜腔及六镜腔等，驻波腔有两镜法布里–珀罗腔。

激光测速实验中需要对偏振态相互垂直且同方向的两束激光进行频率锁定，所以在本书实验中选择了两镜驻波腔，因为其对入射激光 0° 入射同时锁定，其出射激光和入射激光保持相同方向，它相对于行波腔而言，不仅有利于实验系统光学调节，也有着较好的机械稳定性。该方案主要通过腔内光束的自再现完成光学腔和入射光束的共振，进而实现腔对激光频率的筛选。设计中重点考虑以下参数。

自由光谱区（Free Spectrum Range，FSR）。自由光谱区表示两相邻透射峰所对应的中心频率间的差值：

$$\Delta\nu_{\mathrm{FSR}}=\frac{c}{2nL} \tag{5.38}$$

式中，c 为光速，n 为腔内激光介质折射率，L 为腔长。

线宽 $\Delta\nu$。在法布里–珀罗腔透射峰曲线（见图 5.7）中，当透射峰的峰值强度下降到总强度值的二分之一时对应的频率间的差值，就是该腔的线宽，线宽又称半高全线宽（FWHM），根据式（5.36）：$I_T=\frac{1}{2}=\frac{I_0}{1+\frac{4R}{(1-R)}(\frac{\Delta\nu}{4})^2}$，得

$$\Delta\nu=\frac{c(1-R)}{2nL\pi\sqrt{R}} \tag{5.39}$$

式中，R 为腔镜反射率，R 越大，线宽越窄。

精细度 F（Finesse）。精细度定义为 $\Delta\nu_{\mathrm{FSR}}$ 与 $\Delta\nu$ 的比值，它是用于表征法布里–珀罗腔损耗大小的量，公式为

$$F=\frac{\Delta\nu_{\mathrm{FSR}}}{\Delta\nu}=\frac{\pi\sqrt{R}}{1-R} \tag{5.40}$$

腔的反射率 R 越大，法布里–珀罗腔的精细度越高，图 5.7 中所示的信号透射峰越尖锐，分辨率越高。精细度反映了法布里–珀罗腔的谱线分辨率。

品质因数 Q。法布里–珀罗腔的品质因数定义为 $Q=2\pi\nu\times\frac{\text{腔内存储的能量}}{\text{单位时间消耗的能量}}$，$\nu$ 表示入射激光中心频率，因此有

$$Q=\frac{c}{\lambda\Delta\nu}=\frac{2n\pi L\sqrt{R}}{\lambda(1-R)} \tag{5.41}$$

Q 值是用来衡量法布里–珀罗腔损耗大小的量。式（5.41）表明，R 值越大，Q 值越大，腔的储能性就越好，线宽也越窄。

3）法布里–珀罗腔的实验特性

实验使用的共焦法布里–珀罗腔一端的腔镜上粘有 PI 公司的高压压电陶瓷（PZT），该 PZT 可接受 0～150V 范围内电压的驱动。将函数信号发生器输出的三角波调制信号

输入至半导体激光器中，以实现对半导体激光器输出激光的周期性频率调制。经调制后的激光以 0° 入射角沿法布里–珀罗腔腔镜中心入射，得到典型扫频激光通过共焦法布里–珀罗腔透射峰模式图如图 5.8 所示。

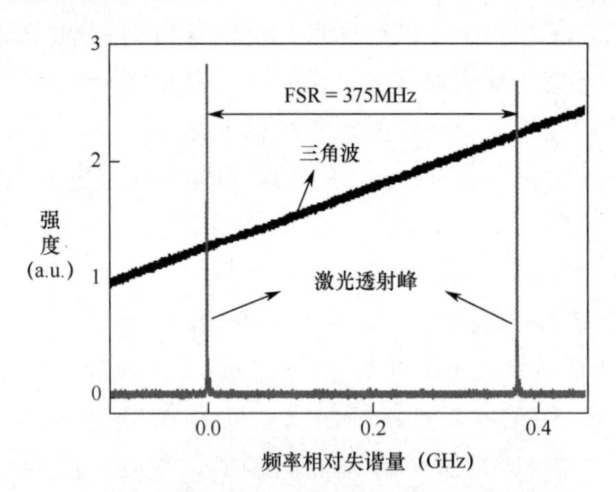

图 5.8　典型扫频激光通过共焦法布里–珀罗腔透射峰模式图

4）共焦法布里–珀罗腔作为两激光源的频率锁定标准的分析

实验中，入射法布里–珀罗腔的两束激光源分别采用水平和竖直两个偏振态方向，因而两束光源互不干扰，可以同时锁定两个激光频率至同一个法布里–珀罗腔上，并保持输出偏振态恒定；以该共焦法布里–珀罗腔作为探测光和目标光束二者共同的频率锁定标准器件，通过锁相放大器（型号：SRS-SR830）对激光和共焦法布里–珀罗腔的透射共振峰信号进行调制和解调，采用型号为 PIM 960 的比例积分放大器作为锁频伺服环路锁定器件，对激光器进行锁频，典型的 DFB 激光器的锁频结果如图 5.9 所示。在 60min 监测时间内激光频率均方根起伏为 0.8%。

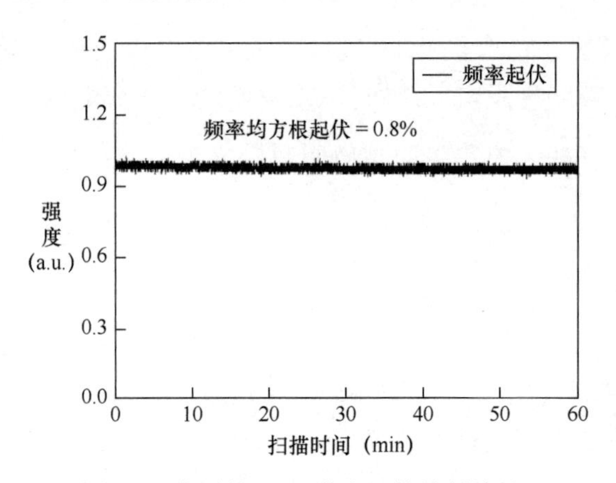

图 5.9　典型的 DFB 激光器的锁频结果

4．光通信波段的激光外差探测法

激光外差技术是多普勒测速过程中用到的重要方法，其主要用来测量光信号拍频。

在蓬勃发展的光通信市场，该技术体现了巨大的应用价值。其探测原理相对简单：首先将激光照射到运动物体表面并用探测器收集运动表面产生的多普勒频移光信号；其次利用光电探测器收集等功率的非多普勒频移光，这样二者就可以在探测器中混频获得拍频信号。一种典型的基于光纤的激光外差多普勒测速方案如图 5.10 所示。

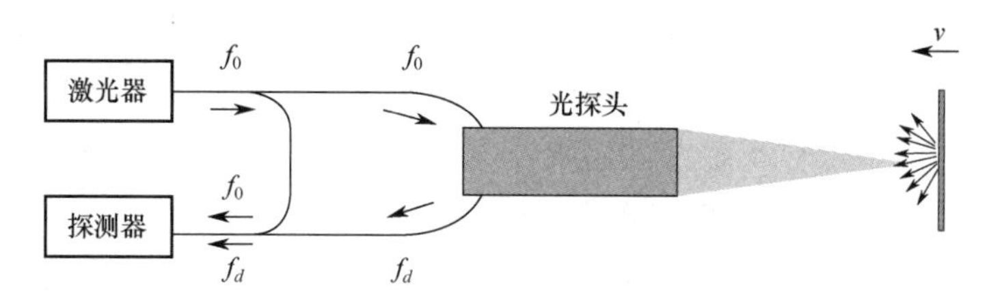

图 5.10　一种典型的基于光纤的激光外差多普勒测速方案

该方案中，激光发射的光频率为 f_0，多普勒频移光的频率为 f_d。探测器处将产生拍频信号，拍频信号频率 f_b 等于多普勒频移 f_d 和未偏移频率 f_0 之间的差。具体表达式为

$$f_b = f_d - f_0 = 2\frac{v}{c}f_0 \tag{5.42}$$

利用光速关系式 $c = f_0\lambda_0$（λ_0 激光真空波长），则运动表面移动速度可以简单表达为

$$v = \frac{\lambda_0}{2}f_b \tag{5.43}$$

假设以波长为 1550nm 的激光光源做探测光源，理论上对 1000m/s 高速移动的表面将产生 1.29GHz 的拍频信号。这个量级的光频信号在光通信领域中已经成为可以直接探测的电信号，因而外差技术提供了一种探测高频光信号的有效方案。对于大多数常规低速测速实验而言，在激光外差技术的帮助下，所需光电探测器带宽仅覆盖多普勒频移范围（MHz 带宽）即可，无须采用价格高昂的快速探测器。因而，实验选择了基于法布里–珀罗腔的双源光外差激光多普勒测速方案。

5．激光多普勒测速系统的信号光收集——单模光纤对散斑的收集

从激光多普勒测速原理可以看到，粒子表面散射的激光散斑会对多普勒速度测量准确度造成影响。粗糙固体表面（或流体中散射粒子）产生的激光散斑图随机波动，这些信号同时包含了目标待测速度信号成分和散斑噪声信号成分。如何抑制或消除速度信号中混叠的散斑噪声信号成分，是提高激光多普勒测速精度的一项重要工作。针对这方面，任意反射面激光干涉测速仪（VISAR）提供了良好的解决方案。任意反射面激光干涉测速仪主要利用激光位移干涉仪来测量漫反射表面速度。2005 年，O. T. Strand 等人报道了基于光纤通信波段 1550nm 的商用半导体激光器和单模光纤组合的光纤位移干涉仪，获得了 1000m/s 的实验测量结果。2006 年，中国工程物理研究院的翁继东等人报道了基于多模探头的单模光纤位移干涉仪获得的 2133m/s 精度高达皮秒级的高速测量实验结果。他们的方案中均使用了一个关键性散斑过滤器件——单模光纤，可以说单模光

纤的引入是实现实验测速效果的一个重要器件。通常来讲，粗糙表面漫反射光场为空间非相干散斑场。经单模光纤空间滤波后，只有单个或极少数散斑能进入光纤。也就是说，单模光纤内传输的是具有空间良好相干特性的相干光（非常接近理想高斯光束）。以典型的参考光实验模型为例（如图 5.2 所示的装置），单模光纤的引入保证了本地参考光和包含多普勒频移的信号光能够形成良好的空间干涉，而多模光纤纤芯较大（典型值>100μm），难以实现足够理想的空间滤波特性，进而不易获得良好的实验结果。

为说明单模光纤对粗糙反射面散斑噪声的抑制，首先应明确散斑场的改变对速度测量误差的影响。①当待测粗糙表面相对于光探测头运动时，到达接收光纤端面散斑的大小、位置及各散斑相对相位差都会发生无规则变化，即散斑沸腾；②由于散斑光场的衍射效应，相对运动还会导致光纤端面出射光束和接收端面返回光束的光场曲率相应发生改变。以上两个方面的误差均带来多普勒测速信号的相位统计误差，并最终转变为速度测量误差，且这种误差极易破坏信号光和参考光之间所形成的干涉，直接影响速度测量精度。

可以从数学角度推演出光纤出射激光光场、粗糙表面反射进入光纤的光场表达式，进而定量分析相位误差对测速的影响。如图 5.11 所示为光纤探头探测运动粗糙表面光场传输实验模型。现假设透镜到粗糙表面的距离为 d，光纤探头端面处于焦距为 f 的透镜的焦平面上。

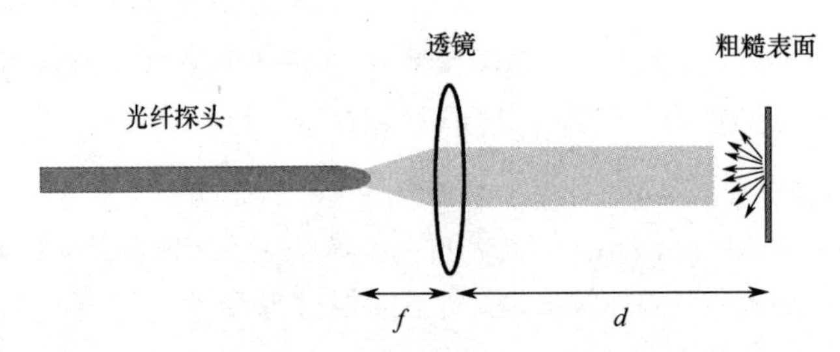

图 5.11　光纤探头探测运动粗糙表面光场传输实验模型

光束的传输采用菲涅耳近似，光纤探头端面的激光输出光场可表示为

$$U(\rho_f)=\mathrm{e}^{-\frac{|\rho_f|^2}{\omega_0^2}} \tag{5.44}$$

式中，ρ_f代表光纤孔径平面，ω_0为出射光斑大小，到达反射面的光场为

$$U(\rho_t,d)=-\frac{\mathrm{e}^{-\mathrm{j}k(d+f)}}{\lambda^2 df}\iint \mathrm{e}^{-\frac{|\rho_f|^2}{\omega_0^2}}\mathrm{e}^{\frac{-\mathrm{j}\pi|\rho_R-\rho_f|^2}{\lambda f}}\mathrm{e}^{\frac{\mathrm{j}\pi|\rho_R|^2}{\lambda f}}\mathrm{e}^{\frac{-\mathrm{j}\pi|\rho_t-\rho_R|^2}{\lambda d}}\mathrm{d}\rho_f\mathrm{d}\rho_R \tag{5.45}$$

式中，下标“t”代表目标表面，R 代表透镜端面，由公式$\int\exp(-\pi(d+\mathrm{i}c)|\xi|^2)\cdot\exp(-\mathrm{i}2\pi X\xi)\mathrm{d}\xi=\dfrac{\exp\left[-\pi|X|^2/(d-\mathrm{i}c)\right]}{d+\mathrm{i}c}$，则式（5.45）可化简为

$$U(\rho_t,d)=-\frac{\pi\omega_0^2}{[\lambda^2 df(b+\mathrm{i}c)(d'+\mathrm{j}c')]}\mathrm{e}^{-\mathrm{j}k(d+f)}\mathrm{e}^{\frac{-\mathrm{j}\pi|\rho_t|^2}{\lambda d}} \tag{5.46}$$

式中，$b=\dfrac{1}{\pi\omega_0^2}$，$c=\dfrac{1}{\lambda f}$，$c'=-\dfrac{c}{[(\lambda f)^2(b^2+c^2)]}+\dfrac{1}{\lambda d}$，$d'=\dfrac{b}{[(\lambda f)^2(b^2+c^2)]}$。

粗糙表面反射光场为

$$U'(\rho_t,d)=\tilde{U}(\rho_t,d)\tilde{T}(\rho_t) \tag{5.47}$$

式中，$\tilde{T}(\rho_t)=\exp(\mathrm{j}k\Delta z(\rho_t))=\exp(\mathrm{j}\psi(\rho_t))$，其中$\Delta z$ 为漫反射表面各点高度的涨落，假设粗糙表面包含足够多散斑个数，根据中心极限定理，$\psi(\rho_t)$满足正态分布。

粗糙表面散射光到达光纤探头端面的散斑场为

$$\widetilde{U}(\rho_t,d)=-\frac{\mathrm{e}^{-\mathrm{j}k(d+f)}}{\lambda^2 df}\iint U(\rho_t,d)\widetilde{T}(\rho_t)\,\mathrm{e}^{\frac{-\mathrm{j}\pi|\rho_R-\rho_f|^2}{\lambda f}}\,\mathrm{e}^{\frac{\mathrm{j}\pi|\rho_R|^2}{\lambda f}}\,\mathrm{e}^{\frac{-\mathrm{j}\pi|\rho_t-\rho_R|^2}{\lambda d}}\mathrm{d}\rho_f\mathrm{d}\rho_R \tag{5.48}$$

耦合进光纤的光模复振幅为

$$\tilde{V}(d)=\int_\infty \tilde{U}(\rho_f,d)U_{01}^*(\rho_f)\mathrm{d}\rho_f \tag{5.49}$$

式中，$U_{01}{}^*$是光纤 LP_{01} 模归一化场分布，可用高斯函数来近似：

$$U_{01}=(2/\pi\omega_0^2)^{1/2}\exp(-|\rho|^2/\omega_0^2) \tag{5.50}$$

将式（5.46）、式（5.48）代入式（5.47），可得

$$\begin{aligned}V(d)&=\sqrt{2}/[(\lambda^2 df)^2(\pi\omega_0{}^2)^{1/2}(b+\mathrm{j}c)^2(d'+\mathrm{j}c')^2]\exp(-\mathrm{j}2k(d+f))\cdot\\&\quad\int\tilde{T}(\rho_t)\exp(-\frac{\mathrm{j}2\pi|\rho_t|^2}{\lambda d})\cdot\exp(-2\pi|\rho_t|^2/((\lambda d)^2(d'+\mathrm{j}c')))\mathrm{d}\rho_t\\&=A_1(d)A_2(d)\exp[\mathrm{j}(\varphi_0(d)+\varphi_1(d)+\tilde{\varphi}_2(d))]\end{aligned} \tag{5.51}$$

式中，

$$\begin{aligned}&A_1(d)=\sqrt{2}/[(\lambda^2 df)^2(\pi\omega_0{}^2)^{1/2}(b^2+c^2)(d'^2+c'^2)]\\&A_2(d)=\mathrm{abs}[\int\tilde{T}(\rho_t)\exp(-\frac{\mathrm{j}2\pi|\rho_t|^2}{\lambda d})\cdot\exp(-2\pi|\rho_t|^2/((\lambda d)^2(d'+\mathrm{j}c')))\mathrm{d}\rho_t]\\&\varphi_0(d)=-2k(d+f)\\&\varphi_1(d)=\mathrm{angle}\{1/[(d'+\mathrm{j}c')^2(b^2+\mathrm{j}c)^2]\}=-\mathrm{angle}[(d'+\mathrm{j}c')^2(b+\mathrm{j}c)^2]\\&\varphi_2(d)=\mathrm{angle}[\int\tilde{T}(\rho_t)\exp(-\frac{\mathrm{j}2\pi|\rho_t|^2}{\lambda d})\cdot\exp(-2\pi|\rho_t|^2/((\lambda d)^2(d'+\mathrm{j}c')))\mathrm{d}\rho_t]\end{aligned} \tag{5.52}$$

利用式（5.50）可以解出漫反射面的移动距离Δd，进一步对时间求导可得运动速

度 $v(t)$。

$$\begin{cases} \Delta d = d - d_0 = \dfrac{\varphi(d) - \varphi(d_0) - \varphi_1(d)\varphi_1(d_0)\varphi_2(d)\varphi_2(d_0)}{2k} \\ v(t) = \dfrac{\varphi'(d(t)) - [\varphi_1'(d(t)) + \varphi_2'(d(t))]}{2k} \end{cases} \tag{5.53}$$

王德田等人对 100 个不同粗糙度平面进行仿真，得出相位误差引起的速度相对误差在 10^{-6} 以下，这在激光测速实验中通常可以完全接受。主要原因在于单模光纤会对漫反射端面的散斑场进行空间滤波，进而起到对散斑光场随机相位分布平均的作用，单模光纤作为误差抑制器件，有效地提高了速度测量准确性。

关于光通信波段激光的散斑收集，本书实验中采用 1550nm 光通信波段，该波段的单模光纤有着极为广泛的商用市场，其中三端口光纤环形器作为一种重要的单模光纤组件在激光多普勒测速实验中扮演重要的角色。下面来介绍这种器件。如图 5.12 所示为三端口光纤环形器在激光多普勒测速实验中的典型应用装置。激光器激光的频率为 f_0，多普勒光信号的频率为 f_d，图中箭头表示光在三端口光纤环形器中的传输方向，待测速目标以速度 v 水平向左运动。

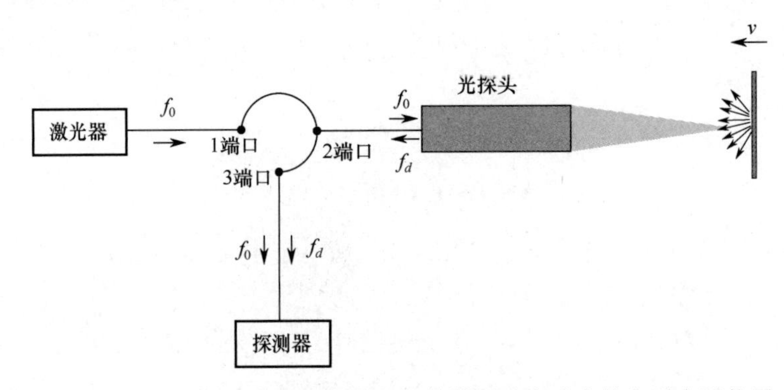

图 5.12　三端口光纤环形器在激光多普勒测速实验中的典型应用装置

典型的三端口光纤环行器是具有激光单向、定向传输路径的特殊激光通信器件。其中，光纤环形器的 1 端口可以作为独立的激光输入端口将其入射激光从 2 端口出射；同时，2 端口还可以作为单独激光的入射端口将其入射激光从 3 端口出射。1 端口的输入激光不能直接从 3 端口出射，2 端口的激光也不能传输至 1 端口，典型的反向损耗值高于 50dB。常见三端口光纤环形器光束传输方案为：将激光输入到环形器 1 端口中，经 2 端口出射用于探测目标速度，被目标反射后再次被 2 端口接收并从 3 端口出射。其实物图如图 5.13 所示。

在实验中，入射激光接入三端口光纤环形器 1 端口。2 端口连接激光多普勒测速光探头，用于探测目标，同时其作为接收端将光探头探测到目标的散射信号传输至 3 端口，3 端口则输出含有多普勒频移信号成分的激光，可用于测量目标移动速度。可以看到，当光纤环形器各个端口都连接完备后，除探头外，整个激光系统都将激光有效束缚于光纤中传输，这不仅带来了良好的安全性，同时也有效降低了整个装置的激光损耗，适合长距离传输及灵活的实地作业。从端口 2 到探针的光纤可能有几十米长，这取决于实验的位置和诊断所在的位置。

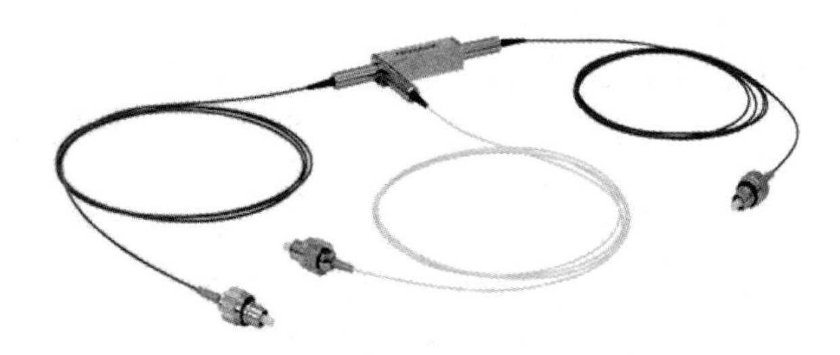

图 5.13　三端口光纤环形器实物图

光纤环形器在激光多普勒探测领域用途广泛，Oliver 等人还进行了卓有成效的环形器特定设计。在他们的激光多普勒外差测速方案中，由于商用环行器反射损耗高于 50dB，经 1 端口传输至 3 端口的激光难以和经 2 端口传输至 3 端口的激光产生拍频信号。实验中，Oliver 等人专门对 2 端口光纤的光耦合效率进行定制。在充分考虑空气界面和光纤端面损耗及其余耦合效率的影响后，当他们定制的光纤环形器探测到目标的多普勒频移光信号和非多普勒频移光信号强度几乎相等时，产生有效拍频信号，这一改进也体现了光纤环形器在多普勒测速器件集成化方面的发展趋势。

5.1.4　具体实验方案和结果

1．实验方案的研究内容

本实验方案主要基于激光多普勒效应，采取了共焦法布里–珀罗腔做双光源激光频率差标定的光外差测速方案，并考虑激光散斑效应深入分析了固体激光多普勒信号产生的机制，通过仿真软件（MATLAB）分析了影响激光多普勒信号展宽的因素，提高实验数据采集精度，获得可用于探测固体运动（转动或平动）速度的激光多普勒测速实验系统。具体方案中包括以下研究内容：

（1）实现共焦法布里–珀罗腔对激光器频率长时间的锁定。实验中以共焦法布里–珀罗腔作为两激光源的频率间隔标准具，激光频率锁定精度直接影响实验测量精度，因而要使两束激光同时稳定地锁定在腔相邻频率透射峰上。

（2）明确固体激光多普勒信号产生的机理。激光多普勒测速原理基于激光散射理论。实际分析中，可以借助“散斑”相干叠加的统计理论来探讨固体的激光多普勒频移，获得由固态散射体运动多普勒信号生成机理。

（3）实现多普勒信号信噪比的提高。由于实验方案中以单模光纤作为“信号光”的传输介质，其内部传输只能有一个或几个散斑通过，探测器所得有效信号极其微弱，虽然采用雪崩光电二极管（APD）来提高接收信号强度，但同时增大了噪声的强度。因此，如何提高实验采集到的数据的信噪比是一个研究目标。

2. 实验装置介绍

测速装置完整的技术路线由用于信号探测和收集的“光路部分”和“速度测量部分”两大步骤顺次完成。共焦法布里–珀罗腔双频激光多普勒测速示意图如图 5.14 所示。

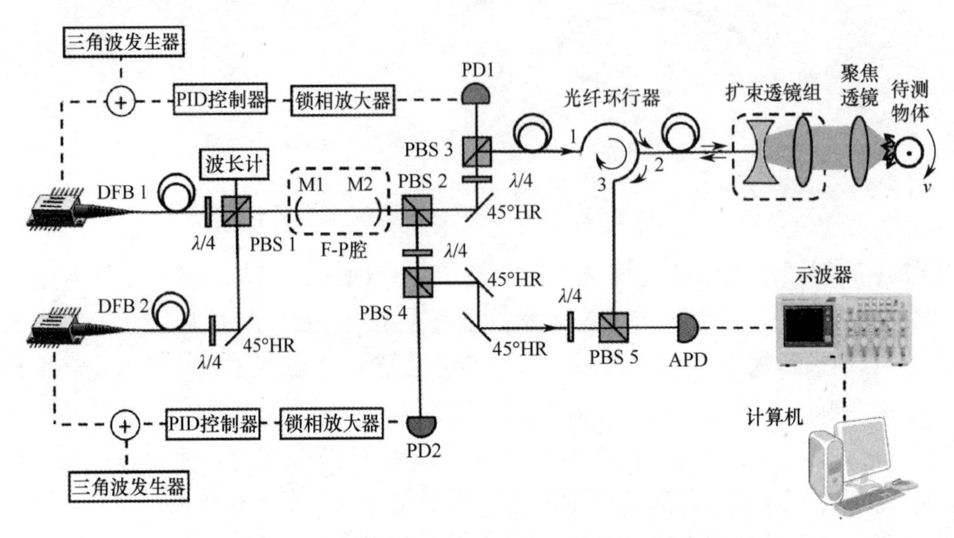

图 5.14 共焦法布里–珀罗腔双频激光多普勒测速示意图

注：DFB—分布反馈式半导体；M1，M2—腔镜；HR—45° 高反射镜；PBS—偏振分束器；PD—光电探测器；PID 控制器—比例积分放大控制器；APD—雪崩光电探测器；λ/4—四分之一波片；⊕ —加法器。

光路部分：两台光纤通信波段 1560nm 的 DFB 激光器分别作为两个不同的信号光源和参考光源。共焦法布里–珀罗腔作为两激光源的频率稳定标准具。伺服电子锁频环路分别锁定两激光频率至腔两相邻纵模，可得两光源输出频率差为 1.25GHz（其中，共焦法布里–珀罗腔由两面曲率半径为 60mm 的曲面镜组成，腔自由光谱区为 1.25GHz，精细度为 200，线宽为 6.3MHz）。然后，令信号光照射于运动物体表面，则物体表面的散射光携带了被测表面的多普勒运动信息。散射光经单模光纤收集后，与参考光（来自另外一台激光器）在耦合器里合束，最终由光电探测器接收，进行光电转换输出混频电信号到外围示波器。

速度测量部分：以高速率转台为实验实际测试对象，信号光束以一定角度斜入射到转台侧面，通过探测回波信号的多普勒频移来计算待测点的运动速度，将混频信号做短时傅里叶分析，得出信号振幅随频率的变化，再根据探测光波长推算出转台运动速度。

实验中以参考光和信号光混频后进入探测器形成光电流。二者之所以能够形成良好的干涉，主要是通过引入单模光纤来实现的。虽然从运动固体表面漫反射的是空间非相干散斑场，但经过单模光纤的滤波，只有单个或极少数的散斑进入光纤内传播的是空间相干光，从而使得参考光和信号光形成干涉。

实验中，首先以转动速度可调的斩波器为替代测量对象。基于本实验系统，采用光脉冲计数的方法测量斩波片叶轮的旋转速度。待该测速系统调试准确后，再测量高速旋转的平台的速度。

3．实验结果及结论

该激光系统以光通信波段光源作为激光多普勒测速系统，以转动速度可调的粗糙旋转圆盘作为待测物体，为了突出系统对于散斑噪声的抑制效果，将所用双频激光多普勒测速系统（DF-LDV）与单频激光多普勒测速系统（SF-LDV）在相同转盘转速下的多普勒信号功率谱做了对比，测量结果如图 5.15 所示。单频激光多普勒测速系统和双频激光多普勒测速系统测量功率谱分别在图中用箭头标出，从图中可以看到，双频激光多普勒测速系统的多普勒信号展宽（13kHz）低于单频激光多普勒测速系统（60kHz），根据该多普勒信号展宽对应的速度分辨率公式：$v_r = f_d \cdot \lambda / 2$（其中，$v_r$ 为系统测量速度分辨率，f_d 为多普勒信号带宽，λ为激光波长），得出双频激光多普勒测速、单频激光多普勒测速速度分辨率分别为 1.01cm/s 和 4.65cm/s。实验结果表明，基于法布里–珀罗腔的双频激光多普勒测速系统提高了系统测速精度，具有降低系统激光多普勒信号展宽的作用。

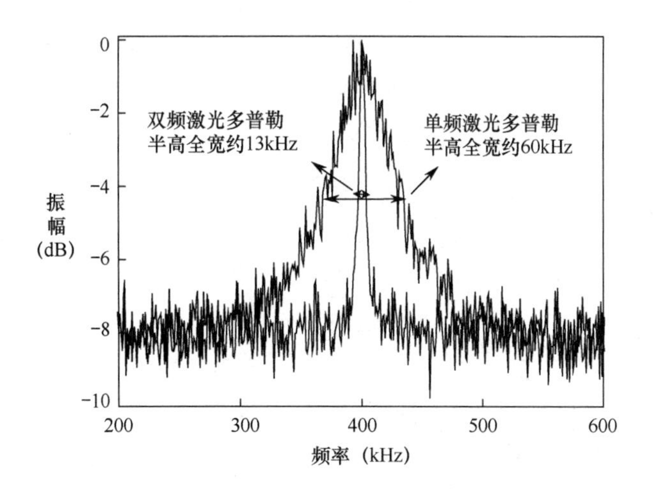

图 5.15　双频激光多普勒测速（DF-LDV）与单频激光多普勒测速（SF-LDV）各自所得典型多普勒信号功率谱对比图

5.2　基于互补金属氧化物半导体的粗糙曲面散斑分离的激光多普勒测速

5.2.1　散斑表面面型测量的意义和研究动态

现代社会不断提升的工业精度要求和严苛的应用环境，对设备材料、耐磨性、刚性及关键性零件配合精度等诸多方面提出了更高的工业制造和精密监测标准。在一些现代高科技应用领域中，包括自动驾驶汽车、航空、运输等一系列先进制造业采用了越来越复杂的复合材料，这些复合材料通常呈现相对低的化学亲和力，不仅对复合材料结构制造提出了挑战，而且对产品的后期维护和运营安全提出了要求。例如，为我国铁路运输事业做出巨大贡献的高速铁路列车和重载列车，随着列车运行里程的增加及运行周期不断延长，列车车轴承受的各种复杂应力也相应增大。车轴处于高周期、高强度的条件下运行，在扭转、拉伸和压缩的外力作用下，材质易发生疲劳裂纹，此种裂纹尺寸微小且位置隐蔽，如果不及时对车轴裂纹进行检测，有可能发生切轴断裂的事故，给乘客的人身和财产安全带来极大的威胁。因此，需要对车轴裂纹进行精细检测。设备中关键性工件的绝对形状测量对于机床加工的过程监控和过程控制均非常重要。目前，行业内领先的坐标测量机（CMM）已允许亚微米精度的绝对形状测量。然而，由于设置测量所需的时间及传统坐标测量机的触觉特性，与车床中的工件处理时间相比，工件的测量过程较慢。此外，测量通常在现场外和加工后进行，这意味着很难实现对工件加工的即时控制。因此，需要在车床内部进行绝对形状测量。

为确保工程质量要求，实验室常用的表面表征技术和表面表征仪器有超声波技术、二次离子质谱技术、轮廓仪、扫描隧道显微镜及原子力显微镜等。这些技术和仪器能够提供高精度的表面数据，但是有一定应用限制，比如，它们的测量系统需要机械振动极小的工作环境、极短的工作距离或需要与被测表面直接接触。相对而言，激光光学表面检测方法凭借良好的实时测量性及非接触优势展现出广阔的使用前景。目前常用的非接触光学测量方法主要有：三角法、锥光全息法、激光示踪法及条纹投影法等。由于系统有效测量时间较少及粗糙表面上不可避免的散斑效应，如果待测试粗糙表面运转速度较高，导致上述技术的测试精度不确定度增加，而且所有技术都只提供了距离的测量，难以给出机械工件绝对形状（如直径）的测量信息。作为提高测量维度的尝试，人们发展了基于光学摄像头的激光测量技术，如数字全息、电子散斑图干涉可实现二维表面轮廓测量；关联 2D 序列可同时测量横向速度。目前此类方法在非线性测量领域有着较广泛的应用。但由于光学相机相对有限的时间响应性能，限制了测量的速度和范围。

最近，人们提出了基于“迈克耳逊干涉仪原理”的激光多普勒外差式测量方案。该方案通过测量旋转中待测目标表面的切向速度，可同时进行距离和速度测量，从而完成固体表面面型和形状（如直径）的测量。例如，频率评估的激光多普勒距离传感器（LDD）和相位评估的激光多普勒（P-LDD），在高测量速度下已经可达到 150nm 的表面距离分辨率 ，但其测量速度不确定度却难以提高。对于传统条纹测速装置 ，由于散射光在探测器平面重叠，这其中也包括多个散斑信号的重合，这些散斑信号有着相同的多普勒频率，然而彼此间相位却不同，从而引起速度测量的不确定度，同时导致表面测量的不确定度。

散斑本质上是激光照射物体表面不同部分形成的散射光干涉样式。激光照射到物体表面时，物体表面上各点向空间散射的光波形成不同的子波，这些子波在空间任一点相遇后会相互叠加并干涉形成散斑。如果物体表面粗糙，激光散斑更易受到固体表面微结构的影响，而这种散斑噪声无法通过多次测量或取噪声平均值来消除。散斑现象发现以来，人们对其进行了深入的研究，特别是对成像平面在相干激光照射条件下的光强度变化的统计特性进行了研究。许多处理方法着重测量粗糙表面参数之间的相关性（散斑随时间变换）以及表面粗糙面型和对应生成的散斑特性。此类工作目的是为粗糙表面面型提供精确测量，并提供更大的面型数据检查范围和符合应用要求的实用技术，其核心技术手段是针对待测目标表面激光散斑的处理优化。可以说，粗糙表面的散斑效应已经成为限制光学表面检测精度提高的重要因素。

为了获得更理想的散斑噪声处理结果，人们针对散斑噪声进行了广泛的理论和实验研究。散斑实质是以光场为随机变量的随机过程与随机场，其统计特性取决于待测随机表面粗糙特性、散射系统光学参量及入射光源相干特性等多个因素。散斑场统计特性由其一阶统计特质（如光强概率、散斑对比度）和二阶统计特性（如光强相关函数、光强联合概率密度及相位相关函数）等来描述。由于散斑在激光测速和激光表面测量过程中可能导致系统多普勒频率展宽、图像细节信息的隐藏甚至丢失，实验者应设法对其进行评价并进行合理控制。

常用思路是采用散斑图像对比度的方法对散斑图像空间频率域进行评价。这种评价的目的是获取散斑图像表面特有的特征。典型的方法包括：采用动态激光散斑功率谱函数作为评估的方法，以及通过对空间频率域内功率谱谱宽的分析进而达到对散斑评价的目的。散斑的功率谱函数是迈克耳逊条纹测速系统中用于求解待测目标移动速度测量的关键函数。

对于不同形状的待测物体，其激光散斑功率谱理论模型各有不同。本书中以圆柱形金属块作为车轴表面测量实验的研究模型，所以着重介绍圆柱形待测物体相关散斑理论模型。借助基尔霍夫衍射理论，可推导圆柱面散斑样式的自相关函数解析表达式，该解析表达式还可以用于计算散斑平均尺寸，并以电荷耦合器（Charge Coupled Device，CCD）的实际像素尺寸作为散斑样式的真实尺寸衡量。此外，归一化的二维自相关函数可用于测量粗糙表面粗糙度、表面等参数横向关联度。针对圆柱面散斑模型，还有学者研究了平行光束照射匀速旋转的圆柱表面时，圆柱反射光在空间形成的动态散斑特功率谱密度函数特性。功率谱密度函数可以过滤掉投影干涉仪中载波条纹中的散斑噪声。

从本质上讲，散斑的形成是光的干涉效应所致，因而通过破坏测量空间相干特性可以消除散斑。例如，利用可调节相干特性的微透镜阵列屏幕使得屏幕干涉区域小于微透镜单元尺寸，从而达到消除屏幕干涉场和消除散斑的目的。也可用低相干激光源做光源，通过抑制散斑干涉形成最终消除散斑噪声的影响。此外，还可在激光显影系统中采用可人工调节震动频率和幅度的微振动纸质屏幕，通过该屏幕的振动以消除散斑之间的关联来改善图片散斑对比度。由于本书中需要形成测量体的干涉条纹以测量轴承切向速度并最终完成表面重构，因此上述方法并不适合。

散斑尺寸对于测量精确度同样有着重要影响，通过对静态散斑对比度的进一步细分，可以获得小像素尺寸下的高信噪比散斑对比度，对于大尺寸通光孔径的高精度测量具有重要意义。

针对测速系统的已有散斑抑制技术主要可以归为三类思路。第一类是对散斑尺寸进行优化；第二类是对散斑发射、接收装置的改进；第三类是对散斑接收信号的处理做优化。此外，也可以采用低相干度激光源的方法抑制散斑干涉。以相位做评估的激光多普勒距离传感器为例，测量的不确定性取决于光电探测器的散斑数量。虽然减少光电探测器散斑数量能减小系统测量不确定性，但来自光检测器的噪声引起的随机不确定性反而增加。通过调整光学探测器件的孔径，可实现最佳散斑数对应的最小测量不确定度。也有采用多模光纤用于散斑抑制的方案，通过对光纤进行合理长度的盘绕、合理线芯的选择，可以达到激光系统散斑效应的最佳抑制效果。

基于迈克耳逊干涉仪的激光多普勒条纹测速系统的测量精度受到光电探测器、频谱加宽和信号处理等多种因素影响。时滞协方差和散斑展宽的相关分析有助于人们理解动态散斑导致速度测量中的这些误差。例如，散斑噪声导致的光谱展宽，与目标速度、高斯光斑尺寸及粗糙表面关联长度均存在函数关系，其针对的是粗糙平面相对于测速装置之间的相对速度，而不涉及曲面的旋转和曲面的横向速度，而对于旋转的轴承而言，曲面的旋转，亦即横向速度带来的速度不确定性将影响多普勒光谱的带宽，并进一步带来速度测量的不确定度。结合条纹模型和“散斑原理”，基于单个粒子的理论研究模型可帮助推导粒子尺寸对测量精度和信号品质的影响。

对于自混频激光系统而言，散斑信号还会对自混频激光频率产生调制，以此为依据，基于散斑信号自相关函数可以进行频率调制的研究。激光注入系统的光载微波技术可起到抑制散斑噪声的效果，采取压窄激光线宽以抑制激光多普勒信号的展宽，可提高速度测量精度。由于自混频测速系统一般采用激光多普勒“参考光模式”结构，该种结构所测量的多普勒频率与观察方向有关。同时，为减小多普勒信号光谱展宽，往往采取单模光纤收集固体表面散射光，而多普勒频率差结构则无此要求 ，因此以激光多普勒频率差为基本构型的多普勒测速装置可作为粗糙表面的测量实验方案。

5.2.2 散斑现象的物理背景和数学解释

早在 20 世纪 60 年代初，激光的发明者和第一批使用者意外发现：当激光照射到一些哑光表面（如纸张、未抛光的金属或玻璃）时，可以观察到一个具有高对比度的粒状激光图案，并且这个光斑图案很难被聚焦。起初他们称这种效果为“粒度”，但很快 speckle 这个名字就变得更流行了。图 5.16 为典型的散斑图像。

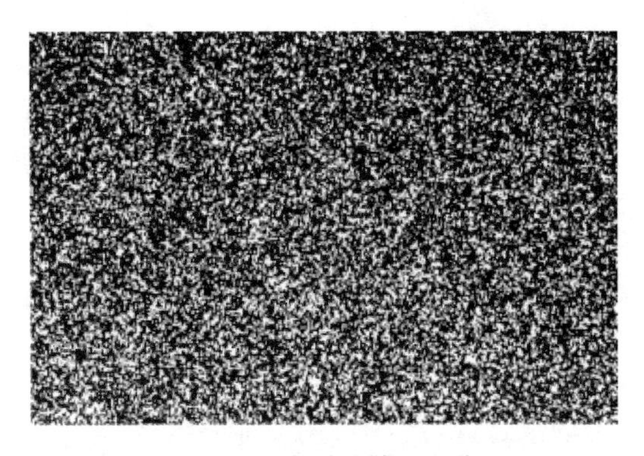

图 5.16　典型的散斑图像

散斑的形成有两种方式：一种是“主观散斑图案”。当一束粗的相干光（如激光束）照射的粗糙表面形成图像时，在图像平面上观察到散斑图案，称为“图像散斑”。如图 5.17 所示为散斑图像形成示意图。它被称为“主观的”是因为散斑图案的结构取决于观看系统参数。例如，镜头光圈的大小直接影响散斑成像的大小；如果成像系统的位置改变了，成像模式同样会随之改变。也可从人眼角度分析散斑，人眼所观察到的散斑团，是由光被照明表面不同部分反射或散射而产生的干涉图样，如果照射表面粗糙（表面高度变化大于所用光的波长），则来自分辨率单元内表面不同部分的光（由光学系统成像的表面刚刚解析的区域）需要穿过不同的路径长度，最终到达图像平面。这里的分辨率单元即是人眼的分辨率极限，图像平面类似于人眼的视网膜。图像上给定点的强度由到达该点的所有波幅的代数相加确定。如果合成振幅为零，因为所有单独的波都抵消了，则在该点处会看到暗斑，而如果所有的波都同相到达该点，则会观察到散斑强度的最大值。

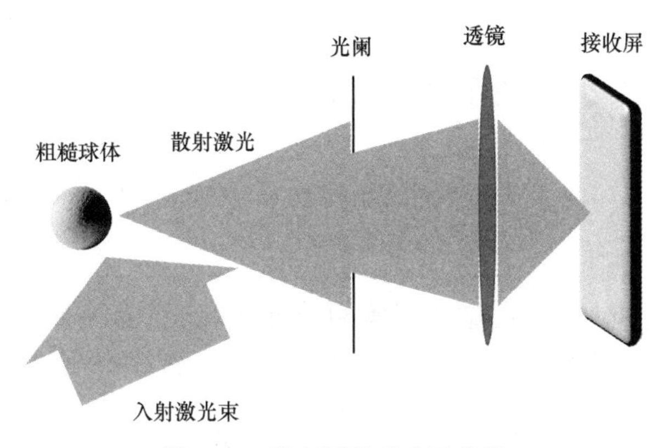

图 5.17　散斑图像形成示意图

散斑形成的另一种方式是“客观散斑图”。将一束较窄的激光束照射到一个较大粗糙表面上，从该粗糙表面散射出来的激光落在距离该表面一段距离的屏幕上时，就会在屏幕上形成一个“客观散斑图”。如果照相底片或另一个二维光学传感器位于没有透镜的散射光场中，获得的散斑特性取决于系统的几何结构和激光的波长。粗糙表面散斑通常在远场（也称夫琅和费区）获得，称为远场散斑；在远场散斑成像的情况下（见图 5.18），来自照明区域内所有点的光有助于观察屏幕上任何点的散斑强度。在近场（也称菲涅耳区，即菲涅耳衍射发生的区域）中，也可以在散射物体附近观察到散斑，这种散斑称为近场散斑。

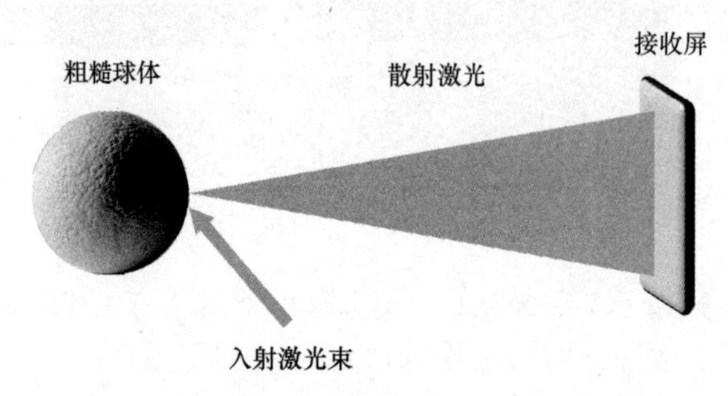

图 5.18　远场散斑成像示意图

严格地说，散斑图是由一组光学波前所形成的干扰。在光学和物理学中，波前是具有相同相位的点在三维空间（或表面）中传播所形成的轨迹（直线或面）。相干激光是观察这种现象的一种有效光源。最开始的时候，散斑被认为是一种测量干扰或噪声，因为其严重降低了激光全息成像的分辨率，人们的主要努力方向在于减少激光图像中散斑的影响。随着后续散斑研究的深入，人们逐渐意识到一些测量领域中散斑作为直接测量工具的应用价值。在抑制和推进交替研究的过程中，散斑相关技术或算法在多个光学测量领域都得到了较好的发展，包括位移、畸变和应变测量、表面粗糙度评定和速度测量等。到目前为止，其已经是一个成熟的研究方向。Goodman 在他的著作中描述和分析了激光散斑图的特性，并详细介绍了散斑对比度和散斑尺度的相关概念。散斑对比度是人们认识散斑和衡量散斑强弱的最基本概念之一；散斑尺度即单个散斑的大小，其与产生它的粗糙表面的结构无关，完全由用于观察散斑图案（用于图像散斑）的光学系统的孔径或照明区域（用于远场散斑）决定。如果使用相机拍摄散斑图案，则由光圈的设置来确定散斑大小。这两个概念是人们对散斑认识和评价的基本概念，也是实验方案重点涉及的两个基本概念。

5.2.3　散斑现象的数学描述（随机行走）及理论仿真

时变散斑是理解和认识散斑现象的重要概念，也是人们测量和应用散斑效应的理论基础。典型的散斑图生成需要的理想条件是单频激光和具有高斯表面高度起伏分布的表面，图 5.19 表示粗糙表面散射光观察点 $P(x,y,z)$处形成的散斑示意图。

从图 5.19 中可以看到散斑图中特定点 $P(x,y,z)$处的光场是粗糙表面上所有点的散射光场贡献总和。

表面的起伏造成多个散射激光信号的生成，多个具有独立相位和振幅分量的激光信号相互叠加干涉则会形成激光散斑。这些分量信号本身既可能是振幅涨落，也可能是相位涨落，还可能是振幅一定而相位涨落。当这些具有涨落性质的分量叠加到一起时，会产生人们常说的散斑"随机行走"现象。叠加信号的强弱取决于各个分量的相对相位叠加，最终叠加信号究竟是相长还是相消，则取决于占优势的相位分量或振幅分量，所得到的叠加信号振幅的平方则为光波的强度。

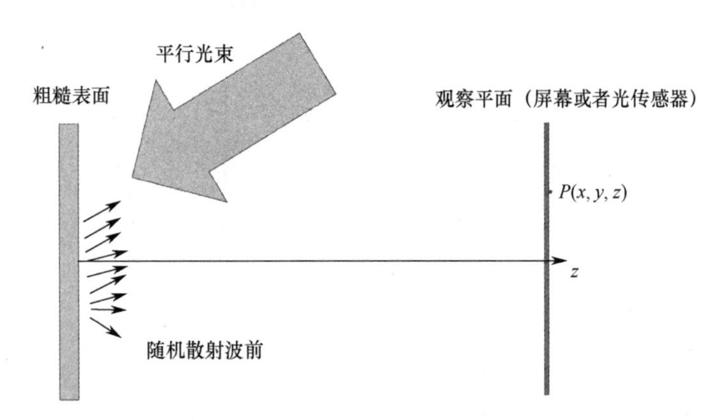

图 5.19　粗糙表面散射光观察点 $P(x,y,z)$处形成的散斑示意图

1．少量散斑信号的随机行走数学推导

一个典型的信号可以表示为在空间的含时演化：

$$A(x,y,t)=A(x,y,t)\cos[2\pi v_0 t-\theta(x,y,t)] \tag{5.54}$$

式中，A 表示信号振幅或包络，θ 表示相位，v_0 表示载波的频率。

以一种简洁的形式可以表示为

$$A(x,y,t)=A(x,y,t)\mathrm{e}^{\mathrm{j}\theta(x,y,t)} \tag{5.55}$$

该型信号的实部则为原信号的实际可测量信号。

大量的信号复合叠加就可以构成一个复合信号，这个信号即是描述散斑信号的，可以重新写为

$$A(x,y,t)=A\mathrm{e}^{\mathrm{j}\theta}=\sum_{n=1}^{N}\alpha_n=\sum_{n=1}^{N}a_n\mathrm{e}^{\mathrm{j}\phi_n} \tag{5.56}$$

式中，α_n 是第 n 个分量信号的相位振幅分量，a_n 是振幅，ϕ_n 是相位。

对于明显的空间含时信号分析，可以针对对应的坐标和时间变量做分析，上式可写为

$$A(x,y,t)=\sum_{n=1}^{N}a_n(x,y,t)\mathrm{e}^{\mathrm{j}\phi_n(x,y,t)} \tag{5.57}$$

单个信号具有随机游走的特性，这一性质导致难以对单个散斑运动规律给出准确描述。实际情况中散斑现象多是多个分量信号叠加后的集合现象，对于这种集合信号需进

行统计分析，从数学的角度给予描述和解释，进而为实际实验或工程测量服务。散斑现象的随机相位幅度矢量 $\boldsymbol{A}$ 可分为实部 R 和虚部 I 两部分来进行统计描述：

$$\begin{cases} R = \mathrm{Re}\{\boldsymbol{A}\} = \dfrac{1}{\sqrt{N}}\displaystyle\sum_{n=1}^{N} a_n \cos\phi_n \\ I = \mathrm{Im}\{\boldsymbol{A}\} = \dfrac{1}{\sqrt{M}}\displaystyle\sum_{m=1}^{M} b_m \sin\phi_m \end{cases} \tag{5.58}$$

式中，a_n、b_m 分别表示散斑信号实部和虚部振幅。

可按照以下三种情况分析散斑的振幅和相位关联：

（1）若 n 和 m 不相等，则 a_n 和 ϕ_n 与 b_m 和 ϕ_m 相互独立，简单地讲，就是散斑信号的一个分量信号的信息（振幅和相位）和另一个分量信号的信息（振幅和相位）没有重叠。

（2）散斑信号中任意的单个分量信号 n，它的 a_n 和 ϕ_n 是统计独立的，即该信号的相位和振幅二者相互独立、互不重叠。单个分量信号 m 的情况同理。

（3）相位 ϕ_n 在（$-\pi$，π）区间内是均匀分布的，所有相位值等概率存在。

以上三方面假设针对“随机行走”的散斑信号均成立。

2．大量散斑信号随机行走的数学推导

当分量信号个数 n（也称随机行走步数）非常大时，对应的随机相位振幅矢量 $\boldsymbol{A}$ 的实部和虚部同样由大量独立随机分量信号组成。在这种情形下，Goodman 根据中心极限定理证明了合成场的实部和虚部是渐近高斯的。因此，合成后的随机相位振幅矢量 $\boldsymbol{A}$ 的实部和虚部联合概率密度即可表示为

$$P_{R,\mathrm{I}} = \frac{1}{2\pi\sigma^2}\exp\left(\frac{R^2+I^2}{2\sigma^2}\right) \tag{5.59}$$

式中，$\sigma^2=\sigma_R^2=\sigma_I^2$，$\sigma_R$ 和 σ_I 分别表示实部和虚部的方差。图 5.20 绘制了随机相位振幅等概率密度线随随机相位振幅矢量实部和虚部变化的函数图像。

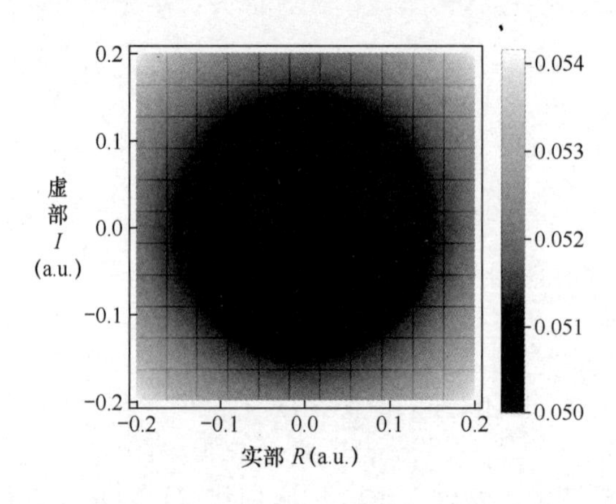

图 5.20　随机相位振幅等概率密度线随随机相位振幅矢量实部和虚部变化的函数图像

这样，合成矢量 $\boldsymbol{A}$ 和角度 θ 的大小可表示为

$$\boldsymbol{A}=\sqrt{R^2+I^2}$$
$$\theta=\arctan\left(\frac{I}{R}\right) \tag{5.60}$$

对矢量 $\boldsymbol{A}$ 积分，得到 $\boldsymbol{A}$ 的 q 阶矩为 $\overline{\boldsymbol{A}^q}=\int_0^\infty \boldsymbol{A}^q p_A(\boldsymbol{A})\mathrm{d}|\boldsymbol{A}|$，$p_A(\boldsymbol{A})$ 为 $\boldsymbol{A}$ 的概率密度函数，则可以得到：

$$\overline{\boldsymbol{A}^q}=-\frac{2^{2+q}\boldsymbol{A}^{2+q}\left(\dfrac{\boldsymbol{A}}{\sigma^2}\right)^{-2-q}\Gamma\left[2+q,\dfrac{|\boldsymbol{A}|}{2\sigma^2}\right]}{\sigma^2} \tag{5.61}$$

其中，$\Gamma(\cdot)$为 Gamma 函数。

散斑信号空间、时间性质，可通过散斑信号的概率密度函数（PDF）进行统计分布描述。假设随机变量 v 与自变量 u 的单调函数为 $v=f(u)$，则根据概率论相关结论可知：v 的概率密度函数 $p_v(v)$ 可以通过 u 的概率密度函数 $p_U(u)$ 求出，即

$$p_v(v)=p_U(f^{-1}(v))\left|\frac{\mathrm{d}u}{\mathrm{d}v}\right| \tag{5.62}$$

因为强度 I 和振幅 A 之间存在关系：$I=A^2$，所以若已知振幅 A 的概率密度，则可以求出强度的概率密度。

当随机信号分量数目很大时，振幅的概率密度函数则是瑞利分布：

$$P_A(A)=\frac{A}{\sigma^2}\exp\left(-\frac{A^2}{2\sigma^2}\right) \tag{5.63}$$

对应的，强度概率密度函数为

$$P_I(I)=\frac{\sqrt{I}}{\sigma^2}\exp\left(-\frac{I}{2\sigma^2}\right)\cdot\left(\frac{1}{2\sqrt{I}}\right)=\frac{1}{2\sigma^2}\exp\left(-\frac{I}{2\sigma^2}\right) \tag{5.64}$$

可进一步化简为

$$P_I(I)=\left(\frac{1}{\overline{I}}\right)\exp\left(-\frac{I}{\overline{I}}\right) \tag{5.65}$$

依据式（5.65），用 Mathematica 软件绘制了强度概率密度函数 $P_I(I)$随归一化强度起伏 $I/\overline{I}$ 的函数图像，如图 5.21 所示。

从图 5.21 中可以看到，概率密度随强度与强度平均值的比值呈现指数型衰减，通常将这种强度分布散斑称为完全散射散斑。

同样，相位概率密度函数可以表示为

$$p_\theta(\theta)=\int_0^\infty \frac{A}{2\pi\sigma^2}\exp\left(-\frac{A^2}{2\sigma^2}\right)\mathrm{d}A=\frac{1}{2\pi} \tag{5.66}$$

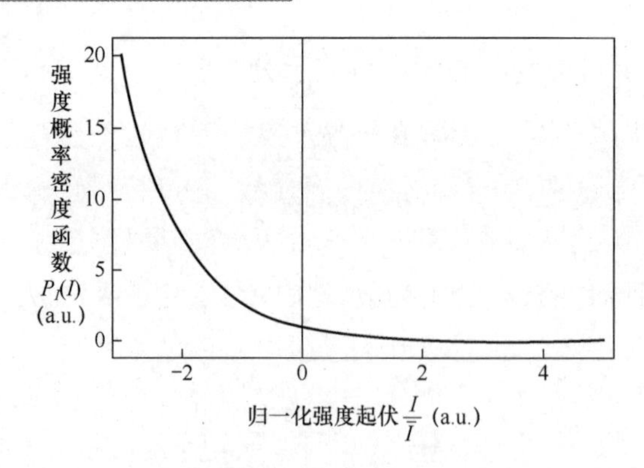

图 5.21　强度概率密度随强度起伏的典型函数图像

3．散斑统计：一阶和二阶统计特性（散斑的实验测量）

散斑实际上由多个随机分量复振幅复合而成，但是实际测量中只能测到散斑的强度而不是复振幅。所以需要对散斑信号强度进行研究分析，即散斑强度的一阶统计分析。所谓“一阶”，指的是空间某一个点信号的性质。

在实际情况中，当一束线偏振入射光照射物体表面时，所得反射的光波偏振性质会随着被照射表面类型的不同而不同，如木制表面、纸面、砂纸表面等，通常这些表面会导致反射光波的多重散射，出射光被部分退偏，其状态往往是非偏振状态；而当一些金属表面作为反射界面时，反射光波依然可以保持较好的偏振状态，此时在 x 和 y 两个正交方向观察散斑图样也是有着较高的关联度的，即完全偏振散斑。部分偏振散斑（部分退偏）和完全偏振散斑普遍存在，是实际应用的重要考量对象。

针对非偏振光和偏振光两种情况，一般可以将光信号强度 I 表示为

$$I=\begin{cases}|A_x|^2+|A_y|^2 & \text{不完全偏振光波}\\ |A|^2 & \text{完全偏振光波}\end{cases} \tag{5.67}$$

该式可用来描述光信号强度，式中 A 表偏振光波振幅，A_x 和 A_y 分别表示 x 方向和 y 方向偏振光波振幅。

激光散斑是一种随机现象，需要从统计的角度对散斑图像进行分析描述。在明确了散斑现象不同偏振态光强信号分类概念后，Goodman 提出了进一步用于衡量散斑强度的理论，即散斑图对比度的相关概念。其假设产生散斑图的理想条件是单频激光和具有高斯表面高度起伏分布的完全散射表面，可以证明散斑图中强度变化的标准差等于平均强度。

光场强度分布的矩定义为

$$\langle I^n\rangle=n!(2\sigma^2)^n=n!\langle I\rangle^n \tag{5.68}$$

上式中 n 表示矩的阶数。

对应光场强度 I 二阶矩、方差和标准差分别为

$$\begin{gathered}\overline{I^2}=2\bar{I}^2\\ \sigma_I^2=\bar{I}^2\end{gathered} \tag{5.69}$$

散斑强度的标准方差等于强度的平均值，即

$$\sigma_I = \bar{I} \tag{5.70}$$

实际中散斑图强度通常小于平均强度的标准偏差，这被视为散斑图对比度的降低。因此，散斑对比度定义为标准差与平均强度的比值：

$$K = \frac{\sigma_I}{\langle I \rangle} \leqslant 1 \tag{5.71}$$

式（5.69）～式（5.71）中的定义意味着散斑图的对比度始终是统一的，并且散斑是完全散射的。

4．散斑的刻画

1）完全偏振散斑：散斑偏振度、散斑对比度和强度一阶统计

信噪比是散斑图样描述中常用到的量，一般定义为

$$\frac{S}{N} = \frac{1}{K} \tag{5.72}$$

可以看出，散斑对比度是散斑图样中强度涨落相对平均强度的比值；信噪比则是对比度的倒数，即平均光强度与强度涨落之比。对于完全偏振散斑，则有：K=1，S/N=1。

在实际应用中需要了解光强超过阈值的概率大小，如照射至人眼视网膜损伤的最大光强，这一概率可表示为

$$P(I > I_t) = \int_{I_t}^{\infty} p_I(I)\mathrm{d}I = \frac{1}{\bar{I}}\int_{I_t}^{\infty} \mathrm{e}^{-I/\bar{I}}\mathrm{d}I = \mathrm{e}^{-I_t/\bar{I}} \tag{5.73}$$

式（5.73）可以看出，超过光强阈值的强度概率分布成 e 指数（$-I_t/\bar{I}$）下降趋势。强度概率分布随指数衰减关系如图 5.22 所示。

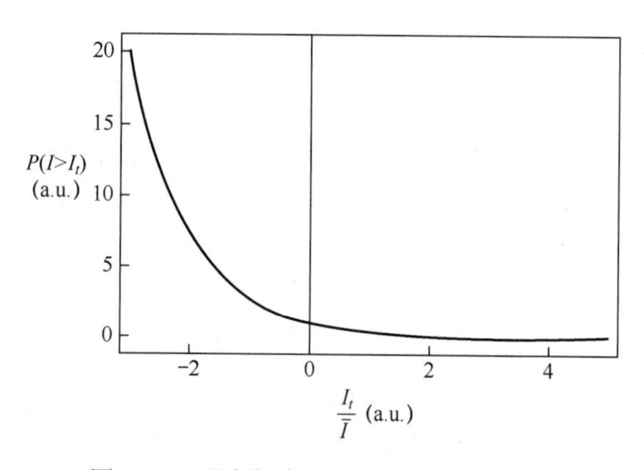

图 5.22　强度概率分布随指数衰减关系

为了进一步的应用，人们常常对光强强度起伏特征函数 $M_I(\omega)$ 进行刻画，利用

傅里叶变换可得：

$$M_I(\omega)=\int_0^\infty \mathrm{e}^{\mathrm{j}\omega I}p_I(I)\mathrm{d}I=\int_0^\infty \mathrm{e}^{\mathrm{j}\omega I}(\frac{1}{\overline{I}}\mathrm{e}^{-\frac{I}{\overline{I}}})\mathrm{d}I=\frac{1}{1-\mathrm{j}\omega\overline{I}} \tag{5.74}$$

这样，强度的起伏特性描述则转化为光强相位的分布，也称为概率密度函数。

2）部分偏振散斑

一般情况下，部分偏振光场一般可以看成线偏振和完全非偏振两个分量的矢量叠加。两个正交光场分量的偏振性质可由 2×2 相干矩阵描述：

$$\boldsymbol{T}=\begin{bmatrix}\overline{I}_x & \sqrt{\overline{I}_x\overline{I}_y}\mu_{x,y}\\ \sqrt{\overline{I}_x\overline{I}_y}\mu_{x,y}^* & \overline{I}_y\end{bmatrix} \tag{5.75}$$

由于多个相干散斑图样存在一个可使相干矩阵对角化的幺正矩阵，该幺正矩阵可以认为是一个坐标旋转和两偏振分量的相对延迟组合而成的琼斯矩阵，对应转换后相干矩阵可以表示成：

$$\boldsymbol{T}'=\begin{bmatrix}\lambda_1 & 0\\ 0 & \lambda_2\end{bmatrix} \tag{5.76}$$

式中，λ_1和λ_2是相干矩阵的本振值。

这样，部分偏振光场可以通过相干矩阵描述为

$$\boldsymbol{I}=\begin{bmatrix}\lambda_2 & 0\\ 0 & \lambda_2\end{bmatrix}+\begin{bmatrix}\lambda_1-\lambda_2 & 0\\ 0 & 0\end{bmatrix} \tag{5.77}$$

式（5.77）中，等号右边第一个矩阵表示完全非偏振光场矩阵，等号右边第二个矩阵则表示完全偏振光场矩阵。这样，光场偏振度就可以定义为完全偏振分量光场强度和光场总强度之比：

$$P=\left|\frac{\lambda_1-\lambda_2}{\lambda_1+\lambda_2}\right| \tag{5.78}$$

对应地，偏振度为 1 则为完全偏振光场，偏振度为 0 则为完全非偏振波。实际中的偏振波总是位于这二者之间。对应的部分偏振散斑的对比度则可由下式表示：

$$C=\sqrt{\frac{1+P^2}{2}} \tag{5.79}$$

3）静态散斑和动态散斑的理论仿真

散斑现象的统计特性，可用作常规散斑实验测量结果的定量分析（无论是成像还是非成像）。同时，在实验测量分析过程中，研究人员也经常借助理论模型模拟研究散斑现象。其中一个重要的模拟情况便是关于散斑图像运动的时间去相关。如果待测运动目

标的多普勒频谱涨落依赖自身运动的速度，那么可以通过时间统计关联研究散射体的运动特性。

Goodman 根据激光光束行为导出了散斑的一阶统计量，即散斑光场强度（辐照度）和相位均在复杂平面上“随机行走”。因此，散斑随机行走理论完全可以用来模拟激光散斑图像。图 5.23 所示为一种典型的散斑随机行走探测装置示意图，左侧物体称为平面，对应二维坐标为(x,y)；经光学系统传输后于右侧探测器平面成散斑像，对应探测器平面坐标为(X,Y)。假设散射平面中心和探测平面中心重合。

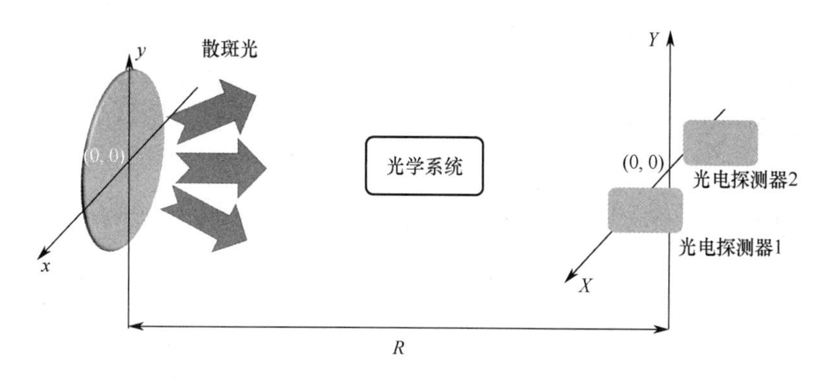

图 5.23　一种典型的散斑随机行走探测装置示意图

由于散斑是随机行走产生的，探测平面散斑像素（X，Y）处的电场 $\boldsymbol{E}$ 是各随机矢量和集合。如果物体散射中心正对探测器，那么每个探测器中心像素电场强度都会超过其周围散射像素（往往表示为灰色阴影）。对于静态散斑，灰色阴影区域的直径是恒定的；而对于动态散斑，它取决于散斑活动范围。复平面下的散斑随机行走矢量和示意图如图 5.24 所示。

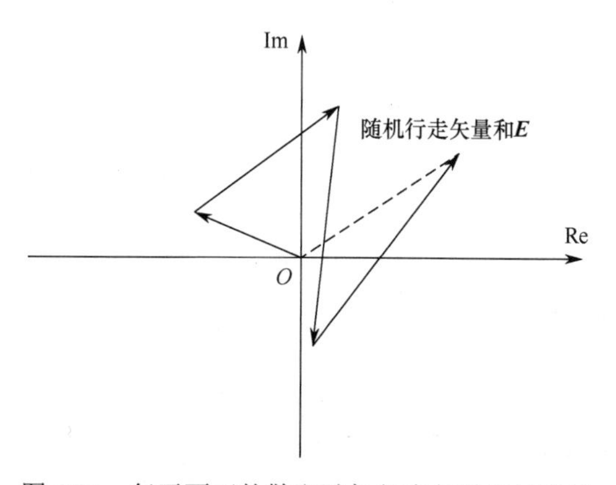

图 5.24　复平面下的散斑随机行走矢量和示意图

注：实线表示散斑实际随机行走路径，虚线表示散斑随机行走矢量和。

探测器像素（X, Y）处的电场幅度 $E(X, Y)$可表示为

$$E(X,Y)=\sum_{x}\frac{A}{R}\exp\{\mathrm{i}kR+\mathrm{i}\phi+\mathrm{i}k\frac{|X-x|^2}{2R}-\frac{|x|^2}{\omega^2}\}\tag{5.80}$$

式中，e 指数的前两项与散斑的产生有关，后两项与衍射场几何分布有关。其中，k 是激光波数，λ是激光波长（$k=2\pi/\lambda$）；R 为散射面与探测器面之间的距离；ϕ为均匀分布在$[-\pi，\pi]$的随机相位，A 为均匀分布在$[-0,1]$的随机振幅，ω为激光束腰斑半径。$|X-x|^2$是探测器像素（X, Y）和散射体像素（x, y）在探测平面上投影距离的平方（图 5.23 中的距离 R）。散斑强度 $I=E\cdot E^*$（其中 E^* 是复共轭）。利用此模型可得到静态散斑。

动态散斑模拟要比静态散斑模拟稍微复杂些，需要为每个运动散斑合理求矢量和，针对不同的测试目标和测速范围，有不同的模拟方法。在这方面，D. J. Durian 有过对散射光场自关联函数的详解分析。Zakharov 等人使用光子包方法，对混浊介质的激光多次散射进行了蒙特卡罗动态模拟，该方法很好地反映了静态散射对激光散斑成像（LSI）图像解释的影响。Duncan 等人提出了一种基于快速傅里叶变换法产生散斑的方法，利用该方法可合成有限空间散斑图：在面积为 $L\times L$ 的正方形矩阵区域中，以归一化的振幅且相位均匀分布复数矩阵填充直径为 D 的圆形区域。如图 5.25 所示为合成散斑模型图。通过对 $L\times L$ 方形阵列进行傅里叶变换并逐点乘以复共轭，得到具有指数概率分布的合成散斑图。调节 L 与 D 的比值可设置散斑的最小像素。

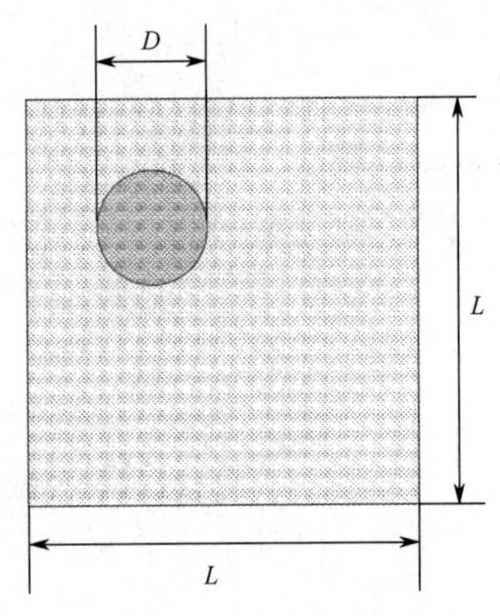

图 5.25　合成散斑模型图

注：阴影部分由归一化的振幅和位于(0，2π)范围内均匀分布的相位构成。

利用该方案生成的散斑图像与随机行走生成的散斑图像遵循相同的统计信息。二者在外观上略有不同，因为随机行走图像显示为“粒状”，而该方案生成的图像显示为“蛇形”。Duncan 等人通过有限空间合成散斑法仿真得到的典型散斑图案如图 5.26 所示。

此外，散斑噪声是影响散斑模拟精确度的一个重要因素。散斑噪声通常被视为噪声，可将其定义为简单的乘性噪声，其中随机噪声矢量是从均匀分布中提取出来的。例如，假定一幅图像亮度为 I，其散斑噪声强度的形式是 $J=I+n\times I$，n 是均值为 0、方差为非零值的归一化均匀分布随机噪声。

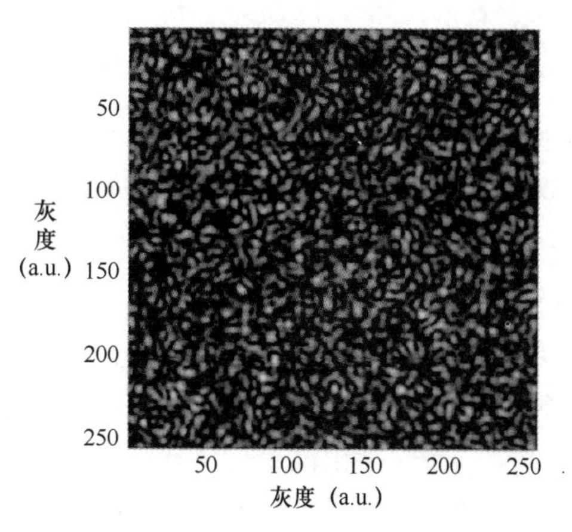

图 5.26　Duncan 等人通过有限空间合成散斑法仿真得到的典型散斑图案

注：引自参考文献［68］。

5.2.4　散斑测速的两种应用方案

散斑的统计模型和对比度等参数是人们针对散斑测量的基础认识。散斑测速的重要应用场景为含时散斑测速和散斑成像测速。

1．含时散斑测速

1）含时散斑由来

散斑现象普遍存在于各种相干成像过程（如合成孔径雷达、光学相干层析成像、超声波）或涉及激光照明的非成像测量方案中，对应的散斑图案在测量对象移动时会随时间发生变化，这一规律最早由 Stern 于 1975 年给出完整解释。对于固体物体的微小运动，散斑图案能够随测量目标运动以保持较好的跟随性，即高的运动时间关联性；对于较快运动，散斑图案的去相关性则较为严重甚至丢失；当待测对象（如流体）保持静止，但有大量单个散射体（如流体中的粒子）移动时，也可能发生散斑图案运动时间关联性的消退。如果运动涨落的频谱依赖运动速度，那么可从散斑起伏的时间统计信息中研究散射体的运动。可以说，散斑图案时间关联性不同程度地存在于各种运动测量中，是人们研究散斑过程的一个重要研究内容。

2）含变散斑与激光多普勒测速的关系

在理想的情况下，单频入射激光场强度呈高斯统计分布。但是当被照射散射体处于运动和静止两种不同状态，甚至是与速度不断发生变化的散射体的混合物产生散斑图案时，情况就变得复杂。可以利用散斑强度波动的调制深度给出定量衡量，进而得出运动散射体散射光和静止散射体散射光各自分别的贡献。由于散斑波动的频谱明显地依赖运动的速度分布（在未产生明显的散斑图样去相关情形下），散斑图样随时间的波动统计可以反映物体运动的信息。

同样地，激光多普勒技术也分析了运动粒子散射激光时所观察到的光强波动的频谱。那么，这二者之间是相同的波动吗？要回答这个问题，可以从一个简化的实验模型入手，这也是早期人们用于解释含时散斑的重要工具，即利用光学中非常熟悉的迈克尔逊干涉仪，如图 5.27 所示。假设现在考虑的移动对象为粗糙表面的固体（不是粒子的集合），镜子 M1 是固定的，镜子 M2 则可以沿着光束的方向移动。50/50 分束器用于入射激光光束和反射激光光束的分束和合束。显然，当镜子 M2 处于静止时，该装置是一个经典的迈克尔逊干涉仪：当两个干涉臂的路径长度完全相等或路径长度差为波长差整数倍时，两束激光将保持同相，并在 50/50 分束器上合在一起，此时的光电探测器探测到的是最大强度的光信号；当两束光的路径长度相差半个波长（或任何半个波长的奇数倍）时，两束光处于反相位并相互抵消，此时探测器将记录零强度。在整个实验模型中，假设运动物体的速度与光速相比非常小，并且忽略了相对论效应。现在假设镜子 M2 按图 5.27 中所示方向以速度 v 移动，此时光电探测器会记录到一个随 M2 移动的波动光强信号。

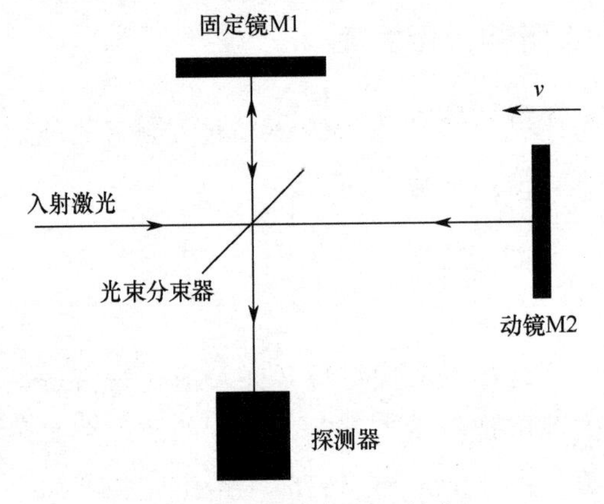

图 5.27　迈克尔逊干涉仪

下面从两个角度来解释该实验模型并得出结论。首先从多普勒运动角度出发，假设光波的速度为 c，频率为 f，入射波束波峰传播距离为 L。如果镜子 M2 是静止状态，则反射光波传播相同长度距离。但是如果镜子 M2 以速度 v 向光源移动，由于镜子 M2 向入射波移动了距离 v，那么反射后这些波峰传输距离则为 $c-2v$。此时光电探测器探测到的反射光的频率增加为 f'：

$$f' = \frac{c}{c-2v} f \tag{5.81}$$

频率为 f' 的反射波与频率为 f 的透射光（本地振荡光）在探测器处相遇并合成得到的拍频为二者频率之差：$\Delta f = f' - f = f(\frac{c}{c-2v} - 1) = f(\frac{2v}{c-2v})$，由于光速 $c \gg v$，因此

$$\Delta f = f\frac{2v}{c} \tag{5.82}$$

式（5.82）给出了经光电探测器探测后得到的多普勒频率计算公式。

其次从另一个角度——经典干涉出发来做解释。如果入射光波和反射光波传播路径相同，则来自镜子 M2 的反射光束与来自镜子 M1 的参考光束相互干涉。在两面镜子完全垂直于光束入射方向，且是理想平面的情况下，光电探测器探测面上观测到的强度始终是均匀的；否则，光电探测器探测面就会呈现干涉条纹的图案。无论上述哪种情况，探测器都可以探测到对应光强度，这个强度取决于两束光在探测点上的相位差。如果镜子 M2 的移动距离为 $\lambda/2$（λ 是波长的光），两束光之间的光程差变化为λ，则探测器可以探测到一个从亮到暗的完整周期的光学干涉样式。如果单位时间记录到Δf 这个循环，则意味着镜子 M2 在单位时间内的移动距离 v 为

$$v=\Delta f\frac{\lambda}{2} \tag{5.83}$$

由于假设是单位时间内的移动，所以 v 也是镜子 M2 的速度，Δf 是探测器记录到的强度振荡频率，将关系式 $c=f\lambda$代入上式，同样可以得到：

$$\Delta f=f\frac{2v}{c} \tag{5.84}$$

从上述两种分析可以看到，无论将该现象视为多普勒效应还是干涉效应，都得到了相同的计算结果。然而，这两个理论分析模型的切入点并不完全相同，多普勒解释涉及两者的叠加波的频率略有不同，并检测出两束光产生的拍频；基于干涉的解释则包括相同频率的两个波叠加且当它们之间的路径差发生改变时的相关关系检测。分析表明，在上述两种情况下检测到的频率是相同的，这两种方法实际上是看待同一现象的两种方式。

如果用粗糙（漫反射）的表面（或散射粒子集合）代替镜子 M2，则其散射光在探测器平面上会产生远场散斑图。这个散斑图同样会与参考光束发生干涉现象，但产生的是一个新散斑图。上述多普勒运动分析方法仍然适用于这种情况，同样由探测器探测到激光多普勒信号，再由式（5.82）计算出粗糙表面移动速度。同样，基于干涉的解释也适用：当镜子 M2 运动时，散斑图上任意一点的强度都将发生相应的起伏波动，镜子 M2 每运动半个波长，对应于散斑强度经过一个周期，则式（5.84）同样有效。如果镜子 M2 不是一个固体物体，而是由一组单独的散射粒子组成，除需要一个与散射体相关的速度范围参量外，其他参数也适用。在该情形下，光电检测后得到的信号是一个频率谱范围，而不是单个频率。所以，多普勒运动分析方法和散斑干涉分析法都可以有效且合理地解释这一现象，并给出相同的定量答案。

虽然散斑图中观测到的强度波动与多普勒实验中观测到的强度波动是一致的，但针对这两种技术在实验装置设置上和实验测量目标方面均有所不同。例如，对于散斑的实验测量，如果光电探测器探测到了一个以上的散斑数目，那么探测器实际记录的是散斑集合的平均强度和振幅波动。如果有多个散斑存在于视场中，那么这种平均效应将会更

加严重。因此，针对散斑测量系统有必要放置一个小孔径的探测器来实现观察单个散斑的需求（或者是限定区域的一小块散射粒子流动区域）。一般来说，要使探测器记录单个散斑，其孔径大小必须小于平均散斑大小。因为远场散斑的大小是由被照区域的大小控制的——区域越小，散斑越大。在实际应用中，当探测器孔径大小约为散斑平均直径的十分之一时，可以得到最佳的结果。

3）含时散斑图的数学推导

具体地，针对散斑测速可以从以下模型中进行原理解释和公式推导。如图 5.28 所示为运动粗糙固体表面动态散斑形成的装置示意图。

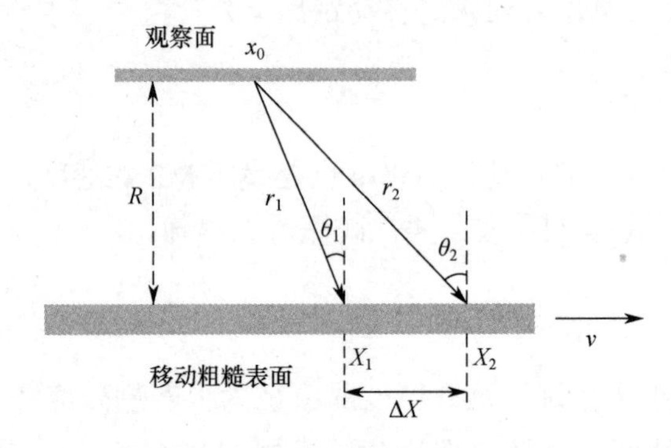

图 5.28　运动粗糙固体表面动态散斑形成的装置示意图

假设光电探测器探测到的光功率起伏为散斑信号，用$\Delta I(t)$表示 t 时刻散斑的光功率起伏。经过时间τ后，散斑的光功率起伏为$\Delta I(t+\tau)$，归一化的动态散斑信号可以表示为

$$\gamma_I(\tau)=\frac{\int \Delta I(t)\Delta I(t+\tau)\mathrm{d}t}{\int \Delta I(t)\Delta I(t)\mathrm{d}t} \tag{5.85}$$

散斑自相关信号可表示为

$$\gamma_I(\tau)\simeq\gamma_\mu(x_0;\tau) \tag{5.86}$$

式中，$\gamma_\mu(x_0;\tau)$表示位置为 x_0 处的归一化时空自相关函数，需要计算散斑场功率 μ 的时空相关函数，定义如下：

$$\begin{aligned}\Gamma_\mu(x_0;t_1,t_2)&=\left\langle \mu(x_0;t_1)\mu^*(x_0;t_2)\right\rangle\\&=\iint\left\langle \exp\{\mathrm{i}2k[h(X_1;t_1)-h(X_2;t_2)]\}\right\rangle\cdot\exp[\mathrm{i}2k(r_1-r_2)]\cdot\cos\theta_1\cos\theta_2/(r_2r_1)\mathrm{d}X_1\mathrm{d}X_2\end{aligned} \tag{5.87}$$

式中，r_1 和 r_2 分别表示从点 x_0 到 X_1 和 X_2 的距离，〈〉表示平均值，h 表示表面高度函数。

一般粗糙表面颗粒高度分布满足高斯概率密度，可表示为

$$\begin{aligned}&\langle \exp\{i2k[h(X_1;t_1)-h(X_2;t_2)]\}\rangle \\ &=\exp\{-(2k)^2[\omega^2-\Gamma_h(X_1-X_2)]\}\end{aligned} \tag{5.88}$$

式中，ω 为粗糙度均方根偏差，$\Gamma_h(X_1-X_2)=\langle h(X_1)h(X_2)\rangle$是粗糙物体表面高度的自相关函数。通常 $\Gamma_h(X_1-X_2)$是关于关联距离(X_1-X_2)的微小函数，即 X_1-X_2 的差值相对随机表面的相关长度的量级非常小。如果只需要考虑 X_1 和 X_2 接近的情况，则有 $\theta_1\approx\theta_2$。利用关系 $\sin\theta_1\approx\sin\theta_2=(X_1-x_0)/r_1$，可以得到 $r_2-r_1\approx\Delta X\sin\theta_1$，在积分中用 $X_2=X_1+\Delta X$ 和 $X_1=r_1\sin\theta_1+x_0$ 作变量替换，则式（5.87）可以重写为

$$\Gamma_\mu(x_0;\Delta X)=(\frac{1}{R})\iint \exp\{-(2k)^2[\omega^2-\Gamma_h(-\Delta X)]\}\cdot\exp(i2k\Delta X\cdot\sin\theta_1)\cdot\cos^3\theta_1 d\sin\theta_1 d\Delta X \tag{5.89}$$

式（5.89）中利用到了近似关系 $\cos\theta_2\approx\cos\theta_1$，$r_2\approx r_1=R/\cos\theta_1$，$\Delta X_1=r_1 d\sin\theta_1$，$\Delta X_2=d\Delta X$。

在散射强度的有效部分近似值 $\cos\theta_1$ 内，倾斜因子 $\cos\theta_1$ 变化不大，所以 $\cos\theta_1\approx1$，则式（5.87）可以简化为

$$\begin{aligned}\Gamma_\mu(x_0;\Delta X)=(\frac{1}{R})\iint &\exp\{-(2k)^2[\omega^2-\Gamma_h(-\Delta X)]\}\cdot \\ &\exp(-i2k\Delta X\cdot\sin\theta_1)d\sin\theta_1 d\Delta X\end{aligned} \tag{5.90}$$

等号的右边可以看作 $\exp\{-(2k)^2[\omega^2-\Gamma_h(-\Delta X)]\}$的傅里叶变换和反变换，而自相关函数结果为

$$\Gamma_\mu(x_0;\Delta X)=(\frac{1}{R})\exp\{-(2k)^2[\omega^2-\Gamma_h(-\Delta X)]\} \tag{5.91}$$

随机表面可以被描述为从其表面粒子高度到表面粒子基底之间的各种实际曲面，该类曲面的高度自相关函数为

$$\Gamma_\mu(\Delta X)=\omega^2\exp[-(\Delta X/l_0)^2] \tag{5.92}$$

式中，ΔX 是关联间隔；l_0 是水平相关长度，其表示随机表面的平均粒子尺寸。将式（5.92）代入式（5.91），获得归一化自相关函数：

$$\begin{aligned}\gamma_\mu(x_0,\Delta X)&=|\Gamma(x_0;\Delta X)|^2/|\Gamma(x_0;0)|^2 \\ &=\exp\{-2(2k)^2\omega^2[1-\exp(-\Delta X/l_0)^2]\}\end{aligned} \tag{5.93}$$

在速度测量中，如果激光在时刻 t 的照射位置点位于 X_1，经历时间 τ 后，它将位于 $X_2=X_1+v\tau$，其中 v 是表面的速度。因此，使用该关系和式（5.86），位于点 x_0 处的散斑强度的空间自相关转换为散斑信号的时间自相关。

$$\gamma_I(\tau)=\exp\{-2(2k)^2\omega^2[1-\exp(-v\tau/l_0)^2]\} \tag{5.94}$$

式（5.94）是移动粗糙表面速度测量的表达式，表明了速度与自相关时间成反

比。在实际速度测量中，利用实验获得的散斑光功率起伏信号可以计算 $\gamma_I(\tau)$。

2．散斑成像测速

除光电探测器直接探测物体表面散斑强度并进一步获得流体或固体的运动速度方案外，还可以直接由电荷耦合器件（Charge Coupled Device，CCD）或互补金属氧化物半导体（Complementary Metal Oxide Semiconductor，CMOS）来测量。这方面有机械扫描方案，也有直接 CCD 光学成像和 CMOS 寻址成像。

1）CCD 和 CMOS

常用的图像探测器主要有电荷耦合器件和互补金属氧化物半导体。

CCD 直接以电荷为信号载体，其直接对电荷操作进而实现相应的信息存储和传输等一系列操作，这种载荷运行方式与大多数以电压或电流为信号载体的电子器件不同。因不同种类的工作需求，业界发展出不同类型的 CCD，包括线型（Line）、扫描型（Interline-Transfer，IT）、全景型（Full-Frame，FF）和全传型（Frame-Transfer，FT）四种。

线型 CCD 由一维感光阵列构成，在步进马达的配合下对图像进行扫描。照片成图方式为一行挨一行紧密排列，速度低于二维感光阵列 CCD。这种 CCD 常用于台式扫描仪。

扫描型 CCD 曝光后所产生的电荷被转移到电荷附近的移位寄存器，通过垂直传送向下转移到底部后按序输出。其优点在于曝光后即可将电荷储存在寄存器中，连续拍照速度快；缺点是寄存器占用了感光面的面积，相应地牺牲了动态范围。这种 CCD 成本较低，多用在监视器、拍照手机或低档数码相机上。

全景型 CCD 采用更加简捷的感光设计，即整个感光区取消寄存区设置，易换取传感器更大的感光面积。其曝光过程和线型 CCD 相同且适于长时间曝光。由于没有寄存位，感光和电荷输出两个过程是分开的，一定程度上限制了全景 CCD 的连续拍照能力。专业级相机往往采用全景型 CCD。

全传型 CCD 设置架构与全景型 CCD 恰相反，其传感器区域分为上下两个部分，一般上半部分用于感光，下半部分则直接设置为一个大型临时存储区。其在工作过程中可以快速将电荷转移到下方寄存区，这种设计使其可以在兼顾感光面积的同时加快成像速度，目前大多数数码相机采用此类 CCD。

CCD 和 CMOS 的工作过程可以分为光电转换、电荷存储、电荷传输三步。光电转换功能主要根据光电效应，感光区域的微弱光信号能量由光电二极管转换为信号的电子能量；电荷存储功能主要依托电势阱，传感器感光部分各单元上的电极在施加电压后，会在电极下表面形成金属氧化物半导体（Metal Oxide Semiconductor，MOS）电势阱，用于电荷的存储。耗尽层的深度可理解成势阱的概念，当注入电子形成耗尽层时，加在耗尽层上的电压将下降。可将耗尽层看作一个容器或势阱，这样下降的电压可看成向阱内倒入液体，势阱中的电子无法装到势阱边沿，因而全部被输入势阱内。图 5.29 所示为 MOS 结构形成的势阱示意图。

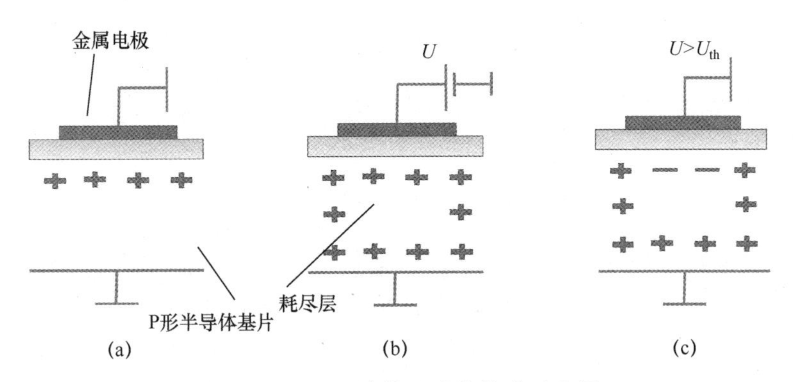

图 5.29　MOS 结构形成的势阱示意图

CCD 电荷的传输主要依靠相邻势阱电压差来移动。如图 5.30 所示，CCD 是由多个电极单元并排在一起的。通过对这些电极的电压进行控制，即可形成不同电势大小的电势阱。例如，相邻两个电极中的一个电极的外加电压较高时，电极单元电荷就会朝高电压下的电位阱移动，通过不断的电压调制（时钟脉冲）最终完成电荷的传输。

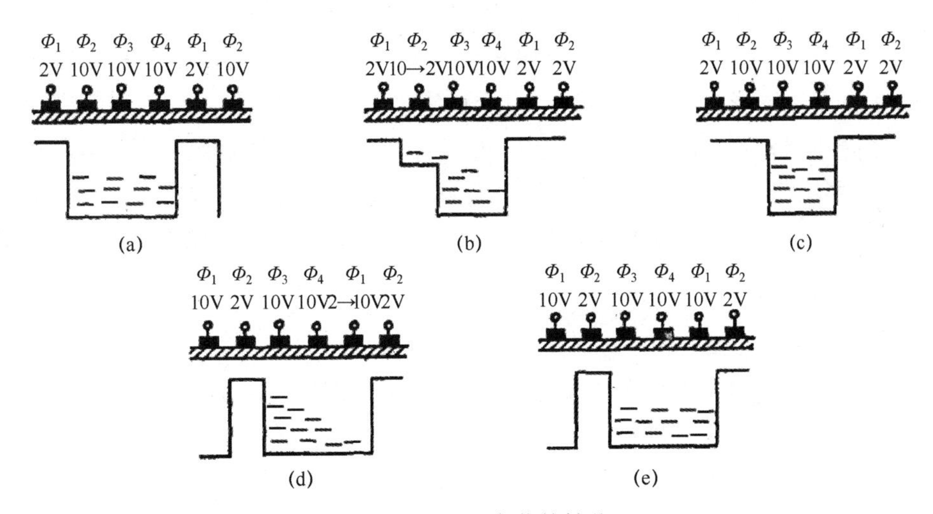

图 5.30　CCD 电荷的转移

注：转移顺序按照（a）～（e）进行。

CCD 和 CMOS 均是将光电信号转换为电荷信号的装置，在散斑图像实验中均是将散斑图像信号转换为对应空间分布强弱信号的装置。但是二者具体的工作过程又有不同。CCD 将所有信号存在垂直寄存器中，然后将垂直电荷转移到水平寄存器中，最后通过总线电压放大后输出，如图 5.31（a）所示；CMOS 则是在每个光电二极管旁边都有一个电压放大器，用于将信号放大，这种结构使得 CMOS 更容易获得像素的选择性输出，如图 5.31（b）所示。

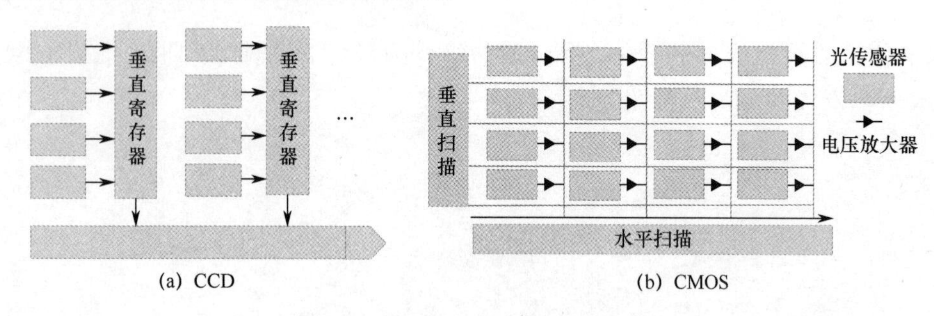

图 5.31　CCD 和 CMOS 结构比较

这种结构的差异，导致二者性能不同。因为 CCD 的像素是由 MOS 的电子容纳能力决定的，这些电子则是 CCD 传感器曝光时由吸收光子转换来的。一个像素中最大能够存储的电子数，其实就是电子势阱的最大势阱宽度。IT 和 FT 这两种 CCD 在一幅照片曝光完成后电子即移动到一个单独的存储单元，而下一幅照片曝光时则需要等待一定时间间隔（IT 需要微秒量级；FT 则需要 1ms）。FF 传感器则没有单独存储单元。在上述这些传感器中，曝光后形成的图像在水平方向寄存器中逐行移动，并从那里逐像素移动到感测节点。也就是说，新图像的曝光只能在读出前一图像的最后一行后开始。因此，这种传感器的帧率较低。

在 CMOS 传感器中，单个像素由光电二极管构成，存储单元、用于寻址的晶体管和放大器等电子元件可以分配给每个像素。因此，这些传感器被称为有源像素传感器（APS）。在集成传感器和全局快门时，每个像素都有自己的存储单元。所有像素同时曝光，在像素曝光时间结束时，所有像素的电荷同时转移到存储单元中（与 IT 传感器相当）。之后，按顺序读取存储单元。由于可对单个像素即时访问，只读取感光点而不是传感器全部像素。因此，对于较小范围分布的感光测量点，CMOS 传感器可以实现高帧率。

2）激光散斑成像

激光散斑成像（LSI）主要指激光散斑对比成像（LSCI），通常采用 CCD 或 CMOS 传感器来完成相关测量。其相关医学应用包括大脑、皮肤、视网膜等生物组织血液流速的测量。

激光散斑成像技术的基础是对光散射粒子组成的介质散射的相干光的随机干涉产生的成像散斑图案的分析。散射粒子的运动导致干涉图样的波动，相机可以将其记录为强度变化。记录的散斑图案的时间和空间统计信息包含有关运动的信息。由于相机本身积分时间有限，运动会导致散斑图案模糊，从而降低散斑对比度。量化模糊的最常用方法是计算局部散斑对比度，该对比度可通过场和强度自相关函数最终与速度关联。理论上，偏振散斑图案的对比度取 0 到 16 之间的值，其中 0 表示散射体足够快，可以完全模糊散斑图案，而 1 则对应静态、完全展开的散斑图案。

激光散斑成像可对观察区域实现全场成像且无须激光光束机械扫描。激光束照亮的区域并对照射区域拍摄照片，称为单曝光散斑图像。实际应用中，图像成像质量（主要指散斑对比度）与成像系统参数和使用环境关系很大，包括曝光时间、强度波动时间等。一般来说，如果使用的曝光时间非常短，会“冻结”散斑并可获得高对比度的散斑图案，而长曝光时间又会使散斑趋于平均，从而导致低对比度。相反，使用与强度波动相关时间相同顺序的曝光时间，可获得高对比度的静态图像成分，但对动态图像成分则形成较低对比度图形，即图像模糊，可以说视场中的速度分布反映了散斑对比度的变化。除此之外，最大散斑对比度取决于散斑空间采样率、散斑尺寸光源光谱宽度等因素，这些参数均会减小散斑对比度，从而影响信噪比和灵敏度。

3）散斑对比度（曝光时间）与运动目标速率的数学关系

散斑图样空间起伏方差 $\sigma_s^{(2)}(T)$ 是相机曝光时间 T 的函数，其与单个散斑的强度时间起伏自方差 $C_t^{(2)}(\tau)$ 存在关系：

$$\sigma_s^{(2)}(T)=\frac{1}{T}\int_0^T C_t^{(2)}(\tau)\mathrm{d}\tau \tag{5.95}$$

式中，$C_s^{(2)}(T)$ 定义为：$C_s^{(2)}(T)=\left\langle (I(t)-\langle I\rangle_t)(\langle I(t+\tau)\rangle-\langle I\rangle_t)\right\rangle_t$，$I(t)$是 t 时刻的光强强度，τ 是经历时间。

对于洛伦兹谱型分布的光场，散斑光场强度随时间变化的归一化一阶自相关函数 $g_t^{(1)}(\tau)$，可以用 e 负指数函数来近似：

$$g_1^{(1)}(\tau)=\exp(-\frac{|\tau|}{\tau_c}) \tag{5.96}$$

式中，τ_c 为关联时间。$g_1^{(1)}(\tau)$ 定义为：$g_1^{(1)}(\tau)=\dfrac{\left\langle E^+(t)E^+(t+\tau)\right\rangle_t}{\langle I\rangle_t}$。$t$ 时刻散斑电场强度为 $E(t)=E^+(t)+E^-(t)$，对应光场强度为 $I(t)=E^+(t)E^-(t)$。

在高斯统计下，依据 Siegert 关系得到的散斑起伏为

$$g_t^{(2)}(\tau)=1+|g_t^{(1)}(\tau)|^2 \tag{5.97}$$

$g_t^{(2)}(\tau)$ 是归一化的二阶强度自相关函数，其被定义为

$$g_t^{(2)}(\tau)=\frac{\langle I(t)\rangle\langle I(t+\tau)\rangle_t}{\langle I\rangle_t^2} \tag{5.98}$$

依据以上各式，可定义静态二阶自相关函数为

$$g_t^{(2)}(\tau)=1+c_t^{(2)}(\tau) \tag{5.99}$$

式中，$c_t^{(2)}(\tau)$ 是二阶强度自协方差：

$$c_t^{(2)}(\tau)=C_t^{(2)}(\tau)/\langle I\rangle_t^2 \tag{5.100}$$

综合上述各式，可以得出单个散斑的强度时间起伏自协方差表达式为

$$C_t^{(2)}(\tau)=\langle I\rangle_t^2\left|g_t^{(1)}(\tau)\right|^2 \tag{5.101}$$

对归一化自相关函数做 e 负指数函数近似，在式（5.101）中代入 $g_t^{(1)}(\tau)$ 的具体表达式，可得

$$C_t^{(2)}(\tau)=\langle I\rangle_t^2 \mathrm{e}^{-\frac{2\tau}{\tau_c}}\mathrm{d}\tau \tag{5.102}$$

将此表达式代入式（5.95），得到了时间平均散斑图中空间方差的以下表达式：

$$\sigma_s^{(2)}(T)=\langle I\rangle_t^2\frac{\tau_c}{2T}(1-\mathrm{e}^{-\frac{2T}{\tau_c}}\mathrm{d}\tau) \tag{5.103}$$

遍历性条件假设下，可以用集合平均值代替时间平均值，依据散斑对比度定义式，最终可得到：

$$K=\sqrt{\frac{\tau_c}{2T}(1-\mathrm{e}^{-\frac{2T}{\tau_c}}\mathrm{d}\tau)} \tag{5.104}$$

式（5.104）给出了时间平均散斑图中散斑对比度的表达式，它是曝光时间 T 和相关时间 $\tau_c=1/(ak_0v)$ 的函数，其中 v 是散射体的平均速度，k_0 是光波数，a 是取决于散射体速度分布的洛伦兹宽度和散射特性的因子。在激光多普勒测量中，理论上可以将相关时间与运动粒子的绝对速度联系起来，但这在实践中不易做到，因为与光相互作用的运动粒子数量和运动方向是未知的。然而，速度人小的相对测量可以通过与粒子运动速度成比例的 $2T/\tau_c$ 来获得。

5.2.5 散斑分离及测量方案

1. 散斑抑制方案的介绍

固体表面动态散斑关联测量通常需要高测速 CCD 镜头，即通过多幅采集图的相关函数计算对时序图进行处理，进而得到不同视线角和角速度的动态散斑归一化时间相关函数曲线。如果载入 CCD 的图像过大且图像的散斑区域只有一部分，为减少图像处理的数据量，提高图像处理速度，可对其进行定位及截取。一般需要先通过图像分割和形态学图像处理定位 CCD 图像中的散斑区域，然后根据所定位散斑区域的质心参数，在原 CCD 图像上截取对应部分的散斑图像，该方法还涉及散斑图像的边缘检测。此外，由于散斑噪声对图像信息的干扰，参与叠加的散斑平均光强差异越大，叠加后的散斑对比度越大，噪声抑制效果越差。

目前已有的散斑抑制思路中，散斑抑制主要通过对散斑尺寸优化及对散斑接收装置的改进和对散斑接收信号的处理来进行。在散斑信号处理过程中，影响到测速系统测速精度的主要问题是散斑的不确定度，正是由于散斑信号的介入才使得速度不确定度难以有效控制。德国德累斯顿工业大学 Jurgen Czarske 研究小组提出了基于 CCD 辅助激光多普勒条纹测量系统的单个散斑分离方案。该方案采用基于激光多普勒差结构的干涉条

纹测试系统，利用 CCD 测量获得待测固体目标粗糙表面的散斑图样，然后从光电探测器所测多普勒探测信号中扣除散斑信号影响，对降低速度测量不确定度取得较理想效果。由于上述散斑分离的方案未考虑粗糙表面微结构特征，而是采用微尺寸颗粒作为模拟对象，所以该方案需要对 CCD 靶面全部的行列像素进行积分，求出 CCD 靶面每一行的振幅谱，然后对所有行振幅谱累加求出粗糙表面一维横向线速度。

虽然基于 CCD 散斑分离技术的条纹测速方案已经被用于粗糙表面检测，但该技术在实际测量中还有以下几方面的问题亟待探讨和解决：

（1）“离焦”现象导致多普勒信号条纹丢失。该方案以微小尺寸的粒子作为研究对象，认为粒子尺寸远小于干涉条纹间距，未考虑粒子本身尺寸对干涉条纹的散射情况，因而只能对应采用小尺寸的干涉测量体（微米量级）。而轴承表面的起伏远大于微米量级，极易超出测量体体积，出现“离焦”现象，导致多普勒信号丢失。因此，针对车轴检测而言，需要较大尺度的干涉条纹测量体，以覆盖车轴粗糙表面的高低起伏，而这时就必须考虑固体粗糙表面微结构特性。

（2）散斑样式的随机变化性。利用多普勒条纹系统测量粗糙表面所产生的多普勒信号与单个粒子产生的信号是完全不同的。粗糙表面上同时被照射的点所形成的大量散射光在探测表面以不同的振幅和相位叠加，分别导致干涉条纹反复地建立和破坏。由于粗糙表面的随机性，当粗糙表面在双光束干涉条纹形成的测量体中沿着 x 方向移动时，所形成的散斑样式会随机变化，如图 5.32 所示为散斑样式对应多普勒条纹变化示意图。虽然采用 CCD 可以将散斑在空间上进行隔离，但是由于散斑是随移动粗糙表面移动的，因此光传感器单个像素的信号时间序列无法显示期望的多普勒频率信号调制。

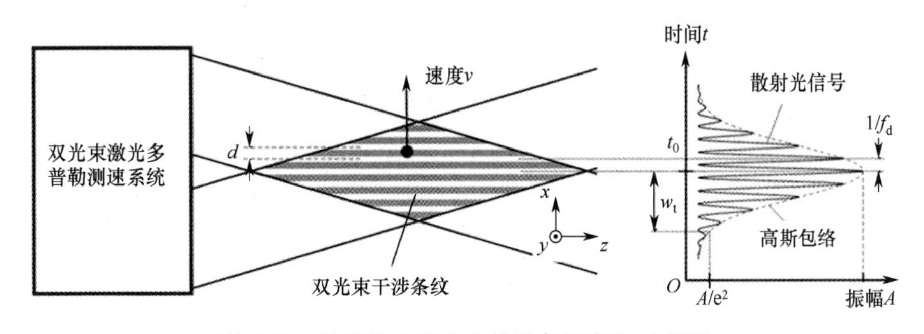

图 5.32　散斑样式对应多普勒条纹变化示意图

注：v 表示粗糙表面在 x 方向的移动速度，d 表示干涉条纹间距，t_0 表示粒子从干涉条纹边缘穿过中心所需时间；f_d 表示激光多普勒频率，w_t 表示散射信号包络信号强度半宽度。

（3）冗繁的信号再处理过程。由于 CCD 采用微尺寸颗粒作为模拟对象，所以该方案需要对 CCD 靶面全部的行列像素进行积分，进而求出平面粗糙表面一维横向线速度。由于需要积分，该方案计算时间长；且需要对散斑图片像素进行再分割，而散斑和像素的最佳尺寸比会随着激光散斑尺寸发生变化，需要反复进行实验参数优化。

2．实验方案设计

本书选择基于迈克尔逊干涉仪的干涉条纹测量系统，以及基于 CMOS 辅助散斑分离的测速方式。由于 CMOS 相机可以直接获取移动物体在 *X* 和 *Y* 方向上的选址，所得散斑图像直接包含了运动粗糙面散斑样式，无须对相机进行逐行积分，可大幅提高测量效率。该方案直接以待测目标粗糙表面作为研究对象构建理论模型，全面考虑粗糙表面的面貌特征并以此作为散斑测量对象；以激光干涉条纹为探测工具，考虑实际粗糙表面的影响，进而提出一种可直接应用粗糙圆柱表面散斑分离的模型，可提高速度测量不确定度 1～2 个量级，同时提高圆柱表面面型测量精度。

基于 CMOS 粗糙圆柱面散斑分离的表面测量装置示意图如图 5.33 所示。首先，建立多普勒信号探测系统，以 1550nm 和 1530nm 两个不同波长的激光源同时作为系统探测光源，两激光器最大输出功率均可达 50mW，且均为单模线偏振输出激光。采用偏振控制器分别控制两台激光器稳定的线偏振态激光输出。此后，经过 2×1 的光纤耦合器将两束线偏振态激光合束，并经过消色差准直器准直后输出平行光束。合束后的两平行光经相位透射光栅衍射后，各自产生 0 级及±1 级衍射光束，其中 0 级衍射光束被滤波片吸收，不参与实验后续过程；±1 级衍射光束经过透镜组聚焦后，将光束腰斑聚焦于一点形成稳定的干涉条纹。为了防止曲面出现“离焦”现象，本方案中采用的测量体宽度达到 1.5cm，聚焦腰斑达到 80μm。所采用光束聚焦透镜组为两个口径 50.8mm、焦距为 100mm 的透镜。为保证散射光可以更多地被收集，在不挡其他光束传播的前提下，所采用的 50/50 分束镜需要尽量靠近散射面。

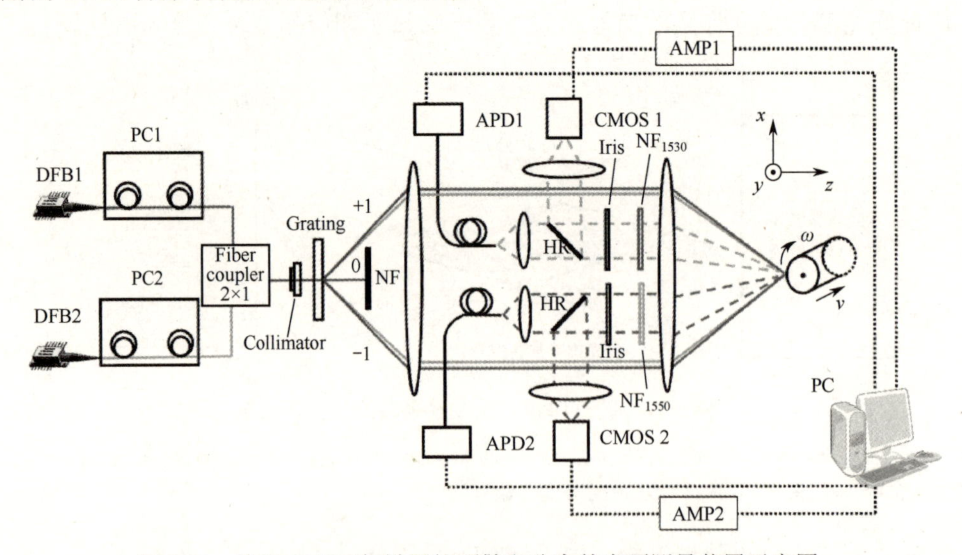

图 5.33　基于 CMOS 粗糙圆柱面散斑分离的表面测量装置示意图

注：DFB1—1550nm 激光器；DFB2—1530nm 激光器；PC1，PC2—偏振控制器；Fiber coupler 2×1—2×1 光纤耦合器；Collimator—消色差准直器；Grating—相位透射光栅；NF—滤波片；NF_{1550}—1550nm 激光滤波片；NF_{1530}—1530nm 激光滤波片；Iris—可变光阑；HR—50/50 反射镜；APD—雪崩光电二极管；CMOS—互补金属氧化物半导体；AMP1，AMP2—信号放大电路。

其次，建立散斑分离系统，实现系统去散斑化。由于表面测量系统依赖横向速度精度，之后依据 CMOS 对于所捕获的散斑图进行放大，因为所用波长为红外波段，非肉眼可见，其在实验过程中的调节变得不易，尤其是固体粗糙表面的微弱散射光更是难以捕捉，这对于雪崩光电探测器和 CMOS 接收信号无疑增加了难度。因此，实验中选择了相同尺寸的多个粗糙度表面的钢制圆柱作为待测目标，以较光滑表面（R_a=0.2μm）作为基础探测光路调节对象，在由其得到良好的探测信号信噪比后，再依次更换至其他粗糙度圆柱面，并最终完成所有粗糙度表面的测量。此外，为了使 CMOS 易捕获散射光信号，在每个 CMOS 探测支路中加入了实验室自制的电信号放大器。

最后，通过数据采集卡并借由计算机软件 MATLAB 完成 1550nm 和 1530nm 两支路路信号的处理，得到最终的横向速度和待测目标表面重构图。

5.2.6　仿真计算结果

1. 散斑场的仿真

仿真计算中，利用粗糙面的均方根粗糙度及粗糙面的相关长度可得到粗糙面自相关函数 $Z(\omega_x,\omega_y)$，再经傅里叶逆变换就可得到所需粗糙表面 $Z(x,y)$。采用 MATLAB 软件模拟了相关长度为β_x=8mm、β_y=5mm，粗糙度分别为σ_z=0.008μm、0.08μm、0.8μm 和 1μm 的粗糙表面。

实际仿真中，首先产生一个随机二维序列η，然后对其作二维傅里叶变换。该序列经过数字滤波器调制后为

$$Z(\omega_x,\omega_y)=A(\omega_x,\omega_y)H(\omega_x,\omega_y) \tag{5.105}$$

式中，$H(\omega_x,\omega_y)$ 为滤波器传递函数，$A(\omega_x,\omega_y)$ 为η的傅里叶变换，$Z(\omega_x,\omega_y)$ 为粗糙表面 $Z(x,y)$ 的傅里叶变换。

根据维纳–辛钦定理，宽平稳随机过程的功率谱密度是其自相关函数的傅里叶变换。功率谱密度是传递函数的平方，传递函数可由给定粗糙表面自相关函数 $R(z_x,z_y)$ 获得：

$$H(\omega_x,\omega_y)=F[R(z_x,z_y)]^{1/2} \tag{5.106}$$

粗糙表面自相关函数 $R(z_x,z_y)$ 则由粗糙面的粗糙度决定：

$$R(z_x,z_y)=\sigma_z^2\mathrm{e}^{-2.3[(z_x/\beta_x)^2+(z_y/\beta_y)^2]^{1/2}} \tag{5.107}$$

式中，σ_z^2 是粗糙表面均方根粗糙度，β_x、β_y 分别是 x、y 方向上的相关长度。计算中选取 0.008μm、0.08μm、0.8μm 和 1μm 四个粗糙度的随机粗糙表面进行模拟，结果如图 5.34 所示。相应程序见附录 C。

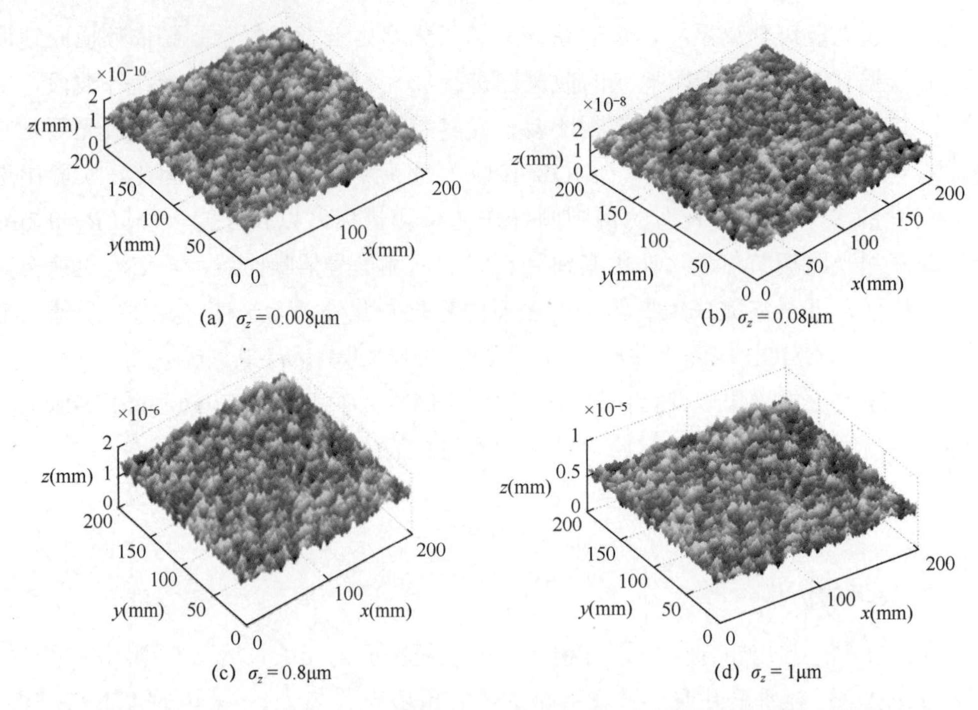

图 5.34　σ_z 为 0.008μm、0.08μm、0.8μm 和 1μm 对应的随机粗糙表面模拟

以 0.8μm 相关长度为粗糙表面，距离 R=1m，0° 入射光照射粗糙表面，经干涉条纹激光照射后所得对应散斑图如图 5.35 所示。通过对整个二维散斑场光强数值进行统计，得出该散斑强度图光强平均值表现为 $\langle I \rangle = 14.3635$，光强标准差为 $\sigma_I = 1.9149$。所以，散斑场信噪比可表示为 $\frac{S}{N} = \langle I \rangle / \sigma_I \approx 7.5$。相应仿真程序见附录 D。

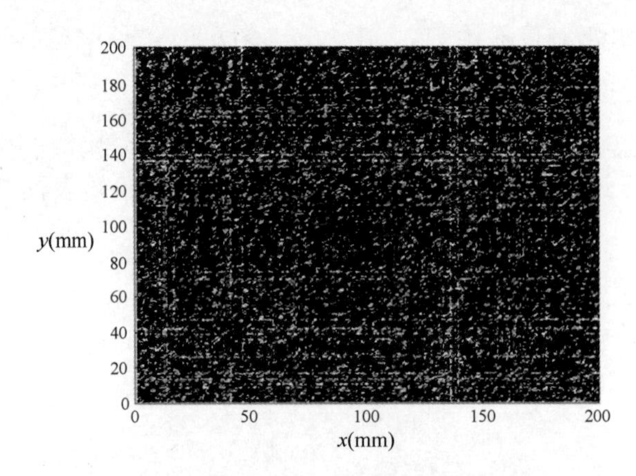

图 5.35　干涉条纹激光照射后所得对应散斑图

2. 散斑分离的计算仿真

在激光多普勒测量系统中，假定单个散射粒子垂直穿过相邻干涉条纹间距为 d 的激光多普勒测速系统的测量体，其未扰动探测信号可以表示为

$$P = A\mathrm{e}^{\frac{2f_d^2(k/f_s-t)^2}{\omega^2}}[1+\gamma\cos(2\pi f_d(\frac{k}{f_s}-t))] \tag{5.108}$$

$$k = 0,1,\cdots,N-1$$

式中，A 表示信号振幅，γ表示多普勒信号调制深度（通常为 0 到 1 之间），f_s 表示采样频率，f_d 表示粒子散射信号的多普勒频率，N 表示信号采样数，ω表示多普勒测量系统测量体中干涉条纹数的一半（它与高斯包络$\omega t=\omega/f_d$ 的半宽时间和干涉条纹系统半宽度$\omega x=\omega d$ 均有关系），t 表示散射粒子从测量体边缘开始到穿过测量体中心的时间。多普勒调制深度和高斯包络二者之间存在固定的关系，而高斯包络是由干涉条纹系统决定的。因此，对应每个高斯型散斑信号幅度达最大值处的多普勒调制相位匀相同。由于条纹间距变化的影响极微小，所以条纹间距 d 在测量体积内可看成是恒定的。一般情况下，可认为散射粒子目标以恒定速度 v 匀速垂直穿过干涉条纹测量体。

现在扩展到以粗糙表面作为散射面的情况，由于光电探测器探测到的是多个具有相同多普勒频率但振幅大小随机的散斑信号，而且这些信号具有相同到达时间，因而全部被探测器同时探测。这样，来自 K 个散斑的探测器信号可写成：

$$s(n) = \sum_{k=1}^{K} bk(n),\ \ n = 0,1,\cdots,N-1 \tag{5.109}$$

假定 K=5，这五个散斑信号均具有随机振幅和到达时间，但多普勒频率相同，随机选取振幅 1.2 mV、2.2 mV、3.2 mV、3.9 mV 和 4.2mV 五个散斑探测信号，其调制深度均为 0.385，多普勒频率为 580Hz，采样频率为 320Hz，得到如图 5.36 所示得到的五个单个散斑多普勒信号（a）以及散斑信号叠加图（b）的仿真结果。仿真程序见附录 E。光探测信号与仿真程序具体参数如表 5.1 所示。虽然这五个散斑有着不同的振幅和渡越时间，但是它们的多普勒频率是完全相同的。

目前对于叠加散斑信号的多普勒频率计算方案有两种。一种是传统多普勒频率计算方案。它的整体计算思路是首先通过快速傅里叶变换计算探测器探测散斑信号的振幅谱，然后再利用高斯拟合来估计最大振幅时的多普勒频率。然而，由于叠加的散斑信号的相位不同，易导致散斑信号的振幅谱失真，从其所利用的计算公式 $S(f)=|f(S(n))|$ 中也可以看到，它是对所有散斑信号先求和，然后再对该结果作傅里叶变换。另一种则是散斑分离计算方案，从它的计算公式 $B(f)\sum_{k=1}^{K}|\mathcal{F}(b_k(n))|$ 中可以看到，其先对每个散斑信号作傅里叶变换，然后再对所得傅里叶变换结果进行相加。图 5.37 为基于 CMOS 分离散斑技术和传统激光多普勒技术各自所得多普勒信号振幅谱对比图。从图中可以看到，$S(f)$振幅谱的失真会导致待测多普勒频率不确定度一定程度的测量偏差。振幅谱失真程度受到散斑信号集合中各信号不完全相同的到达时间和不完全相同的信号振幅影响，本质是受粗糙表面固有的散斑效应或粗糙表面微观几何结构的影响。这种随机误差难以通过对同一表面的多次重复测量来降低，而基于 CMOS 光传感器的散斑分离测量技术得

到的振幅谱 $B(f)$则提供了良好的解决方案。从图 5.37 中两种振幅谱对比中可以看到，单个散斑分离法分别对每个独立散斑作傅里叶变换后求和［实线 $B(f)$］，显然比散斑信号叠加求和后，再作傅里叶变换［虚线 $S(f)$］误差更小。其所得多普勒信号功率谱曲线更光滑，失真更小，更利于高斯拟合找到准确的多普勒频率，而准确的多普勒频率是提高切向速度测量精度的基础。该方案不需要对图像进行逐行积分，便可以得到散斑振幅谱的全部信息。相应程序见附录 F。

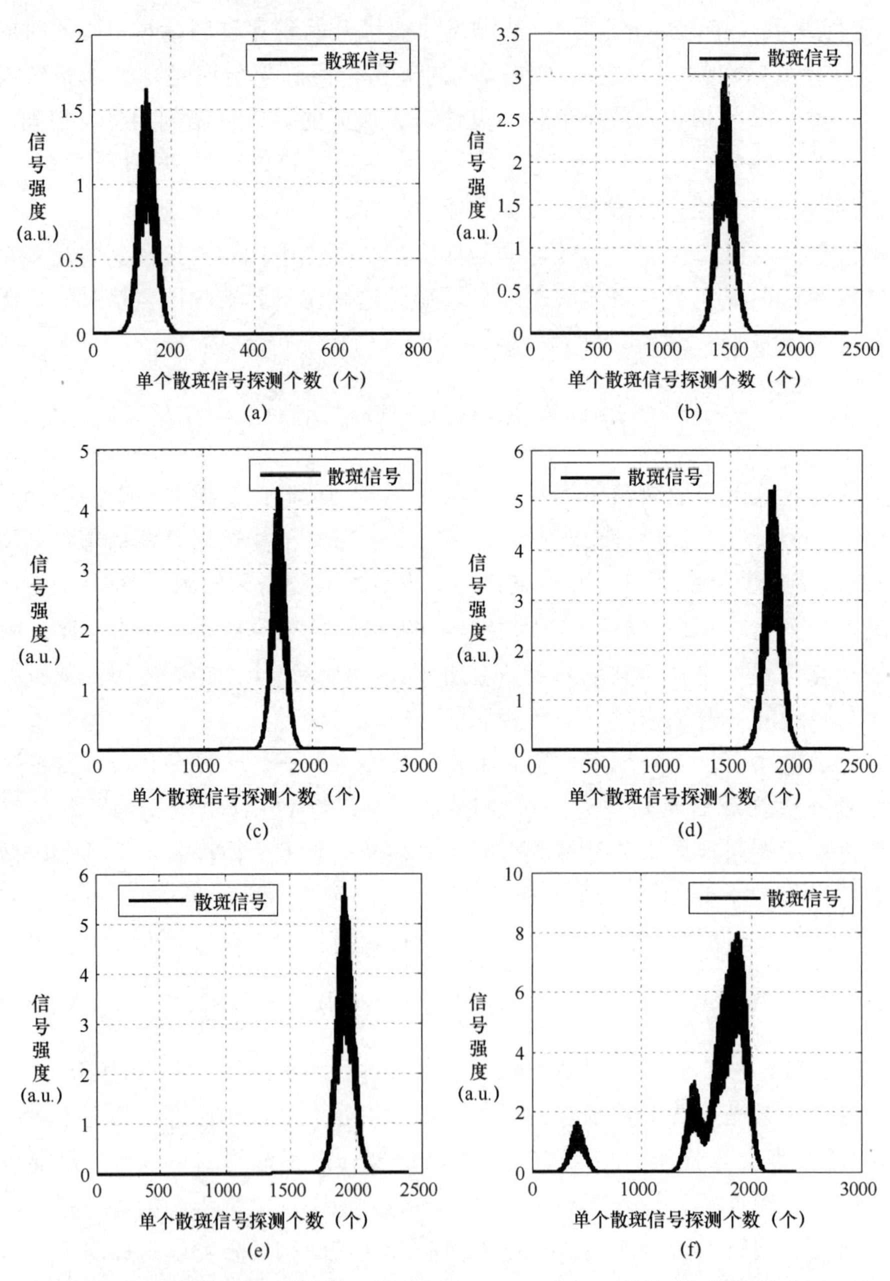

图 5.36　不同振幅和渡越时间的单个散斑多普勒信号（a）～（e）及散斑信号叠加图（f）的仿真结果

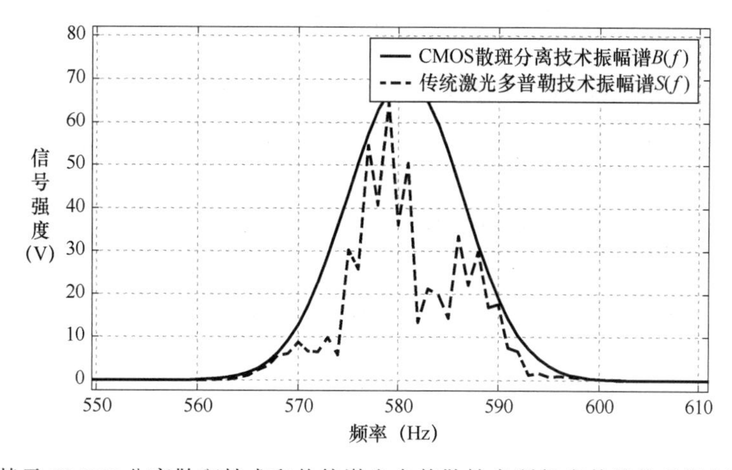

图 5.37　基于 CMOS 分离散斑技术和传统激光多普勒技术所得多普勒信号振幅谱对比图

表 5.1　光探测信号与仿真程序具体参数

散斑粒子探测信号	振幅（mV）	渡越时间（ms）	调制深度（无量钢）	采样频率（Hz）	条纹数目（个）	多普勒频率（Hz）
(a)	1.2	1.3	0.385	320	100	580
(b)	2.2	4.6				
(c)	3.2	5.3				
(d)	3.9	5.7				
(e)	4.2	6				

本章参考文献

[1] 沈雄. 激光多普勒测速技术与应用[M]. 北京：清华大学出版社, 2004.

[2] YEH Y, CUMMINS H Z. Localized fluid flow measurements with an He-Ne laser spectrometer[J]. Applied Physics Letters, 1964, 4(10): 176-178.

[3] GOLDSTEIN R J, HAGEN W F. Turbulent flow measurements utilizing the Doppler shift of scattered laser radiation [J]. The Physics of Fluids, 1967, 10(6): 1349-1352.

[4] BARKER L M, HOLLENBACH R E. Laser interferometer for measuring high velocities of any reflecting surface[J]. Journal of Applied Physics, 1972, 43(11): 4669-4675.

[5] ZHONG Y, ZHANG G, LENG C, et al. A differential laser Doppler system for one-dimensional in-plane motion measurement of MEMS [J]. Measurement, 2007, 40(6): 623-627.

[6] ZHOU J, NIE X, LIN J. A novel laser Doppler velocimeter and its integrated navigation system with strapdown inertial navigation[J]. Optics and Laser Technology, 2014, 64: 319-323.

[7] 王德田. 光纤多普勒差拍干涉测速技术研究[D]. 绵阳：中国工程物理研究院, 2008.

[8] CHURNSIDE J. Laser Doppler velocimetry by modulating a CO_2 laser with backscattered light [J]. Applied Optics, 1984, 23(1): 61-66.

[9] MARUK K. Axial scanning laser Doppler velocimeter using wavelength change without moving mechanism in sensor probe[J]. Optics Express, 2011, 19(7): 5960-5969.

[10] RODRIGO P J, PEDERSEN C. Monostatic coaxial 1.5 μm laser Doppler velocimeter using a scanning Fabry-Perot interferometer [J]. Optics Express, 2013, 21: 21108-21112.

[11] CHEN J, ZHU H, XIA W, et al. Self-mixing birefringent dual-frequency laser Doppler velocimeter[J]. Optics Express, 2017, 25(2): 560-572.

[12] DIAZ R, CHAN S C, LIU J M. Lidar detection using a dual-frequency source [J]. Optics Letters, 2006, 31(24): 3600-3602.

[13] OTSUKA K. Self-mixing thin-slice solid-state laser Doppler velocimetry with much less than one feedback photon per Doppler cycle [J]. Optics Letters, 2015, 40(20): 4603-4606.

[14] FENG Y, XIE W, MENG Y, et al. Dual-frequency Doppler velocimeter based on delay interferometric optical phase-locking[J]. Optics Letters, 2021, 46(9): 2103-2106.

[15] 高赛，殷纯永. 高测速双频激光干涉仪[J]. 光学技术, 2001, 27(3): 238-239.

[16] CHENG C H, LEE C W, LIN T W, et al. Dual-frequency laser Doppler velocimeter for speckle noise reduction and coherence enhancement[J]. Optics Express, 2012, 20(18): 20255-20265.

[17] SMITH W E, VAKIL N, MAISLIN S A. Correction of distortion in endoscope images[J]. IEEE Transactions on Medical Imaging, 1992, 11(1): 117-122.

[18] Li F Q, CHENG X W, LIN X, et al. A Doppler lidar with atomic Faraday devices frequency stabilization and discrimination[J]. Optics Laser Technology, 2012, 44(6): 1982-1986.

[19] DIRKSEN P, WERFJ V D, BARDOEL W. Novel two-frequency laser [J]. Precision Engineering, 1995, 17(2): 114-116.

[20] KASTENGREN A, POWELL C F. synchrreon X-ray techniques for fluid dynamics[J]. Experiments in Fluids, 2014, 55(3): 1-15.

[21] ZHOU C, HE C, YAN S T, et al. Laser frequency shift up to 5 GHz with a high-efficiency 12-pass 350-MHz acousto-optic modulator [J]. Review of Scientific Instruments, 2020, 91(3): 033201.

[22] HANEISHI H, YAGIHASHI Y, MIYAKE Y. A new method for distortion correction of electronic endoscope images[J]. IEEE Transactions on Medical Imaging, 1995, 14(3): 548-555.

[23] STRAND O T, GOOSMAN D R, MARTINEZ C, et al. Compact system for high-speed velocimetry using heterodyne techniques[J]. Review of Scientific Instruments, 2006, 77(8): 083108.

[24] STRAND O T, BERZINS L V, GOOSMAN D R, et al. Velocimetry using heterodyne techniques [C]. Proceedings of the SPIE, 2005, 5580: 593-599.

[25] WENG J, TAN H, WANG X, et al. Optical-fiber interferometer for velocity measurements with picosecond resolution [J]. Applied Physics Letters, 2006, 89 (111101): 1-3.

[26] JACOB D K, MARK M B, DUNCAN B D. Heterodyne ladar system efficiency enhancement using single-mode optical fiber mixers[J]. Optical Engineering, 1995, 34(11): 3122-3129.

[27] GOH K H, PHILLIPS N, BELL R. The applicability of a laser triangulation probe to non-contacting inspection [J]. International Journal of Production Research, 1986, 24(6): 1331-1348.

[28] KEMPE A, SCHLAMP S, ROSGEN T, et al. Low-coherence interferometric tip-clearance probe [J].

Optics Letters, 2003, 28(15): 1323-1325.

[29] SIRAT G and PAZ F. Conoscopic probes are set to transform industrial metrology [J]. Sensor Review, 1998,18(2):108-110.

[30] LU S H, LEE C C. Measuring large step heights by variable synthetic wavelength interferometry[J]. Measurement Science and Technology, 2002, 13(9): 1382.

[31] FOND B, ABRAM C, BEYRAU F. On the characterisation of tracer particles for thermographic particle image velocimetry[J]. Applied Physics B, 2015, 118(3): 393-399.

[32] CZARSKE J, MOBIUS J, MOLDENHAUER K, et al. External cavity laser sensor using synchronously-pumped laser diode for position measurements of rough surfaces [J]. Electronics Letters, 2004, 40(25): 1584-1586.

[33] ZHOU L, GAN J, LIU X, et al. Speckle-noise-reduction method of projecting interferometry fringes based on power spectrum density[J]. Applied Optics, 2012, 51(29): 6974-6978.

[34] KHARE K, ALI P T S, JOSEPH J. Single shot high resolution digital holography[J]. Optics Express, 2013, 21(3): 2581-2591.

[35] TIZIANI H J, PEDRINI G. From speckle pattern photography to digital holographic interferometry[J]. Applied Optics, 2013, 52(1): 30-44.

[36] KONIG J, CZARSKE J. In situ calibration of an interferometric velocity sensor for measuring small scale flow structures using a Talbot-pattern [J]. Measurement Science and Technology, 2017, 28(10): 105201.

[37] ZHANG H, KUSCHMIERZ R, CZARSKE J. Miniaturized interferometric 3-D shape sensor using coherent fiber bundles [J]. Optics and Lasers in Engineering, 2018, 107: 364-369.

[38] QIAN J, FENG S, LI Y, et al. Single-shot absolute 3D shape measurement with deep-learning-based color fringe projection profilometry [J]. Optics Letters, 2020, 45(7): 1842-1845.

[39] BUTTNER L, CZARSKE J. Spatial resolving laser Doppler velocity profile sensor using slightly tilted fringe systems and phase evaluation[J]. Measurement Science and Technology, 2003, 14(12): 2111-2120.

[40] GUNTHER P, PFISTER T, BUTTNER L, et al. Laser Doppler distance sensor using phase evaluation[J]. Optics Express, 2009, 17(4): 2611-2622.

[41] PFISTER T, GUNTHER P, NOTHEN M, et al. Heterodyne laser Doppler distance sensor with phase coding measuring stationary as well as laterally and axially moving objects [J]. Measurement Science and Technology, 2009, 21(2): 025302.

[42] DREIER F, GUNTHER P, PFISTER T, et al. Interferometric sensor system for blade vibration measurements in turbomachine applications [J]. IEEE Transactions on Instrumentation and Measurement, 2013, 62(8): 2297-2302.

[43] WU Y L, WU Z S. Analysis of power spectra for laser scattering intensity on rotating cylinder targets[J]. Optics and Precision Engineering, 2012, 20: 2654-2660.

[44] 曹金凤, 贺锋涛. 基于图像功率谱的激光散斑评价方法[J]. 激光技术, 2015, 39(3): 419-422.

[45] BERLASSO R G, QUINTIAN F P, REBOLLO M A, et al. Speckle size of light scattered from slightly

rough cylindrical surfaces [J]. Applied Optics, 2002, 41(10): 2020-2027.

[46] 武颖丽, 吴振森. 旋转粗糙圆柱的激光散射功率谱分析[J]. 光学精密工程, 2012, 20(12): 2654-2660.

[47] LIU C, DONG Q, LI H, et al. Measurement of surface parameters from autocorrelation function of speckles in deep Fresnel region with microscopic imaging system[J]. Optics Express, 2014, 22(2): 1302-1312.

[48] ZHOU L, GAN J, LIU X, et al. Speckle-noise-reduction method of projecting interferometry fringes based on power spectrum density[J]. Applied Optics, 2012, 51(29): 6974-6978.

[49] PAUWELS J, VERSCHAFFELT G. Speckle reduction in laser projection using microlens-array screens[J]. Optics Express, 2017, 25(4): 3180-3195.

[50] SHIN S, KIM Y, LEE K R, et al. Common-path diffraction optical tomography with a low-coherence illumination for reducing speckle noise[C]. Proceedings of the SPIE, 2015, 9336: 933629.

[51] TU S Y, LIN H Y, LIN M C. Efficient speckle reduction for a laser illuminating on a micro-vibrated paper screen[J]. Applied Optics, 2014, 53(22): E38-E46.

[52] QIU J, LI Y, HUANG Q, et al. Correcting speckle contrast at small speckle size to enhance signal to noise ratio for laser speckle contrast imaging[J]. Optics Express, 2013, 21(23): 28902-28913.

[53] KUSCHMIERZ R, KOUKOURAKIS N, FISCHER A, et al. On the speckle number of interferometric velocity and distance measurements of moving rough surfaces[J]. Optics Letters, 2014, 39(19): 5622-5625.

[54] MANNI J G, GOODMAN J W. Versatile method for achieving 1% speckle contrast in large-venue laser projection displays using a stationary multimode optical fiber[J]. Optics Express, 2012, 20(10): 11288-11315.

[55] MEHTA D S, NAIK D N, SINGH R K, et al. Laser speckle reduction by multimode optical fiber bundle with combined temporal, spatial, and angular diversity [J]. Applied Optics, 2012, 51(12): 1894-1904.

[56] MA Q, XU C Q, KITAI A, et al. Speckle reduction by optimized multimode fiber combined with dielectric elastomer actuator and lightpipe homogenizer[J]. Journal of Display Technology, 2016, 12(10): 1162-1167.

[57] ZHOU J, NIE X, LONG X. Research on speckle noise of laser Doppler velocimeter for the vehicle self-contained navigation[J]. Optik, 2014, 125(19): 5878-5883.

[58] ZHENG Z, CHANGMING Z, HAIYANG Z, et al. Influence of speckle effect on doppler velocity measurement[J]. Optics and Laser Technology, 2016, 80: 22-27.

[59] 许祖茂, 赖康生, 王晓旭, 等. 不同固体表面下激光多普勒测速的数值模拟[J]. 光电子·激光, 2005, 16(3): 323-327.

[60] QING C, GAO B, DONG T, et al. Rotation speed measurement based on self-mixing speckle autocorrelation spectrum[J]. Optik, 2020, 208: 164117.

[61] XIANG R, WANG C, LU L. Laser Doppler velocimeter using the self-mixing effect of a fiber ring laser with ultra-narrow linewidth[J]. Journal of Optics, 2019, 48(3): 384-392.

[62] CHENG C H, LIN L C, LIN F Y. Self-mixing dual-frequency laser Doppler velocimeter[J]. Optics Express, 2014, 22(3): 3600-3610.

[63] CHARRETT T O H, JAMES S W, TATAM R P. Optical fibre laser velocimetry: a review[J]. Measurement Science and Technology, 2012, 23(3): 032001.

[64] GOODMAN J. Speckle phenomena in optics: theory and applications[M]. Roberts and Company Publishers, 2007.

[65] WOLF E. Unified theory of coherence and polarization of random electromagnetic beams[J]. Physics Letters A, 2003, 312(5-6): 263-267.

[66] DURIAN D. Accuracy of diffusing-wave spectroscopy theories[J]. Physical Review E, 1995, 51(4): 3350.

[67] ZAKHAROV P, VOLKER A, BUCK A, et al. Quantitative modeling of laser speckle imaging [J]. Optics Letters, 2006, 31(23): 3465-3467.

[68] DUNCAN D D, KIRKPATRICK S J. The copula: a tool for simulating speckle dynamics [J]. Journal of the Optical Society of America A, 2008, 25(1): 231-237.

[69] STERN M D. In vivo evaluation of microcirculation by coherent light scattering[J]. Nature, 1975, 254(5495): 56-58.

[70] HAN D, CHEN S, MA L. Autocorrelation of self-mixing speckle in an EDFR laser and velocity measurement[J]. Applied Physics B, 2011, 103(3): 695-700.

[71] HELMERS H and SCHELLENBERG M. CMOS vs. CCD sensors in speckle interferometry[J]. Optics and Laser Technology, 2003, 35(8): 587-595.

[72] BRIERS D, DUNCAN D D, HIRST E R, et al. Laser speckle contrast imaging: theoretical and practical limitations[J]. Journal of Biomedical Optics, 2013, 18(6): 066018.

[73] POSTNOV D D, CHENG X, ERDENER S E, et al. Choosing a laser for laser speckle contrast imaging[J]. Scientific Reports, 2019, 9(1): 1-6.

[74] 阳志强, 吴振森, 张耿, 等. 旋转粗糙目标动态散斑统计特性研究[J]. 光子学报, 2014 (8): 78-82.

[75] 张勇. 基于 CCD 的激光散斑表面粗糙度测量[D]. 南京：南京信息工程大学，2014.

[76] 邓慧，张蓉竹，孙年春. 激光光束非相干叠加对散斑噪声抑制情况[J]. 光学学报，2015, 36(1): 0129002.

[77] ZHANG H, KUSCHMIERZ R, CZARSKE J, et al. Camera-based speckle noise reduction for 3-D absolute shape measurements[J]. Optics Express, 2016, 24(11): 12130-12141.

[78] BRAGA R A, GONZALEZ-PENA R D J. Accuracy in dynamic laser speckle: optimum size of speckles for temporal and frequency analyses [J]. Optical Engineering, 2016, 55(12): 121702.

[79] PFISTER T, FISCHER A, CZARSKE J. Cramér-Rao lower bound of laser Doppler measurements at moving rough surfaces [J]. Measurement Science and Technology, 2011, 22(5): 055301.

[80] 郭善龙，张清梅，李坤，等. 基于共焦 F-P 腔的低散斑噪声激光多普勒测速装置：201721563101.5[P]. 2018-6-29.

第 6 章

总结与展望

非线性光学二阶过程进一步激发了人们对于非线性世界的探索兴趣，且其作为获得优质激光光源的有效手段，已经得到越来越多的重视和应用。基于准相位匹配晶体的二阶非线性过程，不仅可以实现高效的倍频、和频等频率上转换过程，还可以实现高效的差频、光学参量振荡等频率下转换过程。通过这些非线性频率变换过程，人们已经可以获得覆盖紫外光、可见光乃至中红外波段的激光输出，这些波段的激光在生物医学、激光显影、激光焊接、大气探测、量子计量等领域发挥着不可或缺的积极作用；特别地，经光学参量过程生成的下转换光场，具有天然的量子纠缠特性，在未来量子信息网络构建、量子保密通信和量子离物传态中将起到不可或缺的作用。

本书工作主线是基于周期极化晶体二阶非线性过程，依次完成了倍频、和频及光学参量振荡下转换光场的相关理论研究和实验实现，并完成了光纤通信波段相关的测速工作。

具体完成工作如下：

（1）采用级联掺氧化镁周期极化铌酸锂晶体单次穿过倍频，在 4445mW 的 1560nm 基波功率输入下，获得 630mW 的 780nm 二次谐波输出功率，倍频转化效率为 14%；采用外腔谐振倍频的方式，在基波输入功率为 4W 的情况下，最高可获得 2.84W 的 780nm 二次谐波功率；对 780nm 激光监视功率起伏，1 小时监视时间内起伏（RMS）为 1.26%，单刀片法测量到 x 轴和 y 轴光束质量因子分别为 1.04 和 1.03。在单次穿过晶体倍频的方式下，得到二次谐波大于 10GHz 的连续频率调谐；在谐振倍频方式下，得到约 2GHz 的连续频率调谐范围。

（2）利用所得 780nm 二次谐波与 1560nm 基波光源一并作为和频过程的两束基波光源，采用周期极化磷酸氧钛钾晶体外腔单共振和频的方式，在 6.8W 的 1560 nm 激光和 1.5 W 的 780nm 激光共同输入功率水平下，得到了 268mW 的 520 nm 和频绿光；采用“单刀片法”测量所得和频光 x 轴方向和 y 轴方向光束质量因子分别为 1.21 和 1.20，该绿光光源已经较好地服务于双共振光学参量振荡器（DROPO）。

（3）以分离的两镜驻波腔和周期极化磷酸氧钛钾晶体组成双共振光学参量振荡器，利用所得 520nm 绿光作为泵浦光源，当泵浦光输入功率为 242mW 时，所得信号光

（1560.5 nm）和闲置光（780.3 nm）输出功率分别 93.3mw 和 44.6mW，对应总的非线性光转化效率为 57%。通过调谐周期极化磷酸氧钛钾晶体的温度，可以实现信号光和闲置光波长粗调谐范围分别达到约 44nm 和 11nm；控制晶体温度为 65.4℃，通过连续调节泵浦光输入频率，采用室温下铷原子气室做连续频率调谐范围鉴定，可以得到闲置光连续调谐范围为 1.6GHz。

（4）采用 1560nm 光纤通信波段激光作为激光多普勒测速装置探测光源，基于共焦法布里-珀罗腔设计了免锁频双频多普勒测速光源。相同测量条件下，该双频多普勒系统的测速精度相较于单频多普勒系统的测速精度从 4.65cm/s 提高到 1.01cm/s。实验结果证明，该双频激光测速系统提高了目标测速精度，具有降低系统散斑噪声使得激光多普勒信号展宽的性能。进一步地，在基于迈克尔逊干涉仪的激光多普勒测速实验系统框架下，采用 CMOS 粗糙表面散斑分离技术，有效地测量了粗糙表面运动速度，通过理论和实验分析了其相较于单频激光多普勒测速系统的优势，提高了速度测量精度。

未来的实验将主要集中于两个方面，一方面是对整个激光系统的降噪，目的是获得高度量子关联的优质双色下转换光场，以应用于连续变量纠缠态的远程分发，尤其是在低频处达到激光量子噪声极限。考虑的主要手段是通过模式清洁器过滤并反馈注入种子激光器的降噪方式，模式清洁器采用三镜环形无源腔结构，目前模式清洁器已经设计并加工完毕，图 6.1 为实物图。

图 6.1　模式清洁器实物图

另一方面是针对双色纠缠量子光源在生物体的高阶色散测量，目的是利用量子光子的关联优势，获得比经典光源更高数量级的测量精度。

附　录

附录 A　三镜腔腰斑尺寸随腔镜距离的变换程序

```
%三镜腔传输矩阵
 syms L1 l n R   % L1表示两凹面镜间的距离
a=[1 l/2/n;0 1];
b=[1 (L1-l)/2;0 1];
c=[1 0;-2/R 1];%%%腔镜反射
d=[1 (L1-l)/2;0 1];
e=[1 l/n;0 1];%%%晶体中传播
f=[1 (L1-l)/2;0 1];
g=[1 0;-2/R 1];%%%腔镜反射
h=[1 (L1-l)/2;0 1];
k=[1 l/2/n;0 1];
gg=k*h*g*f*e*d*c*b*a;    %ABCD传输矩阵
L1=40:0.01:220;
R=100;%%%单位mm
lambda=1.56e-3; %%%%%激光波长mm
n=1.81;%%%%晶体折射率
l=20;%%%晶体长度mm

A=(2.*(l./2-L1./2+2.*(L1./2-l./2).*((2.*(L1./2-l./2+l./(2.*n)))./R-1)-l./(2.*n)+(l.*((2.*(L1./2-l./2+l./(2.*n)))./R-1))./n))./R-(2.*(L1./2-l./2+l./(2.*n)))./R+1;
B=L1./2-l./2-2.*(L1./2-l./2).*((2.*(L1./2-l./2+l./(2.*n)))./R-1)+(L1./2-l./2).*((2.*(l./2-L1./2+2.*(L1./2-l./2).*((2.*(L1./2-l./2+l./(2.*n)))./R-1)-l./(2.*n)+(l.*((2.*(L1./2-l./2+l./(2.*n)))./R-1))./n))./R-(2.*(L1./2-l./2+l./(2.*n)))./R+1)+l./(2.*n)-(l.*((2.*(L1./2-l./2+l./(2.*n)))./R-1))./n+(l.*((2.*(l./2-L1./2+2.*(L1./2-l./2).*((2.*(L1./2-l./2+l./(2.*n)))./R-1)-l./(2.*n)+(l.*((2.*(L1./2-l./2+l./(2.*n)))./R-1))./n))./R-(2.*(L1./2-l./2+l./(2.*n)))./R+1))./(2.*n);
C=(2*(l/R+(4*(L1/2-l/2))/R-1))/R-2/R;
D=((2.*((4.*(L1./2-l./2))./R+(2.*l)./(R.*n)-1))./R-2./R).*(L1./2-l./2)-(4.*(L1./2-l./2))./R-(2.*l)./(R.*n)+(l.*((2.*((4.*(L1./2-l./2))./R+(2.*l)./(R.*n)-1))./R-2./R))./(2.*n)+1;
AD=1-(D+A).^2/4;
oumiga=(lambda*abs(B)/pi).^(0.5).*AD.^(-1/4);  %两凹面镜中间的腰斑大小（晶体位于两凹面镜中间）
%给定L1和L范围中位于腔稳区范围的各个腰斑大小
```

```
for k1=1:size(AD,1)
    for k2=1:size(AD,2)
        if AD(k1,k2)<=0 %% || B(k1,k2)<=0
            oumiga(k1,k2)=NaN;
        else
        end
    end
end
figure(1)
plot(L1,oumiga,'r','linewidth',2); %
xlabel '凹面镜距离 L1'
ylabel '1560nm 激光腔模腰斑大小 oumiga(mm)'
title 腔模腰斑随两镜距离变化关系
grid on
```

附录 B　腔内腰斑尺寸（距离）随腔前入射激光腰斑尺寸（距离）的变换程序

```
%%%%经 R=100mm 曲率半径凹面镜反射后的腰斑大小及位置
（yao_ban_bian_hua_100mm_qu_lv_ban_jing.m）
clear
oumiga=70e-3:1e-3:700e-3;
f = 50;                         %  (* 所选择薄透镜焦距（曲率半径 100） 单位 mm*)
%(*oumiga=300*10^(-3);  *)      %  (* 腔前腰斑半径 单位 mm*)
s = 660;                        %  (* 腔前腰斑距两凹面镜中心距离(物距) *单位 mm*)
lambda = 1.56*10^(-3);          %  (* 入射激光波长 *单位 mm*)
z = pi*oumiga.^2./lambda;       %  (* 入射激光瑞利长度 *单位 mm*)
oumiga_cavity = f.*oumiga ./((s - f).^2 + z.^2).^(0.5);
figure(1)
plot(oumiga,oumiga_cavity,'linewidth' , 2)
text(0.24,0.0175,'\leftarrow 凹面镜曲率半径 100mm')
title 经 R=100mm 曲率半径凹面镜反射后的腰斑大小
xlabel '腔前腰斑尺寸（mm）'
ylabel '两凹面镜中心出腰斑大小(mm)'
grid on
%%%%%%%
clear
oumiga=430e-3;
f = 50;                         % (* 所选择薄透镜焦距（曲率半径 100） 单位 mm*)
%(*oumiga=300*10^(-3);  *)      %  (* 腔前腰斑半径 单位 mm*)
s = 460:1460;                   %    (* 腔前腰斑距两凹面镜中心距离(物距) *单位 mm*)
lambda = 1.56*10^(-3) ;         %  (* 入射激光波长 *单位 mm*)
z = pi*oumiga.^2./lambda ;      % (* 入射激光瑞利长度 *单位 mm*)
s_cavity = (f + ((s - f).*f.^2)./((s - f).^2 + z.^2));
```

```
    figure(2)
    plot(s,s_cavity ,'linewidth' , 2)
    text(810,52.7,'\leftarrow 凹面镜曲率半径 100mm')
    title 经 R=100mm 曲率半径凹面镜反射后的腰斑位置
    xlabel '腔前腰斑距离凹面镜中心距离（mm）'
    ylabel '经凹面镜聚焦后腰斑距凹面镜距离(mm)'
    grid on
hold off
```

附录 C　二维粗糙表面程序（以 8μm 粗糙度为例，其余粗糙度对应的程序类似）

```
     sigma=8e-6;                    %单位 mm  粗糙表面均方根粗糙度
       beta_x=8;                    %单位 mm   x 方向相关长度
        beta_y=5;                   %单位 mm   y 方向相关长度
         x=1:200;                   %x 轴坐标,mm
          y=1:200;                  %y 轴坐标,mm
           [X,Y]=meshgrid(x,y);
             eta=rand(200);         %二维随机序列
              A=fft2(eta);          %二维随机序列傅里叶变换
               R=sigma^2*exp(-2.3*((X/beta_x).^2+(Y/beta_y).^2).^1/2);     %粗糙表
面自相关函数
                 H=fft2(R.^1/2);    %滤波器的传递函数
                   z=A.*H;          %二维粗糙表面的傅里叶变换
                    Z=ifft2(z);     %二维粗糙表面
                      figure(1)
                        surf(X,Y,Z)
                         shading interp
                         colormap hot
    xlabel('x (mm)')
    ylabel('y (mm)')
    zlabel('z (mm)')
title('高斯随机粗糙面 Z(X,Y)数值模拟')
```

附录 D　观察面上的散斑强度程序

```
    %观察面上的散斑强度
    lambda=532e-5;                  %波长，mm
     R=10e3;                        %观察面和测量面之间的距离,mm
      k=2*pi/lambda;
       theta=0;                     %0 度角入射
```

```
      u=exp(i*k);                %入射场复振幅
       U=zeros(200,200);
     for  eta=1:200
       for   ksi=1:200
        U(eta,ksi)= exp(i.*k.*R)./(i.*lambda.*R)...
                    .*exp(i.*k./(2.*R).*(ksi.^2-eta.^2)).*u.* exp(-
2.*i.*k.*Z(eta,ksi).*cos(theta))...
                    *quad2d(@(m,n)
exp(i.*k./(2*R).*(m.^2+n.^2+2.*m.*ksi+2.*n.*eta)), 1, 200, 1,
200,'MaxFunEvals',40);
        end
     end
    hold on
    figure(2)
    eta=1:200;
      ksi=1:200;
        [eta,ksi]=meshgrid(eta,ksi);
    U=abs(U);
        surf(eta,ksi,U);
    view(2)
      shading interp
        colormap gray
          xlabel('x (mm)')
            ylabel('y (mm)')
              zlabel('z (mm)')
                title('高斯随机粗糙面散斑模拟图')      %注：该程序含有双重 for 循环因此
运行时间略长。
```

附录 E　单个及多个散射信号叠加之振幅-频率谱仿真程序

```
  %单个散射粒子的探测信号（未受扰动的）
    A=1.2;                 %振幅
     gamma=0.385;          %调制深度，调制越深，毛刺越大，且变高
      fd= 242;             %多普勒频率，包络形状疏密
       k=linspace(1,2400,800);
        fs= 320 ;          %采样频率
         t0=1.3;           %粒子从探测体边缘到达探测体中心位置所需时间，决定图像水平位置
          omega=100;       %条纹数的一半；图像展宽
           mk1=A.*exp([-(2*fd.^2*(k./fs-
t0).^2)./omega.^2]).*(1+gamma.*cos(2*pi*fd.*(k./fs-t0)));
             figure(1)
              subplot(2,3,1)
               plot(mk1,'r','linewidth',2)
                legend('amplitude')
                 title('单个散射粒子的探测信号')
```

```
                ylabel('Intensity')
                 xlabel('time (a.u.)')
  %第 2 个散射信号
    A=2.2;         %振幅
     t0=4.6;       %粒子从探测体边缘到达探测体中心位置所需时间，决定图像水平位置
      mk2=A.*exp([-(2*fd.^2*(k./fs-
t0).^2)./omega.^2]).*(1+gamma.*cos(2*pi*fd.*(k./fs-t0)));
       subplot(2,3,2)
        plot(k,mk2,'r','linewidth',2)
         legend('amplitude')
          title('单个散射粒子的探测信号')
           ylabel('Intensity')
            xlabel('time (a.u.)')
  %第 3 个散射信号
    A=3.2;%振幅
     t0=5.3; %粒子从探测体边缘到达探测体中心位置所需时间，决定图像水平位置
      mk3=A.*exp([-(2*fd.^2*(k./fs-
t0).^2)./omega.^2]).*(1+gamma.*cos(2*pi*fd.*(k./fs-t0)));
       subplot(2,3,3)
        plot(k,mk3,'r','linewidth',2)
         legend('amplitude')
          title('单个散射粒子的探测信号')
           ylabel('Intensity')
            xlabel('time (a.u.)')
  %第 4 个散斑信号
    A=3.9;%振幅
     t0=5.7; %粒子从探测体边缘到达探测体中心位置所需时间，决定图像水平位置
      mk4=A.*exp([-(2*fd.^2*(k./fs-
t0).^2)./omega.^2]).*(1+gamma.*cos(2*pi*fd.*(k./fs-t0)));
       subplot(2,3,4)
        plot(k,mk4,'r','linewidth',2)
         legend('amplitude')
          title('单个散射粒子的探测信号')
           ylabel('Intensity')
            xlabel('time (a.u.)')
   %第 5 个散斑信号
    A=4.2;%振幅
```

```
  t0=6; %粒子从探测体边缘到达探测体中心位置所需时间，决定图像水平位置
   mk5=A.*exp([-(2*fd.^2*(k./fs-
t0).^2)./omega.^2]).*(1+gamma.*cos(2*pi*fd.*(k./fs-t0)));
    subplot(2,3,5)
    plot(k,mk5,'r','linewidth',2)
     legend('amplitude')
      title('单个散射粒子的探测信号')
       ylabel('Intensity')
        xlabel('time (a.u.)')
 %求和
  subplot(2,3,6)
   plot(k,mk1+mk2+mk3+mk4+mk5,'r','linewidth',2)
    title('散斑信号之和')
     ylabel('Intensity')
     xlabel('Frequency (MHz)')
      legend('amplitude')
       grid on
```

附录 F　基于 CMOS 分离散斑和传统激光多普勒分别所得多普勒信号振幅谱程序

```
%傅里叶变换 S(f)
y=mk1+mk2+mk3;
 Y=abs(fft(y));                 %复数的模
  t0=(t0-1).*fs./800;           %第 t0 个点对应的频率，fs 为采样频率
   t0=t0.^(-1);                 %t0 个点对应的周期
    figure(1)
     plot(Y,'k','linewidth',2)
      legend('S(f)')
       hold on
%傅里叶变换 B(f)
Y1=abs(fft(mk1));%              %复数的模
 Y2=abs(fft(mk2));              %复数的模
  Y3=abs(fft(mk3));             %复数的模
   t0=(t0-1).*fs./800;          %第 t0 个点对应的频率，fs 为采样频率
```

```
t0=t0.^(-1);                %t0 个点对应的周期
 plot(Y1+Y2+Y3,'r','linewidth',2)
  legend('S(f)','B(f)')
   ylabel('Intensity')
    xlabel('Frequency (MHz)')
     grid on
      hold off
```

反侵权盗版声明

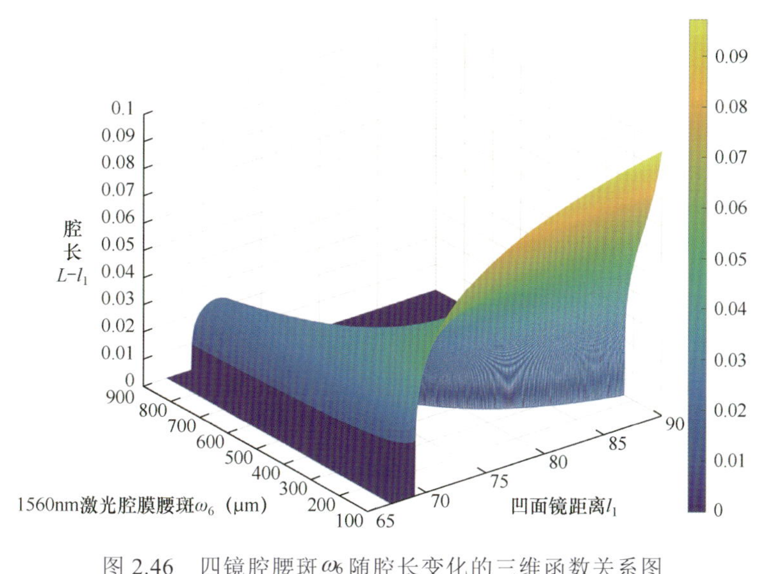

图 2.46　四镜腔腰斑ω_6随腔长变化的三维函数关系图

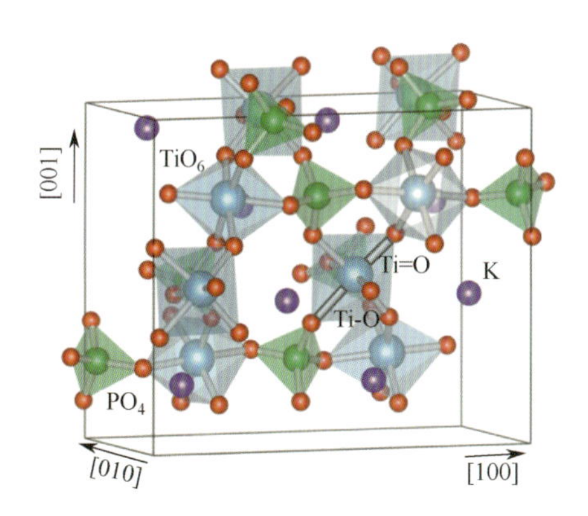

图 3.2　磷酸氧钛钾晶体结构示意图

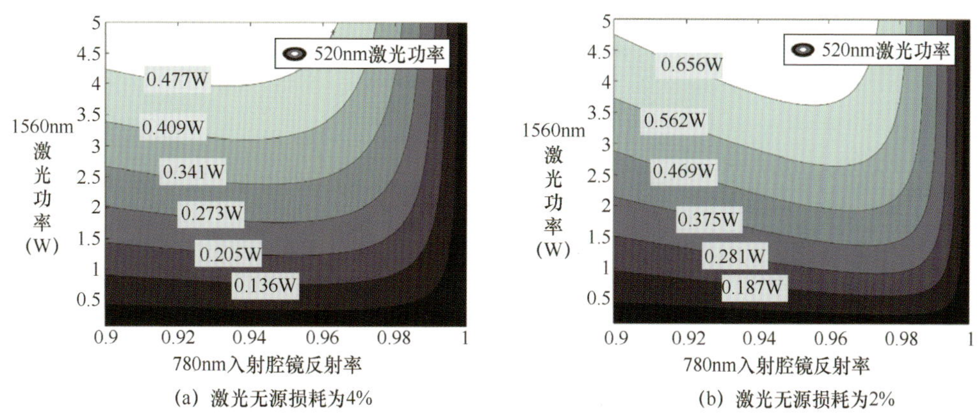

图 3.15　780nm 激光无源损耗为 4%和 2%时，对应的 520nm 和频光输出功率随 1560nm 激光功率和 780nm 入射腔镜反射率的变化关系图

注：1560nm 激光无源损耗 δ_1 均假定为 1%，780nm 激光腔前入射功率 $P_{i,2}$ 均为 1W，谐振腔的非线性耦合系数 γ_{SFM} 均为 1%/W。

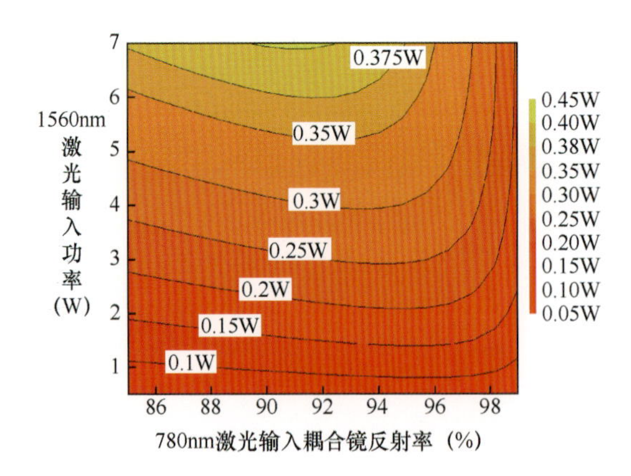

图 3.23　520nm 激光输出功率随 1560nm 入射光功率和 780nm 反射率变换的等高线图

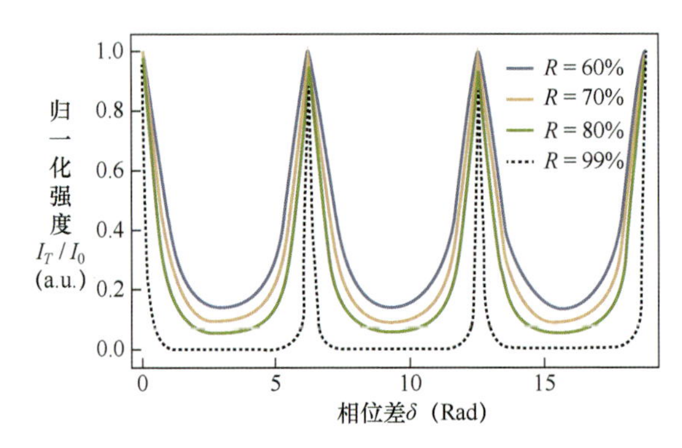

图 5.7　不同腔镜反射率下法布里–珀罗腔透射峰曲线